上帝掷骰子吗？
——混沌之新数学

DOES GOD PLAY DICE?
THE NEW MATHEMATICS OF CHAOS

［英］伊恩·斯图尔特 **著**

潘 涛 **译**

朱照宣 **校**

陈以鸿 **审订**

上海交通大学出版社
SHANGHAI JIAO TONG UNIVERSITY PRESS

内容简介

　　我不会相信上帝跟宇宙掷骰子，爱因斯坦如是说。秩序与混沌究竟什么关系？混沌是大众媒体炒作的怪物（蝴蝶效应），还是现实世界无处不在的实在（有条有紊）？混沌理论与其伴侣复杂性科学为何难解难分？本书为1989年英文初版的1997年增订二版，被公认为通俗诠释混沌之新科学的经典读物。微观粒子、龙头滴水、台球撞击、气候变幻、股市涨跌、心脏搏动、天体翻滚……混沌忽隐忽现，复杂漂浮不定。问题不在于上帝是否掷骰子，而在于如何掷骰子。

DOES GOD PLAY DICE?

Copyright © Ian Stewart, 1989, 1997

First published in Great Britain in the English language by Basil Blackwell 1989.

Published in Penguin Books 1990

Second edition published 1997

2016 Shanghai Jiao Tong University Press

All rights Reserved.

上海市版权局著作权合同登记号：字 09 - 2013 - 969

图书在版编目(CIP)数据

　　上帝掷骰子吗？：混沌之新数学／（英）伊恩·斯图尔特(Ian Stewart)著；潘涛译. —上海：上海交通大学出版社，2022.1(2022.10 重印)
　　（智识系列）
　　ISBN 978 - 7 - 313 - 25641 - 6

　　Ⅰ.①上… Ⅱ.①伊… ②潘… Ⅲ.①混沌理论-数学 Ⅳ.①O415.5

　　中国版本图书馆 CIP 数据核字(2021)第 215552 号

上帝掷骰子吗？ ——混沌之新数学

SHANGDI ZHITOUZI MA? ——HUNDUN ZHI XIN SHUXUE

著　　者：[英]伊恩·斯图尔特		译　　者：潘　涛	
出版发行：上海交通大学出版社		地　　址：上海市番禺路 951 号	
邮政编码：200030		电　　话：021 - 64071208	
印　　制：上海万卷印刷股份有限公司		经　　销：全国新华书店	
开　　本：880 mm×1230 mm　1/32		印　　张：17.25	
字　　数：391 千字			
版　　次：2022 年 1 月第 1 版		印　　次：2022 年 10 月第 2 次印刷	
书　　号：ISBN 978 - 7 - 313 - 25641 - 6			
定　　价：88.00 元			

中文版序

　　我很高兴获悉，上海交通大学出版社即将出版《上帝掷骰子吗？》第二版的中文版。自从本书第一版撰写以来，确定性混沌的概念——没有明显无规则性的系统在其数学描述中呈现貌似无规则的行为——在越来越多的科学应用中变得重要。

　　混沌所属的更为一般的理论，它不能与之分离的理论，是非线性动力学。这个学科包括规则的行为和模式，也包括混沌的不规则性，它对科学研究的影响日益广泛。《自然》和《科学》等顶级刊物经常发表利用混沌（或非线性动力学的某些其他领域）帮助理解天文学、生物学、生态学或神经科学中的问题的论文。混沌概念已经成为科学工具箱的标准组成部分。假如我再写本书的第三版，有许多丰富的新材料可以选用。

　　我认为，混沌是20世纪伟大的数学发现之一，它将在21世纪继续得到发展。混沌出现于许多科学领域和数学领域，运用从实验和计算机仿真到微分方程和代数拓扑学的多种方法的一批人在貌似无关的研究中。过去50年间，这些分离的研究分支汇集起来，对自然界许多的不规则性提供了新的、显著的理解。科学家和数学家得知，简单的、有结构的规则可以（并且往往）导致复杂的、不规则的行为。令人感到矛盾的是，这也意味着，在貌似无模式的动力学底下存在着隐模式。混沌理论家发明了新方法，帮助我们搞清楚这些模式是什么。

　　混沌对科学家如何思维做出了根本的改变。长期天气预报如今由运行几十个、乃至数百个仿真而产生，包含仿真开始时真实世界数据的小的无规则变化。原因很简单：要避开那个著名的"蝴蝶效应"，描述天气的方程式的一个恼人特征的耸人听闻的名字。也就是说，天气的目前状态中的微小改变，可以导致其预测的未来状态的巨大变化。诀窍在于，做出许多的预测，每一个都从略微不同的数据出发，得出哪一个预测最可能正确——以及在多大程度上正确——的统计估算。

　　混沌阐明了动物种群逐年的变化。混沌帮助我们搞清楚太阳系在几十亿年前是什么样子，今后几十亿年将可能是什么样子。混沌影响了我们的日常生活，不仅仅是通过更好的天气预报，比如，弹簧制造业如今使用它进行金属丝的质量控制。这些革命性变化的许多故事，都在本书中讲述。感谢潘涛博士翻译本书，使得中国读者能够看到。我希望，你读它能够像我写它一样享受。

伊恩·斯图尔特

2015 年 1 月

于考文垂

英文版序

《上帝掷骰子吗？》第一版出版于1989年，当时没有序。很长一段时间，我都没有写序，因为我觉得没有人看序言，所以本书由引言开篇。这次再版，引言仍然保留，但补写了序——是啊，两个引言有点过分。你要是有了第一版，正掂量这一版内容是否足够不一样到值得购买，应该阅读第14章到第17章的部分或全部，大部分是新加的内容。如果足够不一样，就掏钱买吧，行吗？把书带回家之前，你可以决定是否读这篇序言。

"混沌"不光是一个表示混乱的时髦词。在科学中如今盛行的意义上，它是一个全新的不同概念。混沌出现于确定性（即非随机性）系统以貌似随机的方式行事之时。这听上去有些悖谬，但"貌似"隐藏着许多么蛾子。最近十年的一大发现是，混沌就像传统类型的规则行为（诸如定态和周期循环）一样常见。回头来看，混沌并没有什么特别惊人之处。从今日的视角，加上后见之明，很容易理解，混沌如何产生，混沌为何频频现身。许许多多的人，其中很多是科学家，居然还是把混沌当作奇谈怪物来谈论。抱歉，混沌不是怪物。混沌如同周期循环一样稀松平常。可是几百年来，我们习惯于周期循环，我们刚开始跟混沌打交道，还没有习惯于它。不必惊奇：混沌是非常微妙、复杂的。

自1989年以来，混沌走过了很长的路。特别是在大众媒体中，它变成了"混沌理论"。我认为究其本意而言，把混沌视为一种理论是一个错误，但我理解记者们需要一个朗朗上口的短语来概括这个领域，你还能怎么叫它呢？于是，我有时也用这个短语，尽管我总体上用它指混沌的大众形象，跟实际科学家的用法有所区别。然而，混沌并不是一种理论。混沌是一个概念，是一个不可与动力学的其余部分分隔开的概念。它是一个打破所有科学传统边界的理念。它是巨大拼图的一块缺块。它是影响深远的有序与无序的统一。可是归根到底，把混沌分离为理论，就好比把"骨架理论"从动物学里抽离出来一样。

确实存在一种新的理论，名叫非线性系统理论、动力学系统理论或非线性动力学：不是在其以前完全不存在的意义上，而是在它"脱颖而出"的意义上，并且在其本来意义上堪称一个理论。这往往就是人们谈论"混沌理论"时所指的意思。其实，"理论"一词至少有两个含义。一个是用于"量子理论"或"相对论"中的含义——一种关于自然如何行事的陈述。此种理论的用处，取决于它与自然匹配得足够好。非线性系统理论，是另一种意义上的理论，即具备清晰、一致同一性的协调的数学知识体。于是，并不存在关于其正确性的严肃问题：当数学错了的时候，错误往往显而易见。大问题在于：混沌这个概念能够承担新的科学洞见吗？（假如不能够，我们就必须擦去非线性动力学：你不能把彼此分开。）数学意义上的混沌理论，会变成科学意义上的新理论的基础吗？

这正是混沌变得争论不休的地方，因为它不再是核查数学、搞清楚有没有错误的事。打个比方，微积分是一个有效的数学理论，但不意味着微积分对科学的每一个应用都必然正确。假如你为月球运动建立模型时设立了错误的微分方程，那么，不管你如何正确运用微积分，你都得不到有意义的东西。假如你的理论模型产生了混沌，道理亦然：从模型到混沌的联系可能是无懈可击的，但是，从实在到模型的联系呢？

《上帝掷骰子吗？》有两个突出的主题。其一是解释混沌的数学概念，混沌为什么既是自然的，又是不可避免的。其二是问：混沌在现实世界存在吗？为了使这个问题有意义，可以换一种说法。数学不存在于现实世界里。重要的是，它以一种有用的方式模拟现实世界。圆的几何形状帮助我们理解为什么轮子会平滑地滚动。可是，你在轿车上找不到真正的数学圆。你在现实世界里可以找到两只羊、两个苹果、两个书挡，但你从未遇到"两"这样的数。于是，问题应该是："混沌的数学概念以一种有用的方式模拟的现实世界，有助于我们理解我们所见到的事物吗？"

如果你看看科学期刊里刊载的东西，显然回答是肯定的。1995年，我参加了工业数学和应用数学学会（简称SIAM）在犹他大学举办的关于动力系统应用的学术会议。SIAM是世界上大多数技术先进国家的应用数学的头号职业团体，而不是极端分子的米老鼠聚集物。有五百多个数学家参加了为期四天的会议，会场上有两百多个研究报告。大约有一半是关于混沌的，或者是关于由混沌引发的论题的，诸如数据分析的新方法。所以，要是有人告诉你混沌不过是媒体的炒作，他们错了。混沌早就有了，如今才在科学意识里深深运行。当然，这个层面的活动不意味着混沌的每一个假设应用都是正确的。一旦混沌理论在一个领域得到"证明"，你就自动被迫把它推广到所有领域，此种假设（我认为此乃某些批评家如此不宽容地持否定态度的一个原因）就源于对我刚才提及的"理论"的两个含义的混淆。每一个应用，必须在其自身的科学领域内证明其价值。

《上帝掷骰子吗？》这个新版本不同于第一版，主要在于包括了关于应用的新材料。我对原版本实际上没有改动：自从它出版以来，没有发生什么需要动大手术的地方。我在原书末尾插入了全新的三章。第14章是关于混沌系统中的预言，那是完全可能的，取决于你想预言什么；它还讨论了多个相关议题。我列入了好几个新的应用，从变星的脉动到弹簧制造业中的质量管理。新加的第15章关于混沌系统的控制，一种实际应用的潜在来源，当你学会运用混沌而不是假装它不存在时何种优势会发生的案例研究。此种应用包括更加经济地操纵人造卫星，在灵巧心脏起搏器的方向上领先。

　　新加的第16章是相当臆测性的。我力求解释混沌概念如何可能导致对爱因斯坦著名问题（本书的书名）的新回答。爱因斯坦对量子力学通常以不可化约的盖然性成立而忧心忡忡。量子世界的表观无规则性，是否可能确实是确定性混沌？假如混沌在量子力学之前被发现，物理学的轨道是否会有所不同？这些问题在1989年还无法回答，现在却可以了。在科学文献中有一个十分特别的提议：是臆测性的，但基于坚实的发现，其中有些发现还很新。那是一个激动人心的故事，所有的配料都是好科学：只是整个搅拌是臆测性的。你不臆测，就不会积累。

　　我还把前面几章更新了一下。至少流体中的湍流的几个例子是由于混沌，现在是完全确定的。关于太阳系的动力学，有一些新的结果，就大大长于另一个十亿年时间，以其目前的形式似乎不存在。宇宙在比我们想象更大的尺度上是成团的。某些生态系统里的混沌，接近成为一个确立的事实。分形几何学已经取得了严肃的商业用途。数学方法已然高级到这样的程度：我们现在可以任何精度证明，气象学家爱德华·洛伦兹建立的模型确实导致混沌。这对那些认为混沌出现是由于计算机误差的正统卫道士是一个坏消息，但对非线性动力学的逻辑基础是个好消息。

最后，混沌理论的伴侣现在现身了，称为复杂性理论。混沌理论告诉我们，简单系统可以呈现复杂行为；复杂性理论告诉我们，复杂系统可以呈现简单的"突现"行为。不提及复杂性理论，如今对混沌的讨论就不完整，所以我把它放在最后一章。复杂性理论的确充满争议，但它给沉闷乏味的、老式的线性理论带来了新鲜空气。我坚信：未来几十年，目前还在摸索的复杂性理论家的那种思维，将在几乎所有科学活动的领域都证明有根本性的意义。我并不认为复杂性理论掌握了答案，但我认为它确实为这个问题提供了非常有意义的视角，此种视角又为寻找答案指明了新的道路。

我不想把混沌兜售给你。我不是寻求皈依的新宗教的先知。我不希望你信仰——只需思考。我所做的不过是，尽我所能以可理解的形式，把你就混沌的目前进展和未来潜力做出自己的判断的信息，呈现给你。我哪怕是在臆测时，也力求清楚明白。其余时间，我把思想或结果以有待发表的严肃科学和数学文献的形式呈现。那并不意味着它们都必然正确，而是表明它们是可怀疑的……

现在我恐惧地知道了人们不读序的原因：那些序没意思，不是吗？可是，我还没有告诉你关于混沌的所有新应用呢——地球熔融内核中的混沌，北极光中的混沌，时空深层结构里的混沌，编码理论和通信中的混沌，歌剧歌手嗓音中的混沌……

就此打住。

伊恩·斯图尔特

1996 年 1 月

于考文垂

引言 是钟表还是混沌？

你信仰掷骰子的上帝，我却信仰完备的定律和秩序。

——爱因斯坦给玻恩的信①

有一种理论认为历史周而复始地演进。但是，人类活动的进程好比螺旋上升的楼梯，是在新的层次上经历一周的。文化变迁的"摆的摆动"并非简单地反复重演同样的事件。姑且不论上述理论正确与否，反正它成了一个引人注目的隐喻。本书的论题正是叙述一个这样的螺旋环：混沌②让位于秩序，秩序又产生新形式的混沌。但在这种"摆的摆动"过程中，我们不求破坏混沌，而图驾驭混沌。

在我们人类遥远的过去岁月中，大自然被当作变幻莫测的创造物，物质世界的缺乏秩序被归咎于操纵它的法力无边、不可理喻的诸神的随心所欲。混沌泛滥成灾，规律无法想象。

几千年间，人类逐渐认识到，大自然有许多可以被记录、分析、预言和利用的规律性。到 18 世纪，科学在揭示自然界的规律方面成就斐然，使得不少人以为尚待发现的定律寥寥无几。亘古不变的定律精确而永远地规定了宇宙中每一个粒子的运动：科学家的任务乃是针对人们感兴趣的任何特殊现象阐明这些定律的意

---

① 引自《爱因斯坦文集》第 1 卷第 415 页，许良英、范岱年编译，商务印书馆，1976 年。引自爱因斯坦 1944 年 9 月 7 日给玻恩的信。——译者注

② 或译浑沌。——译者注

义。混沌让位于钟表世界。

但是，世界运动不息，我们的宇宙观亦随之而发展。如今，连我们的时钟都不用发条装置制成，为什么我们的世界却应当如此呢？随着量子力学的诞生，钟表世界业已变成一张宇宙彩票。诸如放射性原子衰变这样的基本事件，都被认为决定于偶然，而不是决定于定律。尽管量子力学取得了非凡的成功，它的概率特征却还没有被普遍接受。这篇引言的开头引述了爱因斯坦（Albert Einstein）①在给玻恩（Max Born）②的信中提出的著名异议。虽然爱因斯坦指的是量子力学，可是他的哲学也代表了整个时代对经典力学所取的态度，而在经典力学中，量子不确定性是无效的。对偶然性而言，骰子的隐喻完全适用。确定性有没有给偶然性留下一席之地呢？

爱因斯坦对量子力学的看法是否正确，尚待分晓。然而我们的确知道，经典力学世界甚至比爱因斯坦想象的还要更加不可思议。他力图突出偶然性的无规则性与定律的确定性之间的差别，这一点是大有疑问的。上帝或许能在掷骰子的同时，创造出定律完备和秩序井然的宇宙万物。

循环在更高的层次上轮回。因为我们开始发现，那些遵循不变的、精确的、定律的系统并不总是以可预言的、规则的方式运作。简单的定律可能不产生简单的性态。确定性的定律会产生貌似无规则的性态。秩序能孕育出自身特有的混沌。问题与其说在于上帝是否掷骰子，不如说在于上帝怎样掷骰子。

这是一个重大发现，它的意蕴必将对我们的科学思维形成强

---

① 爱因斯坦（1879～1955），德国-瑞士-美国物理学家。——译者注
② 玻恩（1882～1970），德国-英国物理学家。——译者注

上帝掷骰子吗？
——混沌之新数学

大的冲击。从混沌的观点来看，预言（或可重复性实验）的概念焕然一新。我们过去以为简单的事物变得复杂了，与测量、可预言性和验证（或否证）理论有关的一些令人困惑的新问题产生了。

相反，我们过去以为复杂的事物倒可能变得简单了。看来无结构的、无规则的现象实际上可能遵循着简单的定律。确定性混沌自有其一定的规律，并且带来了全新的实验技术。大自然中不乏一些不规则性，其中有些不规则性，可以证明是混沌之数学的物理表现形式。流体的湍流，地球磁场的反转，心搏的不规则，液氦的对流模式，天体的翻转，小行星带中的空隙，虫口的增长，龙头的滴水，化学反应的进程，细胞的代谢，天气的变化，神经冲动的传播，电子电路的振荡，系缆于浮筒的船只的运动，台球的反弹，气体中原子的碰撞，量子力学的内在不确定度——这些仅是已应用过混沌之数学的问题中的一部分。

这是一个崭新的世界，一种新的数学，在认识大自然中的不规则性方面一个举足轻重的突破。我们正目睹着它的诞生。

它的未来不可限量！

目　录

上帝掷骰子吗?——混沌之新数学

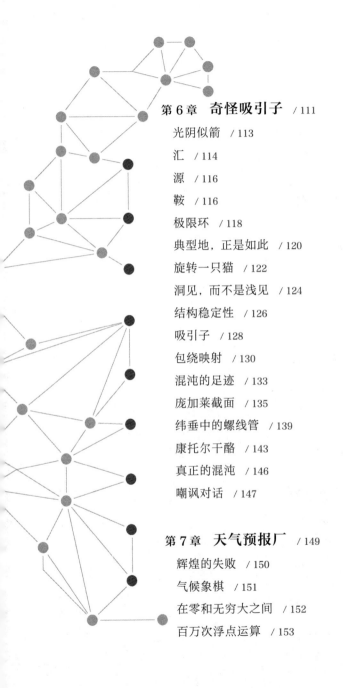

上帝掷骰子吗？
——混沌之新数学

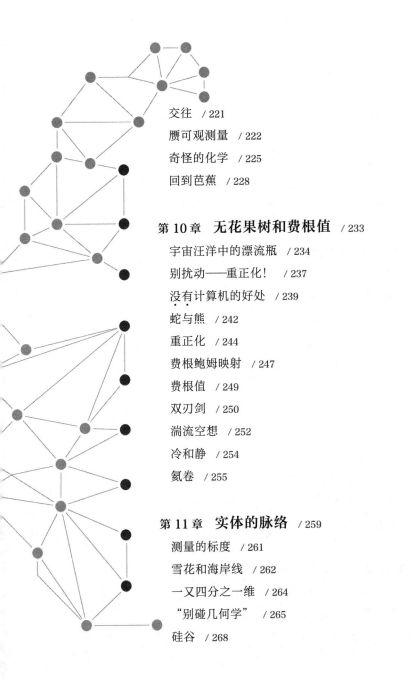

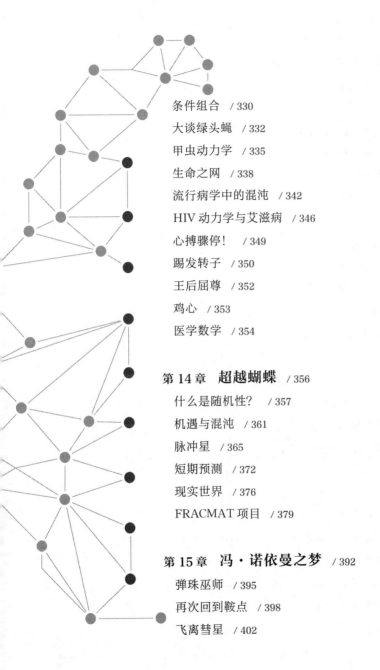

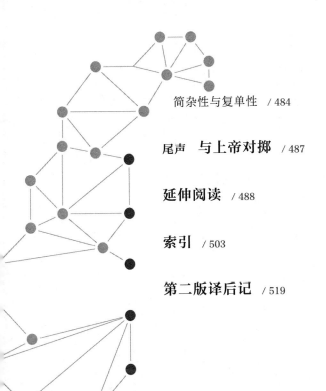

第 1 章

混沌出自秩序

瞧！您那可怕的"混沌"帝国复辟了；

光亮在您那寂灭诏令之下消失了；

伟大的暴君啊！您亲手降下帷幕；

无边的黑暗埋葬了一切。

——蒲柏（Alexander Pope），《群愚史诗》

（*The Dunciad*）①

　　秩序与无秩序、和谐与混沌之间无休止的斗争，必然反映了人类对宇宙万物的一种深邃直觉，因为它为如此之多的创世神话和如此之多的文化所共有。在古希腊的宇宙观中，混沌既是宇宙的原始虚空，又是死者居住的地下世界。在《旧约全书》的教义

---

　　①　蒲柏（1688~1744），英国诗人。《群愚史诗》（1728）是一部模仿史诗体的讽刺作品。这里所引的是全诗最后四句。——译者注

里，"地是空虚混沌，渊面黑暗"。在一部早先的巴比伦史诗里，当一个不守规矩的海神家族被自己的父亲毁灭时，世间万物从接踵而来的混沌中产生。混沌是原始的不成形的团块，造物主把它捏成有秩序的宇宙（图1）。秩序等同于善，无秩序等同于恶。秩序和混沌被看作相反的两极，我们对世界的解释就以这两极为立足点。

某种与生俱来的冲动，促使人类力图理解自然界中的规则性，寻找宇宙万物难以捉摸的复杂性背后的法则，从混沌求出秩序。甚至最早的文明就已经拥有预测季节的精奥历法和预测日月食的天文律条。人们观看苍穹中的星象，围绕星象编织动人的传说。人们构想出冥冥众神来解释世界的变化莫测，如果不这样解释，这世界将是无规则和无意义的。循环，形状，数字。数学。

无理的推论

物理学家维格纳（Eugene Wigner）[①]把物理世界的结构说成是"不合理的数学有效性"。数学起源于物理世界所涉及的问题，它靠提供一些解答而立足于世。但是进程很少是笔直的。数学概念往往必须像弃儿一样自生自灭，作为纯粹的数学对象，为了自身的缘故而被发展和研究，直到它的内在奥秘被揭开，它的物理意义被阐明。或许数学是有效的，因为它代表人脑的深层语言。或许只有数学规律是我们所能领悟的规律，因为数学是我们感知的工具。或许数学在组织物质实在方面是有效的，因为它是由物质实在产生的。或许数学的成功是一个宇宙幻想。或许并不存在真正的规律，只有我们鲁莽地强加的那些规律。这些问题留给哲学

①　维格纳（1902～1995），匈牙利-美国物理学家。——译者注

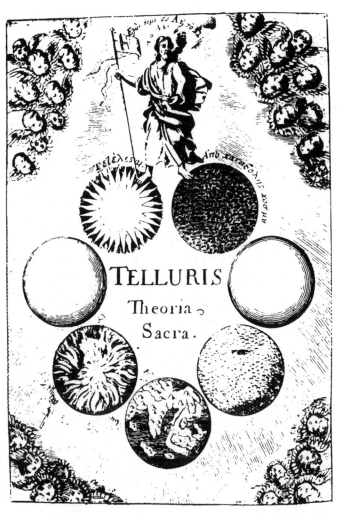

图 1　地球史(从右上方起顺时针依次)：混沌的汪洋，原始地球，洪水期地球，现代地球，未来大火灾期地球，千年期地球，地球这颗星球的末日[引自伯内特(Thomas Burnet)①，《神圣的地球理论》(*Telluris theoria sacra*,1681)]

①　伯内特(约 1635~1715)，英国地质学家。——译者注

家去解决。实用主义的现实是，数学是我们所知道的用来认识我们周围事物的最有效、最可靠的方法。

我写作本书的 1987 年，正值一部史无前例的著作——牛顿（Isaac Newton）① （图 2）的《自然哲学之数学原理》（*Mathematical Principles of Natural Philosophy*）②——出版 300 周年。现在这部书每年仍售出 700 本左右——买主主要是那些根据第一手资料研习名家作品的文科大学生。它的生命力令人惊叹不已，但它不再是畅销书了。不过它的精髓已融入了我们文化的根基之中。

那就是：大自然有规律，我们能够发现它们。

牛顿的万有引力定律简单得很。宇宙中每两个物质粒子都相互吸引，吸引力以精确而简单的方式依赖于它们的质量和它们之间的距离。（吸引力与两质量的积成正比，与间距的平方成反比。）万有引力定律可以浓缩成一个简洁的代数公式。它同另一个牛顿定律——运动定律（物体的加速度与作用于物体上的力成正比）——结合，可以解释浩瀚的天文观测结果，从经过黄道带的行星轨道到月球在月轴上的颤震，从木卫的同步共振到双星的光变曲线，从土星环中的空隙到星系的孕生等等。

简单。优美。绝妙。

秩序出自混沌。

牛顿是一个雄心勃勃的人。他不折不扣地探寻"世界的体系"③，探寻"万物的至理"。

---

① 牛顿（1642～1727），英国物理学家和数学家。——译者注
② 中译本《自然哲学之数学原理》，王克迪译，袁江洋校，武汉出版社，1992 年。——译者注
③ 《自然哲学之数学原理》第三编标题。——译者注

图 2　牛顿［据内勒（Godfrey Kneller）①的油画雕版］

①　内勒（1646~1723），英国肖像画家。——译者注

从他那个时代的条件出发，他获得了意想不到的成功。牛顿定律以大自然的终极描述的姿态占据崇高的统治地位达两个世纪以上。只是在原子的微观领域，以及星际空间的宇观范围内，才暴露出牛顿的自然图景与自然界本身的图景之间的细微差异。在那些领域，牛顿力学已被量子力学和相对论所取代。如今又一次寻求着万物至理这一圣物的物理学家们，谈论的是超引力和超弦，夸克和色动力学，对称性破缺和大统一理论。我们生活在一个26维（或仅仅10维）的世界里，其中除4维外，都酷似受惊的犰狳那样紧紧蜷曲起来，仅仅由于它们的颤抖才能被察觉。是一时流行的风尚，还是我们未来的幻象？我们无言以答。但是当理论替代理论，范式推翻范式的时候，有一样东西是经久长存的：数学关系。大自然的规律是数学规律。上帝是几何学家。

钟表世界

以牛顿为顶峰的科学思想革命，导致把宇宙视为某种巨大的机械装置，它的作用"像钟表机构"（我们仍用这个短语——尽管在数字式手表时代这是不合时宜的——来代表可靠性和机械完善性方面的极致）。从这种观点看来，机器最首要的是可以预言，即在相同的条件下将做同样的事情。一名了解机器的性能和它在任一时刻的状态的工程师，原则上能精确地算出所有时间它将做什么。让我们把这个著名而不复杂的问题（实际上而不是高度原则上可能的问题）搁置一旁，先看看为什么17、18世纪的科学家们发现他们对于这个充满奇观、令人惊诧的宇宙，却有一种初看起来显得如此贫乏和古板的看法。

牛顿把他的定律提炼成数学方程的形式，这些方程不仅把一些量，而且把这些量的变化率都联系起来。当一个物体在恒定重力作用下自由下落时，它的位置不会保持不变——如果那样的话，它会无依无靠地停留在空中，这显然不可能。物体的速度——位置的变化率——也会改变。物体继续下落时间越长，速度就越快：这就是从高楼坠落比从低楼坠落更危险的缘故。可是，加速度——位置的变化率的变化率——却是恒定的。我们现在多半能明白，这一动力学规律何以经过这么多世纪才引起注意：只是对于那些对简单性获得新概念的人来说，这条定律才是简单的。

包含变化率的方程叫作微分方程。一个量的变化率由它在两个邻近时刻的值之差确定，"微分"一词因此渗入数学：微分学、微商、微分方程等，还有就是单纯的微分。求解不含变化率的代数方程，并不总是易如反掌，正像我们大多数人吃了苦头才知道：求解微分方程更要难上一个数量级。站在 20 世纪末叶回溯以往，竟有那么多重要的微分方程能够十分巧妙地被解出来，这真令人啧啧称奇。数学的一个个分支都由于研究单一而关键的微分方程之需而发展壮大起来。

尽管求解特定的方程尚有技术性困难，可还是能建立一些一般性原理。就目前的讨论而言，主要的原理是：只要已知某一动力学系统所有分量的初始位置和初始速度，则描述这一系统的运动的方程就具有唯一解。一辆自行车有五六个基本的运动部件，如果现在我们知道每一部件的状况，我们就能预知这辆车从它沿着路面被推开时起到跌入路边沟中为止的运动。推而广之，如果在某一给定时刻，我们对太阳系中物质的每一个粒子的位置和速度都了如指掌，那么这些粒子所有以后的运动都唯一地被确定下来。

为简单起见，这一陈述假定不存在任何对运动的外部影响。

假使把诸多的外部因素都考虑进去，同样得出结论：整个宇宙中物质的每一个粒子在某一给定时刻的位置和速度完全决定它未来的演化。宇宙沿唯一一条预定的动力学轨道演变。它只能做一件事。18世纪一位一流数学家拉普拉斯（Pierre Simon de Laplace）①（图3）在他的《概率的哲学导论》（*Philosophical Essays on Probabilities*）中以雄辩的口吻写道：

> 假使有一位智者在任一给定时刻都洞见所有支配自然界的力和组成自然界的存在物的相互位置，假使这一智者的智慧巨大到足以使自然界的数据得到分析，他就能将宇宙最大的天体和最小的原子的运动统统纳入单一的公式之中；对这样的智者来说，没有什么是不能确定的，未来同过去一样都历历在目。

这是从数学中的简明的唯一性定理得到的一个令人敬畏的陈述。后面我将揭露转变中所含的某种聪明的花招，因为它确实是很强横的；但此刻我们暂时允许这解释成立。在考察类似拉普拉斯这样的陈述时，我们必须了解当时科学中盛行的乐观气氛，因为一个接着一个的现象——力、热、波、声、光、磁、电——都是利用同一手法加以控制的。它看上去似乎是对终极真理的突破性进展。它管用。于是产生了经典确定论的范式：在没有任何无规则外部输入的情况下，如果方程唯一地规定系统的演化，则系统的性态自始至终唯一地被确定。

---

① 拉普拉斯（1749～1827），法国数学家、力学家和天文学家。——译者注

图 3　拉普拉斯在阅读自己的著作《天体力学》
(*Celestial Mechanics*)（19 世纪平版画）

向土卫七旅行

让我们把时间倒退到 1977 年 9 月 5 日。在美国佛罗里达州卡那维拉尔角肯尼迪航天中心东部空军试飞场，一架巨大的大力神Ⅲ-E/半人马座火箭伫立在第 41 号发射坪上待发。火箭的上端（巨大火箭使它相形见绌，但它自有存在的价值）是工程技术的一个小小杰作——"旅行者 1"号探测器（图 4）。

倒计时到最后一秒。装满铝粉和高氯酸铵的双固体燃料推进器点火时一声巨吼，15 公里以外都能听见。这枚 15 层楼高、重达 700 吨的火箭克服地底浑厚的引力拔地升空。最初它的飞行令人难忍地缓慢，并且在开头 100 米内就消耗掉了大部分燃料。但不到 10 小时，"旅行者 1"号就离得比月球更远，一路飞向遥远的行星：火星[①]、木星[②]和土星[③]（图 5）。

16 天前，一艘姐妹探测器"旅行者 2"号已先行启程："旅行者 1"号的发射因技术故障而推迟了。作为补偿，"旅行者 1"号沿一更迅捷的轨道飞行，使它比它的姐妹飞船早 4 个月接近木星。"旅行者 1"号的使命将在紧靠土星后结束；而"旅行者 2"号则有继续飞向天王星[④]和海王星[⑤]的——适当行使地——选择自由。只有冥王星[⑥]将逃避检查，因为它不在"旅行者 2"号的轨道上，这

[①] 火星，太阳系九大行星之一，按距太阳由近至远的顺序排列为第 4 颗。——译者注

[②] 木星，太阳系九大行星中最大的一颗，按距太阳由近至远的顺序排列为第 5 颗。——译者注

[③] 土星，太阳系九大行星之一，按距太阳由近至远的顺序排列为第 6 颗。——译者注

[④] 天王星，太阳系九大行星之一，按距太阳由近至远的顺序排列为第 7 颗。——译者注

[⑤] 海王星，太阳系九大行星之一，按距太阳由近至远的顺序排列为第 8 颗。——译者注

[⑥] 冥王星，曾被视为太阳系九大行星之一。现将其划为矮行星。——译者注

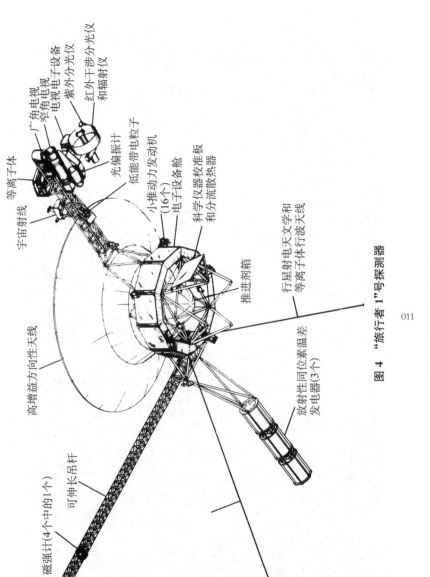

图 4 "旅行者 1"号探测器

广角电视
窄角电视
电视电子设备
紫外分光仪
红外干涉分光仪和辐射仪

等离子体
宇宙射线

光偏振计
低能带电粒子

小推动力发动机
电子设备舱
科学仪器校准板
和分流散热器

高增益方向性天线

推进剂箱

行星射电天文学和等离子体行波天线

放射性同位素温差发电器(3个)

可伸长吊杆
磁强计(4个中的1个)

上帝掷骰子吗？——混沌之新数学

图 5　土星和它的几颗卫星"来自"旅行者 1"号和"旅行者 2"号的合成照片"

次"大旅行"无法接近它。

这些"旅行者"号之行是工程技术的奇迹，也是数学的奇迹，数学在此作为被技术使用的工具而起作用。数学支配着探测器和它的运载火箭的设计。数学计算金属构架上的负载和应力，计算燃料焚烧的方式，计算运载火箭在短时穿过地球大气期间从它的外壳旁喷射而过的空气的动力学。数学支配着在严密监视探测器行程中每一细微步骤的计算机中通过的电脉冲。数学甚至决定无线电报的编码，通过无线电报，地面操纵人员把指令传送给探测器，探测器则在适当时候把太阳系精彩纷呈的照片传送回地球。

但最重要的是，数学指导行星及其卫星宏伟的天体舞蹈，控制"旅行者"号进行太空会合时的轨道。一个单一、简单的定律——牛顿万有引力定律。在太阳系中通常的较慢速度之下，无须爱因斯坦的改进，牛顿足够了。

要是太阳系只有太阳和地球，牛顿定律将预言它们围绕它们的共同引力中心——深藏在太阳内部的一点，因为恒星比行星重得多——以椭圆轨道运行。实际上，地球会以椭圆轨道围绕处在一个固定焦点上的太阳运转。但是太阳系里不独有地球——否则何必派遣"旅行者"号探测器？每个行星都沿它自己的椭圆轨道运行，或者说将如此，假如没有其他行星的话。这些行星都会使地球偏离它的理想轨道，或使它加速，或使它减速。宇宙舞蹈是错综复杂、精巧雅致的：这是按牛顿写的乐谱《引力广板》(*Largo con gravità*)跳的萨拉班德舞[①]。

牛顿定律完全地、精确地规定了舞蹈的每一步。使计算达到"旅行者"号所需的足够精度是不容易的，但只要有耐心和有高

---

① 一种庄严的古西班牙宫廷舞。——译者注

速计算机就能实现。应用牛顿数学定律，天文学家们预测了太阳系在未来 2 亿年内的运动情形：相比之下，几年是微不足道的。

掠过木星，一个带状的、旋转着的谜。到达土星，一个被一些环所控制的行星。但土星还有别的令人感兴趣的特点，主要是它的卫星。由地面观测得知，这颗行星至少有 10 颗卫星："旅行者"号则把卫星总数提高到 15 颗。

其中一颗叫土卫七的卫星不同寻常。它的形状不规则，是一个天体马铃薯。它的轨道精确又规则；但是它在轨道中的空间方位角不精确、不规则。土卫七在翻筋斗。不只是一边翻到另一边，而是以一种复杂的、不规则的方式翻转。这种方式一点也不违反牛顿定律：土卫七的翻转是遵循万有引力定律和动力学规律的。

现在是进行假想实验的时候了。假设"旅行者 1"号能够以小数点后 10 位的精度测定土卫七的翻转。当然它还做不到，但我们假定它有这等本事。在这基础上，假设地面科学家们对按照牛顿定律定出的土卫七的未来运动作出尽可能准确的预言。那么，仅仅几个月之后，在"旅行者 2"号掠过土卫七时，他们就可以把预言与实际情况加以比较。他们将发现……

……预言全错了。

预言失败了吗？

不完全如此。

牛顿定律失效了吗？

不。正是由于牛顿定律，才料到预言是错的。

这是不确定性吗？是由于外部的无规则作用，例如毒气云、磁场、太阳风吗？

不。

有一种更为惊人的东西。这是动力学中数学方程的一种固有属性。这是连简单的方程都具有的一种能力，它使得所产生的运动如此复杂，对测量如此敏感，以致貌似无规则。恰当地说，它叫混沌（chaos）。

混沌

像所有玄妙词一样，混沌这个词所具有的内涵与它在日常生活中的含义并不相同。试比较下列词典释义：

chaos［'keiɒs］名词。

1.（常大写）据认为在有秩序的宇宙之前就已存在的无秩序、无定形的物质。

2. 完全的无序，彻底的混乱。

除此之外，新词典的编纂者必将把这一玄妙词定义增补进去。最初的不安过后，由英国皇家学会于 1986 年在伦敦召开的一次有影响的关于混沌的国际会议上，提出了下述定义。虽然与会者都知道他们认为"混沌"的含义是什么——这是他们的研究领域，所以他们确实应该知道——但几乎无人愿意提供一个精确的定义。这在"热门"研究领域里并不少见——当你觉得尚未充分理解某事物时是很难给它下定义的。无论如何，下面算是一个：

3.（数学上）指在确定性系统中出现的随机性态。

又来了另外两个玄妙词——"随机"和"确定性"。拉普拉斯确定论①是我们已经熟悉的。"随机"意即"无规则"。要认识混沌现象，我们有必要进一步讨论它们的含义，因为具有目前形式的定义是一个悖论。确定性性态受精确的、坚不可摧的定律支配。

---

① 或译作拉普拉斯决定论。——译者注

随机性态则相反：无定律，不规则，由偶然性支配。因此混沌是"完全由定律支配的无定律性态"。

像土卫七一样。

计算器混沌

土卫七为什么恰恰那样运行？我们还没有能力回答，但我可以举一个较易领会的混沌的例子，你可以亲自验算。你需要的全部东西是一个袖珍计算器。如果你拥有一台家庭计算机，你不难编程序，让它做同样的事情，使你省掉许多事。

支配土卫七运动的方程是微分方程。实际上它告诉你的事是这样的。假设在给定的时刻，你知道土卫七的位置和速度。于是有一个固定的规则，你把它用于这些数，就得出下一时刻的位置和速度。然后你再用这规则，不断进行下去，直到你达到所想要的时刻为止。

你可能会反诘，时间是无限可分的，因而无所谓某一时刻，更不必说下一时刻了。你也许是对的，虽然埃利亚的芝诺（Zeno of Elea）①和一些现代物理学家会不赞成；无疑你抱有传统的看法。然而，在用几种不同方式可使之精确的意义上，上述说法在道义上是正确的。特别地，计算机解微分方程的方式正是如此，这里的"时刻"我们现在指"计算中所用的时间步"。这方法是可行的，因为这些非常短的时间步与连续流逝的时间良好的近似。

土卫七的方程包含许多变量——位置、速度、角位移等。你可以把它们都输入计算器，但是人生有涯，倒不如选取一个简单得多的方程。请注意，它与土卫七的运动毫无关系；但它的确说明

---

① 埃利亚的芝诺（约公元前490～约公元前425），古希腊哲学家。——译者注

了混沌现象。

我的计算器有一个 x^2 键，假定你的也有。如果没有，×后再按=就得同样的效果。取一个介于 0 与 1 之间的数，比如 0.543 21，按 x^2 键。再按它，反复按下去，并观察读数。结果如何？

它们骤减。我在计算器上第 9 次按键时得到零，因为 $0^2 = 0$，此后不再发生十分有趣的事一点也不奇怪。

这样的做法叫作迭代，即反复做同样的事。请在你的计算器上迭代其他一些键。以下我总从 0.543 21 开始，但你可以用你想用的别的初始值。不过要避开 0。我的计算器是"弧度"式的，按 cos 键约 40 次后，我得出神秘数 0.739 085 133，它就显示在那里。你能猜出这个数有什么特殊性质吗？无论如何，迭代的结果又总是稳定到单个数值：它向一个定态收敛。

tan 键似乎也做同样一类事。外表是靠不住的。我用计算机迭代了 300 000 次，它从不收敛，也不呈周期性。然而它"粘"在那里，缓缓地增大——例如每迭代一次增加 0.000 000 1。这一效应称作间歇，它解释了为什么乍一看这些数似乎在收敛。

还有无穷多个初始值，对它们来说，tan 序列不断重复同一个数，但 0 是你很可能偶然碰到的唯一的数。这种"典型"性态就是间歇。

用 e^x 键时，数字大到 268 点几就溢出，接着就给出出错提示，因为它太大了：它正好落入无穷大。$\sqrt{}$ 键则收敛到 1。

$1/x$ 键更加有趣：数轮流地从 0.543 21 变为 1.840 908 673，再变回去。这种迭代是周期性的，周期是 2；也就是说，如果你按键 2 次，就回复到起点。你大概会弄明白这是为什么。

把计算器上的所有键统统试一遍：你将发现以上所述似乎穷尽了可能的性态类型。

但那或许是因为计算器上的键是被设计好去做微妙的事的。为了避免这结果，你可以发明新的键。x^2-1 键怎么样？要模拟它，按 x^2 键后再按 $-1=$ 即得。照此做下去。很快你会发现，你在 0 和 -1 之间不断循环（图6）。道理是：

$$0^2-1=-1,$$
$$(-1)^2-1=0。$$

但循环也不是什么新东西。

图6　x^2-1 的迭代产生规则振荡。竖直方向是 x 值，水平方向是迭代次数

最后一试：$2x^2-1$ 键。从 0 和 1 之间的某值（不包括 0 和 1）开始。看上去很不坏，看不出怎么会发生什么特别现象。嗯……跳来跳去跳个不停。等它稳定下来……。太费时间了，不是吗？什么规律也看不出来……。在我看来是乱七八糟的（图7）。

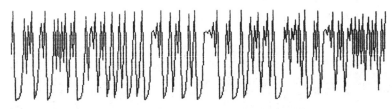

图7　$2x^2-1$ 的迭代产生混沌

啊哈！

简单的方程：就是迭代 $2x^2-1$。结果看上去却不那么简单：实际上它们看上去是无规则的。

再试一次 $2x^2-1$ 键，现在从 0.543 22 而不是 0.543 21 开始。它看上去还是无规则的，而且在迭代 50 次左右之后它看上去依旧完全不同。

你所见到的，是一种土卫七缩影。确定性的方程：混乱的输出。略微改动初始值：完全丧失了它行动的轨道。造成所有这些奇事的根源在于 $2x^2-1$ 太古怪，而表面上类似的 x^2-1 键的性态却很好。

我建议你不必再在计算器上试下去了，除非你喜欢冗长的计算；但如果你有家庭计算机，这里给你一个可以运行的程序。你愿意的话，可把它修改得更妙。以后我不再给出程序，但是计算机爱好者们会发现，编出他们自己的程序去对混沌的其他方面进行实验，是有益的。

```
10    INPUT k
20    x = 0.543 21
30    FOR n = 1 TO 50
40    x = k * x * x - 1
50    NEXT n
60    FOR n = 1 TO 100
70    x = k * x * x - 1
80    PRINT x
90    NEXT n
100   STOP
```

这回对任意 k 值，迭代 kx^2-1 键。30～50 句给予迭代序列以稳定到"长期"性态的时间，这时数字没有打印出来。例如，若你取

$k=1.4$，则将得到一个 $1.4x^2-1$ 键。那竟是一个经过 16 个不同值的相当复杂的循环！混沌在 $k=-1.5$ 左右时到来。此后 k 取得愈大，就愈混沌。

似乎就那么回事。但并不那么容易。

$k=1.74$ 时，你看到十分发达的混沌。$k=1.75$ 时，起初像那一样。只是约 50 次迭代之后，它稳定到一个围绕着数

$$0.744 \qquad -0.030 \qquad -0.998$$

的周期为 3 的循环。模式从混沌中涌现。两者关系错综复杂。

我希望你发现这一秘密，并且激动不已。

如果真这样，我鼓励你探索在 $k=1$ 到 $1.401\,55$ 以外范围内的性态。你可能在 30 或 60 句需要用更长的循环才能看到整个模式——当有一个模式时。

关于计算机和混沌，再说一句。我们都有把计算机计算视为精度最高的倾向。实际上不是这么回事。有限的存储量意味着存在计算机中的数只能达到很有限的精度，比如说小数点后 8 位或 10 位。而且，计算机用来表示它的数字的"专用"内部码和荧光屏上显示的"公用"码是不同的。这便引入了两种误差源：内部计算中的舍入误差和从专用码到公用码的翻译误差。通常这些误差没有多大影响，但混沌特有的特性之一，就是小误差繁殖和生长。

假使所有的计算机都采用相同的码，人生至少会是简单明了的。但是事实当然不是如此。这意味着，相同的程序在不同厂家的两台计算机上运行，会产生不同的结果。"同一"软件的不同版本在同一计算机上运行时亦然。我将间或告诉你一些在我的计算机上得到的数值结果。请注意，你的计算机不会精确地给出相同

的数！但如果你研究的数接近我正使用的那些，你应该能发现和我所发现的相同的那种性态。

我们发现了什么？

奇迹。紧密纠缠在一起的秩序和混沌，从像 $kx^2 - 1$ 那样简单的公式中涌现。有的 k 值产生的迭代是有秩序的，有的——并无显著差异的——k 值则产生混沌。哪些导致秩序，哪些导致混沌呢？哈哈，现在你正在谈论数学研究。

一开始我们不理解土卫七；如今我们连 $2x^2 - 1$ 都不理解。在数学上却是进步斐然的。

所以说进步，是因为我们正开始琢磨问题究竟在哪儿。在摆弄计算器之前，我们假定土卫七相当复杂，是可以原谅的。现在我们知道它不是这样。复杂情况与土卫七关系并不大。进行着的事情是很微妙，很基本，而且极度迷人的。

所有这些使我对宇宙学家很不满意，因为他们告诉我们，他们已经弄清楚神秘莫测的宇宙的起源，只有大爆炸的第一毫秒左右除外。还有政客们，他们向我们保证，不仅一剂坚挺的货币主义将对我们有益，而且他们还信誓旦旦地宣称几百万失业者不过是小小的呃逆而已。数学生态学家梅（Robert May）早在 1976 年就表达了类似的看法：“不仅在学术界，而且在日常的政治学界和经济学界里，要是更多的人认识到简单的系统不一定具有简单的动力学性质，我们的境况将会更好些。”①

---

① 这段话出自梅发表在英国著名科学杂志《自然》1976 年 6 月 10 日第 261 卷第 5560 期的综述文章，题为《具复杂动力学特性的简单数学模型》，这篇文章对混沌动力学研究起到很大的推动作用。——译者注

印度教与机械维护技术①

我们将简要评述西方文明怎样逐渐把宇宙视为一台像钟表那样规则运转的机器，怎样误以为确定性的方程总导致规则的性态。东方精神倾向于具有迥异的哲学视野。例如，印度教信徒把一种比仅仅是无定形的混乱更微妙的作用归因于混沌，并且承认秩序和无秩序的内在统一。在古典印度教神话里，宇宙万物都要经过三大时期：创造、维护和毁灭——象征出生、生活和死亡。大梵天②是创造之神，毗湿奴③是维护之神（有秩序），湿婆④则是毁灭之神（无秩序）。但是湿婆的人格是多面的。他是在荒野上驰骋的孤独的猎人，是翩翩舞者，是从人类社会退隐的瑜伽信徒，是尘土满身的苦修者。他是野性未驯的。毗湿奴的秩序与湿婆的无秩序之间的区别，不是善与恶之间的区别，而是代表着神性的两种不同的表现方式：仁慈与愤怒；和谐与不和谐。

同样，数学家正开始把秩序和混沌看作内在确定论的两种不同的表现。两者都不是孤立存在的。典型的系统会以种种形态存在，有的有秩序，有的混沌。不是存在相反的两极，而是存在一个连续的谱。和谐与不和谐构成音乐美，秩序与混沌则合成数学美。

---

① 美国作家罗伯特·M. 波西格（Robert M. Pirsig）著有一部 1974 年出版的很有名的书《神宗与摩托车维护技术》(*Zen and the Art of Motorcycle Maintenance*)，本标题即模仿这个书名。——译者注
② 又译"梵天""婆罗贺摩"。——译者注
③ 又译"遍入天""毗搜纽"。——译者注
④ 又译"大自在天"。——译者注

第 2 章

万应方程[①]

因此，至少我认为，当地球居于宇宙的中心位置而所有重物都朝它运动这一事实一旦因观测到的现象本身而变得人所共知时，任何人都没有理由穷究向中心运动的原因。[②]

——托勒密，《至大论》（*Almagest*）[③]

钟表世界的隐喻历史悠久，重要的是懂得它是怎样地根深蒂固。在设法解决混沌之前，我们必须先研究一下定律。

从古希腊米利都的泰勒斯（Thales of Miletus）开始再好不过

---

① 本标题万应方程（Equations for Everything）系模仿前文提到的"万物的至理"（Theory for Everything）而得。——译者注

② 《天文学名著选译》（宣焕灿选编，知识出版社，1989 年）第 33 页在《天文学大成》（选译）之下收有这段话，但不尽相同，刘彩品译。——译者注

③ 《至大论》又译作《多禄谋大造书》《大辑》《大汇编》《天文集》《天文集成》《天文学大成》《天文学综论》《大综合论》《数学文集》《大学大成》《伟大之至》等。——译者注

了。他大约出生于公元前 624 年，死于公元前 546 年，因曾经预言日食著称于世。他可能挪用了埃及人或迦勒底人的方法，准确性在一年左右以内。即使如此，日食恰在遏止吕底亚人和米地亚人之间的一场战争的那一吉祥时刻来临，于是暗无天日。这些偶然事件无疑使作为天文学家的泰勒斯声誉大增。作为一名历史学家的挫折之一是，某些事件发生的时日有办法精确地推算，而另一些事件则只能猜测，这些几乎是偶然的。我们关于泰勒斯生辰的知识是以阿波罗多罗斯（Apollodorus）①的作品为根据的；泰勒斯的卒期则基于第欧根尼·拉尔修（Diogenes Laërtius）②：两者都靠不住。但毫无疑问，那次日食是在公元前 585 年 5 月 28 日发生的。宇宙钟滴滴答答走得如此准确，以致到了 2 500 年之后的今天，我们不仅能计算古代日食的时间，而且还能算出地面上看得到日食的位置。日食是罕有的，而这一次乃是泰勒斯可能合理地目击的唯一一次。天文事件还把推定事件日期的最好方法之一提供给历史学家。

据说，有一天晚上，泰勒斯在散步，他对茫茫夜空思索得出了神，竟然不慎落入一条沟中。一位女伴于是戏言，"连自己脚下的东西都没搞清楚，你又怎能察知天空中发生的事情呢？"这一传说③在很多方面概括了产生经典力学的那些态度。古希腊哲学家能够以惊人的精度计算行星的运动，但他们仍然笃信重物比轻物下落得更快。

只是当数学家们把目光从宇宙收回，更加切实地——并且更加

---

① 阿波罗多罗斯（活动时期公元前 140 年），希腊学者。——译者注
② 第欧根尼·拉尔修（活动时期 3 世纪），希腊作家。——译者注
③ 参阅《伊索寓言》中的一则寓言《天文学家》（第 20 页），罗念生等译，人民文学出版社，1981 年。——译者注

认真地——审视自己足下正发生的事情时，动力学才开始取得进展。托勒密误认为地球停留在万事万物的中心不动，因为他对待自身感觉的证据过于刻板，从不去深究它的含义。但宇宙学提供了策励，而且我们可以怀疑更加现实的问题是否会提供足够的启迪。

宇宙旋转

早期宇宙学长于凭空想象，缺乏事实根据。我们经过了这样一些幻象：被一头大象支撑的扁平地球，乘着凯旋车翱翔长空的太阳神和挂在绳索上、白昼关熄——期待着电灯来临——的星星。毕达哥拉斯（Pythagoras）①的看法同样神秘玄虚，但它强调数的神秘意义，无意间使数学粉墨登场。柏拉图（Plato）②认为地球位于宇宙的中心，其余一切都围绕地球在一系列空心球面上旋转。他还坚信地球是圆的，他那承继毕达哥拉斯衣钵的信念认为，万事万物乃至天空的运动都是数学规律的体现，都证明有极大的感召力。

曾发明第一个严格的无理数理论的大数学家欧多克斯（Eudoxus）③认识到，观测到的行星对恒星的运动不符合柏拉图的理念。行星的轨道是倾斜的，时常表现出向后运动。欧多克斯设想了一种数学描述，其中行星被视为安放在一套27个同心球上，每一个球都围绕它邻近一个球提供的轴旋转。他的继承者添加了另外一些球，使理论与实际观测的情况更相符。到公元前230年，阿波洛尼

---

① 毕达哥拉斯（约公元前560～约公元前480），希腊哲学家。——译者注
② 柏拉图（约公元前427～约公元前347），希腊哲学家。——译者注
③ 欧多克斯（约前400～约前347），希腊天文学家和数学家。——译者注

乌斯（Apollonius）①用本轮理论取代了这一体系，其中行星沿小圆运动，而小圆的中心又沿大圆运动。公元 100～160 年居住在亚历山大的托勒玫（Claudius Ptolemaeus），又名托勒密（Ptolemy）②，改进了本轮体系，使之与实际观测结果符合得如此之好，以至 1500 年来没有什么理论能取而代之。是经验数学的胜利。

来自希腊的齿轮

太空"像钟表那样"运行的隐喻可能有着更加朴实的基础。我们关于古希腊文化的思想基本上来源于它的智慧方面——哲学、几何学和逻辑学。工艺学则不太受重视。部分原因在于幸存下来的希腊工艺学的例子寥若晨星。我们听说希腊人重视逻辑学（智能数学）甚于计算术（实用数学）。可是我们关于这一看法的根源不无偏见，时至今日，类似的说法在大学数理逻辑系的走廊里仍时有所闻。希腊工艺学的来龙去脉或许从没有人知晓，但我们掌握的零星材料却发人深省。

1900 年，一些渔民正在希腊安迪基提腊小岛（在希腊本土和克里特岛之间的基西拉大岛对面）附近海面搜寻海绵。他们发现了公元前 70 年从罗得岛驶往罗马途中因遇暴风雨而沉没的一艘船的残骸。打捞到的遗物包括雕像、陶器、酒瓶和货币，还有一大堆黯淡无光、锈迹斑斑的金属。这堆东西干燥后分开成许多显现出齿轮模样的小块。1972 年，普赖斯（Derek de Solla Price）用 X 射线对这堆东西进行了分析；他能把它们复原成一个复杂的 32 个齿轮的装置（图 8）。但这个装置是干什么用的？在剖析它的结构

---

① 阿波洛尼乌斯（约前 262～约前 190），希腊数学家。——译者注
② 托勒密（约 100～约 170），古希腊天文学家。——译者注

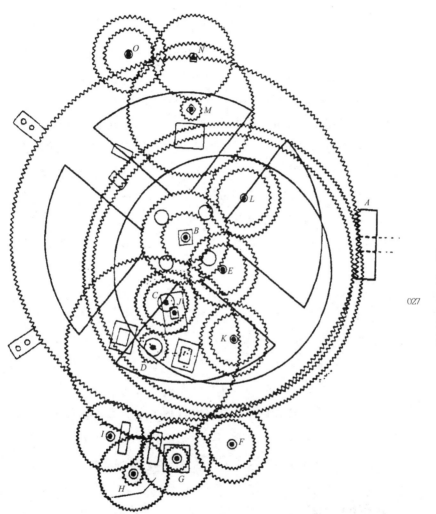

图 8　安特基西拉机械装置①中的齿轮传动装置,一台古希腊行星计算器

---

①　现陈列于雅典的国家考古博物馆。其中最大的齿轮有 225 个齿,直径达 126 毫米,最小的齿轮仅有 15 个齿。——译者注

之后，他认定它是用来计算太阳和月亮在恒星背景上的位置的。

安迪基提腊结构有许多值得注意的特征，它是我们所知最早的一种微分齿轮。这种齿轮如今用在汽车后轴内，使各个轮子能以不同的速度转动，例如当汽车拐弯时。在安迪基提腊结构中，微分齿轮通过从月球的运动减去太阳的运动，来计算月相。这一装置错综复杂，具有很高的制造精度，表明古希腊的切削齿轮的机器和用齿轮连接的机器都有悠久的传统。此外再无别的例子留存于世——或许因为陈旧破烂的机器都被熔化以回收金属了吧。

英国数学家齐曼（Christopher Zeeman）在他题为《来自希腊的齿轮》的论文［《皇家协会会议录》（*Proceedings of the Royal Institution*）1986 年第 58 卷］中，推断了这种装置对希腊科学的影响：

首先，天文学家得以观测天体的运动并收集数据。其次，数学家得以发明用来描述运动和拟合数据的数学符号。第三，技术人员得以制造机械模型来模拟那些数学构造。第四，一代代大学生得以从这些机器学习天文学。第五，科学家的想象力被世世代代这样学习的人蒙蔽得使他们确信这就是天体的运行方式。第六，当权者坚持公认的教条。所以千百年来，人类受骗接受了托勒密体系。

中心的太阳

1473 年，尼古拉·哥白尼（Nicolaus Copernicus）①注意到托勒

---

① 尼古拉·哥白尼（1473～1543），波兰天文学家。"1473 年"（原文如此）有误。——译者注

密学说含有许多相同的本轮，他发现如果设想地球围绕太阳运转，就可以把它们消去。相同的本轮乃是叠加在剩余行星的运动之上的地球运动的轨迹。这一日心说①一下子把本轮数减少到31个。

开普勒（Johannes Kepler）②同样不满意哥白尼对托勒密的修正。他继承了第谷·布拉赫（Tycho Brahe）③所做的一系列新颖而高度精确的天文观测资料，着手寻找这些资料背后的数学规律。他不抱先入之见——他的思想如此开放，以致他的某些想法，诸如行星轨道的空间位置与正多面体之间的关系（图9）之类，现在看来相当可笑。后来当这一理论与观测结果相矛盾时，他放弃了它；我们迄今尚未有正确地刻画行星的大小和距离的行星构成理论。

最终他不得不（几乎违反他的意愿）发表他的第一定律：行星都围绕太阳以椭圆轨道运行。埋没在他的著作中的另两条定律，后来获得了巨大的意义。第二定律说的是，相同时间内行星的轨道扫过相同的面积。第三定律则指出，行星与太阳距离的立方正比于它的轨道周期的平方。

开普勒学说在美学上比一堆混乱的本轮有感染力得多，但像它以前的理论一样，它纯粹是描述性的。它说明行星做些什么，却未给出任何统一的基本原理。在宇宙学超越开普勒之前，它必须使自己回到现实中来。

---

① 参阅尼古拉·哥白尼著《天体运行论》，叶式辉译，易照华校，武汉出版社，1992年。——译者注
② 开普勒（1571～1630），德国天文学家。——译者注
③ 第谷·布拉赫（1546～1601），丹麦天文学家。——译者注

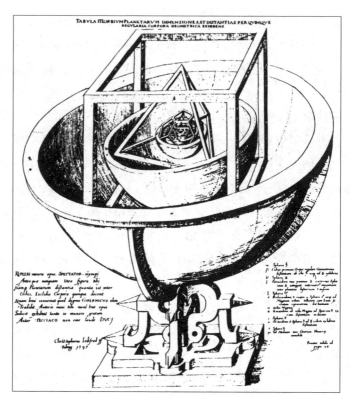

图9 基于5个正多面体的行星轨道空间位置的
开普勒模型(1596年发表)

摆的摆动

对16世纪80年代比萨大学的学生来说，生活必然是激动人心的，因为那是人类知识突飞猛进的一个时期[①]。但激动不能始终保持。在一次做礼拜时，一位大学生一定感到厌烦了，因为他的注意力漂移不定，他开始注视在微风中摆动着的大吊灯。吊灯摆

---

① 即文艺复兴时期。——译者注

上帝掷骰子吗？
——混沌之新数学

动不定，但他注意到摆幅大时速度加快，结果所花的时间保持不变。那时还未发明精确的钟表，于是他就用自己的脉搏来测定灯的摆动时间。

这位大学生就是伽利略·伽利雷（Galileo Galilei）（图 10），他

图 10　伽利略·伽利雷，理论力学和实验力学的奠基人

17 岁进入比萨大学学习医学，业余旁听数学课程。伽利略 1564 年生于佛罗伦萨，1642 年逝世。他既是第一流的科学家，又是一位文学巨匠，他的作品风格典雅、笔调精巧。他心灵手巧，自制了他的望远镜：他发现木星有 4 颗卫星，知道它们是不围绕地球运转的第一批天体。他天生思路清楚，喜欢用简单的逻辑推理，而不用华丽的论调使事物复杂而模糊。他生活在一个根据宗教目的阐释事件的年代。例如，天下雨是因为旨在浇灌庄稼；抛向空中的石头落回大地是因为那是它合适的居留之地。

伽利略认识到，穷究事物的目的并不能使人类控制自然现象。他不问石头为什么下落，而寻求它怎样下落的精确描述。他不研究他无法影响或调节的月球的运动，而研究在斜面上滚动的小球。简直是天才的一着，他把注意力集中于几个关键的量——时间、距离、速度、加速度、动量、质量、惯性。在一个注重性质和实质的时代，他的选择表明了对本质的深刻理解，特别是由于他所选定的许多变量并不适宜于直接的定量测量。

时间，尤其令伽利略大伤脑筋。你不能由观测燃烧着的蜡烛的长度变化来衡量下落石块的时间。他利用过水钟和自己的脉搏，并且据德雷克（Stillman Drake）[1]考证，他还可能独自哼着小曲，以一种作曲家才会的方式划分节拍。为了放慢动力学现象，提高计时的精度，他研究在小角度斜面上滚动的球，而不研究自由落球。通过思想实验伴以真实实验，他取得了物体在重力作用下如何下落的精巧描述。

与希腊几何学的精神——所有研究对象都是理想化的，因此线

上帝掷骰子吗？——混沌之新数学

---

① 德雷克，加拿大多伦多大学名誉科学史教授，伽利略研究专家。参阅德雷克著，唐云江译，《伽利略》，中国社会科学出版社，1987 年。——译者注

无宽度，面无厚度——相一致，伽利略在探索内在的简单性时，把他的力学加以理想化，有意忽略像空气阻力这样一些作用。为了解开控制物质世界的相互联系着的作用之网，由每次研究单一部分入手才是上策。

在中世纪，人们把炮弹的弹道划分成三部分：起初是直线运动，然后是圆弧，最后是垂直降落（图11）。伽利略发现，落体的速度以恒定速率增大，即它的加速度是恒定的。由此他推演出了正确的弹道——抛物线。他还证明了如果炮弹以 45°角发射，它将达最大射程。他发现了力的合成规则。他认识到在忽略空气阻力的情况下，重物和轻物将以同等速度下落。这些成就今天可能看来是简单的，几乎不值一提；但它们是自然法则可能被人类掌握的第一个坚实证据。伽利略具有一种冷峻的幽默感，就像他在《关于两大世界体系的对话》(*Dialogue on the Two Chief World Systems*) 中拥护日心说时所表现的：

> 我会觉得，如果有人认为，为了使地球保持静止，整个宇宙应当转动，那么比起一个要爬上小圆屋顶去看一看全城和周围的景色，而为了避免转动头颅的麻烦，竟然要求整个城郊围绕着他旋转的人来，这个人是更加缺乏理性的。

自然规律的一大体系是就天体物质而言的；另一大体系则就世间物质而言。开普勒眼望着苍穹，伽利略则耳听着大地。几乎无法想象这两大王国之间竟存在着联系。纯净无瑕的天国是上帝和他的天使们的居所；大地则是罪人之家。

一下子的洞察永远改变了那种感性认识。

034

图 11　融直线和圆周运动为一体的炮弹运动的中世纪理论：弹道图由塔尔塔利亚（Tartaglia）①绘制；这里叠印在里夫（Walter H. Ryff）的风景画《几何弹道学》（*Der Geometrischen Buchsenmeisterey*）上

①　塔尔塔利亚（1499 或 1500～1557），意大利数学家。——译者注

引力和几何学

有些大科学家是神童，但少年牛顿是一个普普通通的孩子，除了有一点制作小玩意儿的本领。据说曾经在一个热气球中失踪的家猫，是吃过苦头之后才学乖了的。牛顿于 1642 年出生在伍尔索普村，是一个体弱多病的早产儿。他在剑桥三一学院读书时并不特别引人注目。但当一场大规模的鼠疫袭来时，他远离学院生活回到自己的家乡，几乎单枪匹马地创立了光学、力学和微积分。晚年他主持皇家造币厂，并担任皇家学会会长。他于 1727 年逝世。

伽利略发现了在地球引力作用下运动的物体具有恒定的加速度。牛顿追求着更大的目的：在所有的合力作用下支配物体运动的一套定律。

在某种意义上，这是一个几何学的，而不是动力学的问题。如果物体做匀速运动，则它经过的路程是速度与所花时间的乘积。如果物体作非匀速运动，就没有这么简单的公式。牛顿之前的数学家们所取得的重要进展表明，各种基本的动力学问题都可用几何学形式提出。不过那些几何学问题是很难求解的。

显示物体的速度随时间变化关系的图形，是一条曲线。由几何推论可以证明，物体运动的总路程等于曲线下包围的面积。同理，速度是另一种图形（路程—时间关系图）的切线的斜率。可我们怎样求得这些面积，作出这些切线？牛顿和莱布尼茨（Gottfried Leibriz）①通过把时间分成越来越小的间隔，各自独立地解决了上述问题。这样一来，曲线下的面积就变成大量竖直窄条的面积之和。他们证明了随着时间间隔逐渐变小，这种近似处理所带来的

---

① 莱布尼茨（1646～1716），德国哲学家和数学家。——译者注

误差将变得很小，并且指出"在极限情况下"可使误差完全趋于零。同样，通过考察两个相邻时刻的数值，并且令两值之差为任意小，可以算得切线的斜率。两位数学家都不能为自己的方法提供一个合乎逻辑的严格证明，但他们都深信它是正确的。莱布尼茨谈论时间的"无穷小"变化；牛顿则有一幅更具体的描绘一些连续流变的量的图景，他把这些量称为变数和流数。

这些演算方法如今叫作积分和微分，它们解决了由速度确定路程和由路程确定速度的实际问题。它们把极其丰富多彩的自然现象全都纳入了数学分析的范围内。

世界的体系

包含运动定律的《自然哲学之数学原理》（图12）以三卷本形式出版。诚如牛顿正式致谢的那样，这部著作在很大程度上应归功于伽利略，它基于相似的科学哲学思想。在这部著作中，牛顿把所有的运动都归纳为置于第一卷中的三条简单定律：

- 若没有力作用于物体，则物体保持静止状态，或做匀速直线运动。
- 物体运动的加速度与作用力成正比。
- 对于每一个作用，总存在一个大小相等、方向相反的反作用。

牛顿还证明，开普勒的行星运动定律都可以从这三条定律和万有引力平方反比定律得出。但牛顿的万有引力概念的真正意义不太能做数值描述。牛顿定律是普适的。宇宙中每一个物质粒子与其

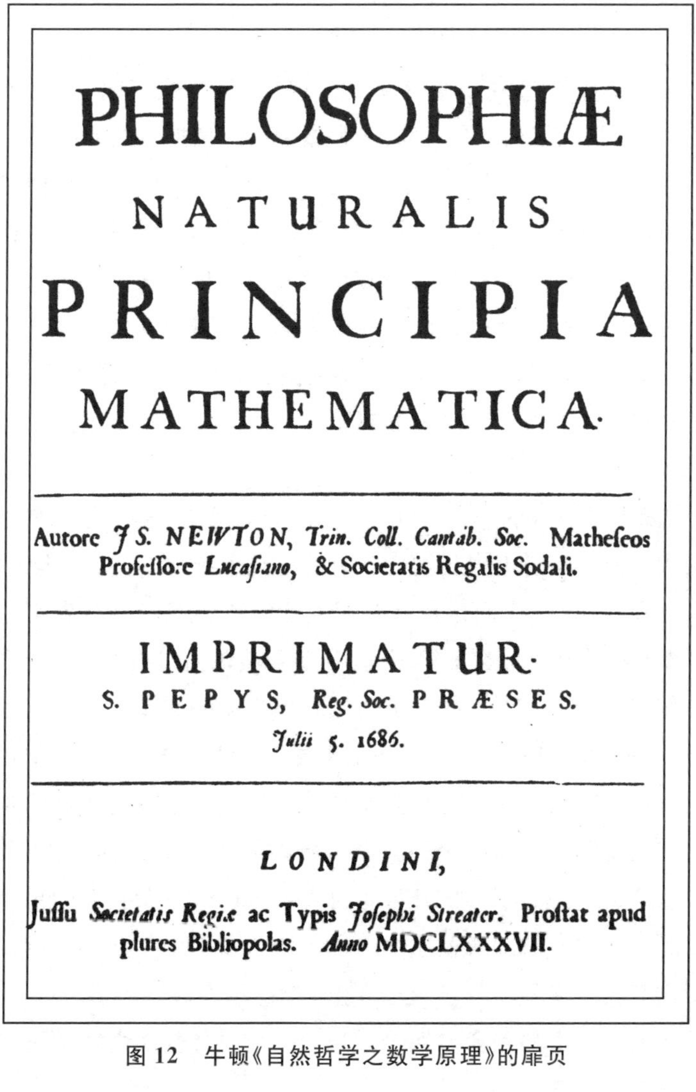

PHILOSOPHIÆ

NATURALIS

PRINCIPIA

MATHEMATICA.

Autore *J S. NEWTON, Trin. Coll. Cantab. Soc.* Matheseos
Professore *Lucasiano*, & Societatis Regalis Sodali.

IMPRIMATUR·
S. P E P Y S, *Reg. Soc.* P R Æ S E S.
Julii 5. 1686.

LONDINI,

Jussu *Societatis Regiæ* ac Typis *Josephi Streater.* Prostat apud
plures Bibliopolas. *Anno* MDCLXXXVII.

图 12 牛顿《自然哲学之数学原理》的扉页

他任何一个粒子，都按照同一定律相互吸引。木星的回转和炮弹的弹道是同一定律的两个例证。人在他的天国之中，宇宙仍是完整的。

这一发现是在第三卷中提出并详加阐述的。"现在，"牛顿说，"我论证世界的体系。"他说到做到了。他把他的万有引力理论应用于行星围绕太阳和卫星环绕行星的运转。他求出了相对于地球质量的行星质量和太阳质量。他估算的地球质量与它的真实值相差不到10％。他指出地球在两极是扁平的，并且十分精确地估计了扁平的程度。他讨论了地球表面上的重力变化。他计算了月球运动因太阳的曳引而致的不规则性，计算了彗星的轨道——表明这些想象中的预示宇宙灾难的不祥前兆是与行星受相同的定律支配的。

赫胥黎（Aldous Huxley）[①]曾经说过，"也许天才是仅有的真正的人。在人类的历史长河中，只有过几千个真实的人。至于我们中其余的人——我们是什么？可教的动物罢了。没有真实的人的帮助，我们几乎什么都得不到。"赫胥黎认为有的人在历史上起突出作用的观点，我们不一定苟同。但牛顿确实是一个"真正的人"。同样地，微积分是"真正的数学"，起过同样突出的作用。可是对牛顿的大多数同时代人来说，微积分对牛顿动力学的重要意义并不是那么显而易见的。个中原因很简单：在《自然哲学之数学原理》中，没有一处明确地利用了微积分。而且牛顿是用古典希腊几何学的语言来叙述他的证明的。多亏牛顿的科学朋友们的尽力推动，微积分才最终于1736年得见天日。到18世纪末，全欧洲的数学家都完全掌握了微积分方法，并且从牛顿那里接受

---

① 　赫胥黎（1894～1963），英国文学家。——译者注

了一个强烈的启示：大自然的书对任何有能力读它的人都是敞开的。他们不需要什么进一步的激励。

钟声和笛声

术语"分析"现今被用来描述具有更严格形式的微积分：是它背后的理论，而不是计算技术。它是在18世纪获得这一内涵的，当时微积分的理论方面正得到实质上的推广。这一进展的主要设计师是欧拉（Leonhard Euler）——有史以来最多产的数学家。微积分对数学物理学的大部分应用也归功于欧拉。欧拉1707年出生于瑞士，早年受宗教训练，但不久即转向数学，18岁就发表数学论文。19岁时，他因解决轮船桅杆设置问题而荣获法兰西科学院授予的一项数学大奖。1733年他就职于俄国圣彼得堡科学院。1741年他迁居柏林，但1766年应叶卡捷琳娜大帝（Catherine the Great）①之邀重返俄国。因此瑞士把他当作瑞士大数学家来纪念，而俄国则把他当作俄国大数学家，德国把他当作德国大数学家。他的视力逐渐减弱，到1766年双目失明。这对他继续作出庞大的创造性数学成果并没有显著的影响。

牛顿播下的种子第一次盛开的花是分析力学这门学科：完全地、明确地建立在微积分的基础之上的力学，这一学科的目的首先是找到刻画有关系统的运动的微分方程，然后是解出来。但是不久又开辟了全新的数学物理学领域。古代毕达哥拉斯学派的学者们探求过数的和谐——或者更准确地说是和谐的数，因为音乐的数字学是他们最大的发现。许多人表示要弄清楚数学与音乐间的亲缘关系。尽管这样，从一根振动的小提琴弦的问题就已引出了

---

① 叶卡捷琳娜大帝（1729~1796），俄国女皇（1762~1796在位）。——译者注

惊人数量的重要的数学成果。例如可以说，没有它，我们就不会有收音机和电视机。

通过求解一个合适的微分方程，泰勒（Brook Taylor）①于1713年发现，振动弦的基本形式是一条正弦曲线 [图 13 (1)]。1746年达朗贝尔（Jean Le Rond d'Alembert）②注意到，其他形状也是可能的。达朗贝尔是社会名流唐森（Madame de Tencin）③和她的情人德图什（Chevalier Destouches）的私生子。他们私通的结晶被遗弃在巴黎圣让勒朗（S. Jean-le-Rond）教堂的台阶上，这就是他那不寻常的教名的由来。

不要以为所有的数学家都过着单调而平凡的生活。

达朗贝尔完成了振动弦的一般性分析。他假定振动的振幅（量值）很小（以消去方程中不希望有的项，这种做法我们以后还要讲到），列出弦必须满足的一个微分方程。但这是一个新型方程——偏微分方程。这种方程表示某个量的变化率与几个不同变量的关系。对小提琴弦来说，这些变量就是弦上一点的位置和时间。达朗贝尔进而指出，两个任意形状的波，一个向左传播，一个向右传播，它们的叠加亦满足这个方程。

欧拉很快就继续研究这一发现。他认为泰勒的单一正弦波形可以用它的高次谐波——波形相同，但振动频率是基频的 2 倍、3 倍、4 倍等等的波——相合成 [图 13 (2, 3)]。在《一种新的音乐理论》（A New Theory of Music）一文中，他分析了钟和鼓的振动。伯努利（Daniel Bernoulli）④把这结果推广到管风琴管。

---

① B. 泰勒（1685~1731），英国数学家。——译者注
② 达朗贝尔（1717~1783），法国数学家、哲学家和作家。——译者注
③ 唐森（1682~1749），法国女作家。——译者注
④ 伯努利（1700~1782），瑞士数学家。——译者注

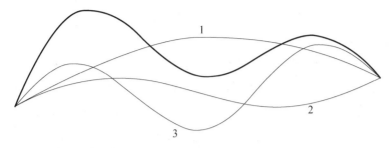

图13　小提琴弦的振动：基频正弦波（1）和它的二次、三次谐波（2，3）叠加产生一个更复杂的波形（粗线）

物理学从音乐中产生。1759 年，一位崭露头角的年轻人拉格朗日（Joseph-Louis Lagrange）①把这些思想应用于声波，并在 10 年内大大发展了一种全面而成功的声学理论。

风和波

18 世纪是一个海上霸权时代，亟须有关水和其他流体流动方面的知识。1752 年欧拉把注意力转向流体动力学，到 1755 年他已经建立了一组描述无黏性（"黏着性"）流体运动的偏微分方程组。他既考察不可压缩流体（水），也考察可压缩流体（空气）。他把流体作为连续的、无限可分的介质看待，用依赖于流体粒子位置的连续变量即速度、密度和压强来描述流体的流动。

物理学各个分支逐一接受数学定律的指挥。傅立叶（Joseph Fourier）②研究出了一个描述热流的方程，并提出求解方程的一种新颖而有力的方法，如今称作傅立叶分析。它的主要思想在于把任何波形都表示为正弦曲线的叠加，就像图13那样，但更加复杂。

---

① 拉格朗日（1736～1813），意大利-法国天文学家和数学家。——译者注
② 傅立叶（1768～1830），法国数学家。——译者注

材料在应力作用下的变形（对工程技术至关重要）导出弹性方程。万有引力的进一步分析则导出现在为纪念拉普拉斯和泊松（Simeon-Denis Poisson）①而以他们两人的姓氏命名的方程。同样的方程还出现在流体动力学和静电学中，并经过普遍推广而发展成位势理论。位势理论使数学家们得以攻克诸如由椭球所致的引力吸引问题。这在天文学上占有重要地位，因为大多数行星都不是圆球——它们在两极是扁平的。18 世纪（和 19 世纪初叶）是锻造出经典数理物理学多数宏伟理论的时期，主要的例外有：关于黏性流体流动的纳维-斯托克斯方程和出现得稍晚的电磁学方面的麦克斯韦（James Clerk Maxwell）②方程。无线电波的发现，即来源于麦克斯韦方程。

一个压倒一切的范式产生了。模拟自然的道路就是通过微分方程。

被分析抛弃

但是要付出一定的代价。18 世纪的数学家们埋头向前却碰到一个问题，这个问题一直困扰着理论力学：建立方程是一回事，求解方程则完全是另一回事。欧拉自己说过："如果我们不可能洞悉与流体运动有关的完备知识，我们不应把原因归于力学，或者归于运动原理知道得不够。在这里，正是分析本身抛弃了我们。"18 世纪的主要成就在于建立模拟物理现象的方程。求解那些方程则成效不大。

尽管如此，仍存在一种无限的乐观和普遍的感觉：自然界的

---

① 泊松（1781~1840），法国数学家。——译者注
② 麦克斯韦（1831~1879），苏格兰数学家和物理学家。——译者注

奥秘业已揭开了。微分方程范式的广泛成功，给人以深刻的印象。许多问题，包括一些基本而重要的问题，都导致可以解出的方程。于是形成了一种自选过程，人们自然而然对那些无法求解的方程比起能够解出的方程来兴趣索然。代代新人从中学习技能的教科书，当然只包含可解的问题。齐曼对安迪基提腊机械结构的评论涌上心头。钟表模型，对钟表世界的信念。确定性数学模型，对确定性世界的信念。

当铺里的数学

上述过程并不普遍。有些悬而未决的问题，例如引力作用下三体的运动，就以莫测高深著称于世。但是不知怎的，当更加忠实的评价把这种方程认作普遍现象时，它们反被视为例外。

事实上，甚至连运动方程的数学确定论都有漏洞。牛顿力学常用的理想模型之一，是考察硬弹性小球。如果两个硬弹性小球相碰撞，它们会以完全确定的角度和速度弹开。然而牛顿定律却不能够确定三个这种小球同时碰撞的结局（图 14）。甚至在拉普拉斯确定论的全盛时期，尽管那些断言讲得冠冕堂皇，内容却是错误的。正如波斯顿（Tim Poston）和我在《模拟》（*Analog*）杂志 1981 年 11 月号中所述：

> 因此，"颠扑不破的物理学定律"……从未真正存在。……大量小球的性态或众多人的行为中的规律必然是统计性的，并含有十分不同的哲学意味……。回顾以往，我们知道，前量子物理学时期的确定论，仅仅通过让当铺老板的三个球保持分离，来使自身免于思想体系的破产。

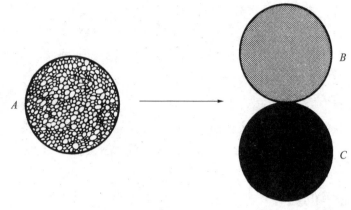

图14　它们将去何方？按照牛顿运动定律，假定三个球都是完全弹性的，结果则取决于 A 先撞 B 还是先撞 C。如果 A 恰巧同时与 B、C 相撞，牛顿定律确定不了将发生什么情况

无论如何，数学在当时以为它找到了主矿脉，正忙于采集它能够采集得到的所有黄金。站在 20 世纪的制高点上指出其中有些不过是黄铁矿，真是令人难堪得十足的后见之明。

重新表述时期

1750 年，拉格朗日汲取了欧拉的思想，由此产生了动力学的一个精巧的、影响深远的重新表述。他的工作结晶出两个重要的思想。两者作为半焙干的[①]思想已经存在了几十年，但拉格朗日把它们烘焙成金褐色，从炉中取出，放在面包店的柜台上，供人们赞赏、购买和食用。

第一个思想，是能量守恒原理。经典力学认识到有两种形式

上帝掷骰子吗？
——混沌之新数学

---

①　原文 half-baked 在此为双关语，兼有"不成熟的"之意。——译者注

的能量。势能是物体由于它的位置而具有的能量①。例如，在重力场内，势能正比于高度。山顶上的物体比河谷里的物体有更大的势能，这就是翻山越岭比河岸行走更累的原因。动能是物体由于它的速度而具有的能量：降服一匹脱缰的烈马比在草地上遛马要吃力得多。

在无摩擦的运动过程中，这两种形式的能量可以相互转换。当伽利略让铁球从著名的比萨斜塔上落下的时候，最初铁球具有很大的势能而没有动能，随着铁球的下落，势能不断转换为动能。也就是说，它的高度渐减而速度递增。大自然是一位一丝不苟的会计：账目的平衡——总能量（势能加动能）——是不变的。当铁球离开护墙下落时，它失去势能，因而必然获得动能。也就是说，它的速度加快了。牛顿第二运动定律以精确的定量形式有力地表达了这一定性论点。

拉格朗日的第二个思想，是引入"广义坐标"。坐标是通过使一组数与一个点相联系，把几何学转换为代数学的一种手段。数学家们发现，按照所处理的问题，用各种不同的坐标系来研究，是很便利的。拉格朗日必然断定，在数学理论中，不便运送这类计算性包袱。他从假定不管什么坐标系入手。然后以绝妙的简单性，他导出了具有不依赖于所选择的坐标系的形式的运动方程。拉格朗日的表述比牛顿的表述有众多优点。许多优点是技术性的——它在运动受约束时较易应用，避免了烦琐的坐标变换。但首要的足，它更普遍，更抽象，更精巧，更简单。

爱尔兰大数学家哈密顿（William Rowan Hamilton, 1805～1865）吸收了上述思想。他以更大的概括性再一次重新表述了动

---

① 所以旧译"位能"。——译者注

力学。在这理论的哈密顿形式中，动力学系统的状态用一组广义位置坐标（类似于拉格朗日坐标）和相关的一组动量坐标（对应速度乘以质量）来说明。单一的量（如今称为系统的哈密顿量）通过这些位置和动量确定总能量。于是位置坐标和动量坐标随时间的变化率由哈密顿量以一组简单、精巧、统一的方程来表达。现今的高等动力学教科书就常以哈密顿方程为起点。

市场中的纠纷

在数理物理学市场里，确定性售货摊的商品已陈列出来。自然界服从少量的基本定律。这些定律都是微分方程，我们知道它们是什么。给出任一自然系统在给定时刻的状态，并且知道这些定律，所有未来的运动原则上都唯一地被确定。实际上，这些方程在许多情况下都可以解出。风和波，钟声和笛声，月球的运动。

如果摊主能鉴往知来，来自他的商品的技术奇迹将使他大吃一惊。收音机，电视机，电子产品，汽车，电话，雷达，宽体喷气式飞机，数字式手表，计算机，吸尘器，洗衣机，个人立体音响系统，悬索桥，合成器，悬挂式滑翔机，通信卫星，激光唱片。为公正起见，还有：机枪，坦克，杀伤性地雷，巡航导弹，MIRV[①]核弹头，以及污染。我们不要低估数理物理学的经典确定性范式对我们社会的影响。

但我们不要受蒙蔽。技术是我们自己的创造物。在技术方面，我们对这个世界了解得很少，不像建造我们自己的小天地

---

① MIRV，系 Multiple Independently-（targeted）Reentry Vehicle（多弹头分导再入飞行器）的缩写。——译者注

时，因为它们非常简单，所以我们可以使它们做我们想要它们做的事情。技术的整个目的是在给定条件下产生受控制的结果。我们制造我们的机器，以便它们确定性地表现它们的性态。技术创造了经典范式适用的系统。我们不能解出太阳系运动的方程，这无关紧要——我们不建造必须知道那些答案才能运转的机器。

摊主置这些事态于不顾，打磨他那些富有光泽的新方程，憧憬着灿烂的未来。顾客们聚集在他周围，吵嚷着，搜寻着便宜货。

但这是什么？另一个货摊？不需要另一个货摊。让这样一伙状貌邋遢的人挤入市场，地方议会一定疯了！他们在兜售些什么呢？

骰子？

瞧，如果你想让市场内进行赌博，整个地方都将走向……

哦。他们不是为了赌博。你在那个摊上还得到了别的什么呢？

人寿保险？祈祷的效验？人的身高？蟹的大小？毛茛属植物的花瓣？每一济贫组织的贫民频率？离婚率？

接下去将是水晶球占卜术。市场已经毁灭。这应该是一个科学的市场。这句废话可能是科学吗？

正是。

第 3 章

误差定律

> 群氓愈众，公开的无政府行为愈厉害，它的统治便愈完美。这是无理性的至高无上的定律。无论何时处理大样本的混沌单元，并按它们的大小次序排列，一种不容置疑、优美无比的规则性总是让明一直潜在。排列好的行的上端形成一条面积不变的光滑曲线；当每个单元被归位时，可以说，它就找到了一个非常适合它的、预先注定的位置。
>
> ——高尔顿，《自然遗传》（*Natural Inheritance*）

虽然经典数理物理学取得了长足的进展，整个物质世界仍未经触动。数学能计算木卫的运动，但不能计算暴风雪中雪花的运动。数学能描述肥皂泡的膨胀，但不能描述树木的生长。假如有人要从埃菲尔铁塔上跳下，数学能预言他将经过多长时间坠地，但不能断定他原先为什么作出舍身的抉择。尽管种种迹象表明"原理上"少数几条定律预示了宇宙的整个未来，但实际上像气体的压强或燃煤的温度这样一些概念，都远远超出了可以从实际已知的定律严格导出的界限。

数学家们终于设法至少认识到了宇宙中的某些秩序，以及秩序的原因，但他们依然生活在一个无秩序的世界里。他们（有理由）深信，大部分无秩序都遵从同一些基本定律；他们不能有效地应用这些定律，只是复杂性在作怪。两个质点在相互作用力下的运动可以精确地计算出来。求三个质点运动的全解太困难了，但在特殊情形中可以运用近似的方法。太阳系中 50 个左右大天体的长期运动情况不可能全盘掌握，但通过足够大量的计算，可以相当好地了解它们的任何特征。但是 1 毫克气体大约含有 100 万亿个粒子。甚至要列出运动方程，就需要一张大小与月球轨道所围面积不相上下的纸。当真考虑求解这些方程，是荒谬的。

一种在理论上可解决一切事物，而实际用途却犹如蛛网抵挡雪崩的方法，是不太可能赢得众多的信徒的，不管它的哲学凭证如何完美无瑕。虽然科学不可能描述每个粒子的单独运动，它在气体问题上并不打算绝望地举手投降。大量粒子的细致复杂性可能难以想象；但通过设立较为实际的目标，仍然会有所进展。实验表明，复杂性尽管存在，气体还是以一种很规则的方式表现它们的性态。如果大系统的细致性态不可知，我们能否找到粗略的、平均的性态中的规律性呢？回答是肯定的，所需要的数学知识是概率论和它的应用性姐妹学科——统计学。

赌博收益

概率论起源于一个非常实际的话题——赌博。每个赌徒对"机会"都有一种直觉。赌徒们知道机遇中存在着规则的模式——虽然他们心中的信念不全经得起数学分析。赌博学者卡尔达诺（Giro-lamo Cardano）①（图 15），一个天才知识分子兼无可救药的流

图 15　赌博学者卡尔达诺

---

① 卡尔达诺（1501～1576），意大利数学家。——译者注

氓，是论述概率的第一人。1654 年，梅尔（Chevalier de Meré）向帕斯卡（Blaise Pascal）①请教，在一场机遇游戏②被中断时，怎样分配赌金才最合理。在确定性数学的发展中涌现出来的同一些名字，也出现在机遇数学的发展中：帕斯卡与费马（Fermat）③通信，他们共同找到了答案。这个答案于 1657 年发表在第一部完全为概率论而写的著作，即惠更斯（Christiaan Huygens）④的《论机遇游戏中的推理》（*On Reasoning in Games of Chance*）中。

概率凭它自身的重要性而成为一门学科，始于拉普拉斯在 1812 年出版《概率的解析理论》（*Analytic Theory of Probabilities*）⑤。按照拉普拉斯的定义，一事件的概率是发生这事件的方式的数目除以所能发生的事物的总数——假定所有后者都具有同等的可能性。例如，一个家庭中的 7 个孩子全是女孩的概率是 1/128，因为在 128 种可能的男孩/女孩排列中，只有一种是 GGGGGGG⑥。（这里假定男孩和女孩同样可能；实际上男孩比女孩略微更可能些。把这一点考虑进去并不难。）

平均人

概率论的实际臂膀是统计学。统计学发展中最显著的特点在于，无论"硬"科学还是"软"科学都起过决定性的作用，一些重要的思想和方法在两者之间反复转移。在以下几页中，我们将剖

---

① 帕斯卡（1623～1662），法国数学家、物理学家和散文大师。——译者注
② 指靠碰运气而不依赖于技巧的游戏（如掷骰子）。——译者注
③ 费马（1601～1665），法国数学家。——译者注
④ 惠更斯（1629～1695），荷兰数学家、物理学家和天文学家。——译者注
⑤ 第 1 章提到的《概率的哲学导论》，是这书第二版（1814）的序言。——译者注
⑥ G 代表女孩（girl）。——译者注

析一个范例。大部分统计学都以所谓正态分布（图16）为中心。
这是一条钟形曲线，它精密刻画了具有某些特征的人口的比例关
系。例如，如果从蒙古人口中随机抽取1 000人，画一张表示其中
多少人具有给定身高（以厘米为单位）的图，它将酷似正态分布
的钟形曲线。如果你绘出鸭群的翼展，鼴鼠群的掘洞能力，鲨鱼
牙齿的大小，或者豹身上斑点的数目，结果也一样。

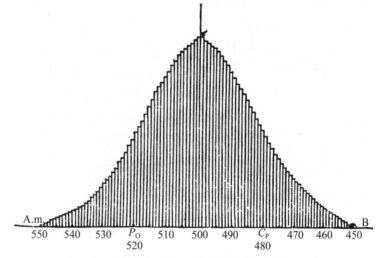

图16　对正态分布的二项式近似（凯特勒，1846）

　　正态分布最初称作误差定律，它源于18世纪天文学家和数学家
们的工作，他们在设法计算天体轨道的过程中，不得不考虑观测误
差的影响。误差定律描述观测值怎样聚集在它们的平均值的周围，
并提供出现给定大小的误差的机会的估算。误差定律由凯特勒
（Adolphe Quetelet）[①]（图17）引入社会科学，他把这方法应用于

――――――――――

　　① 凯特勒（1796～1874），比利时数学家、天文学家、统计学家和社会学
家。——译者注

图 17　凯特勒［奥德维尔（J. Odevaere）1822 年作肖像画］

他所能想到的一切事情：人体、犯罪、婚姻、自杀的计量。他的《社会力学》（*Social Mechanics*）①一书是为了有意与拉普拉斯的《天体力学》相比拟而这样取名的。凯特勒根据被假设的社会变量的平均值的恒定性，很快得出了一般结论，并提出"平均人"的逗人概念。凯特勒不仅把人类状况看作一种社会动态：他想要像控制系统工程师那样去研究它。调谐它，稳定它，抑制振荡。在凯特勒眼里，"平均人"不只是一种数学抽象，而且是一种合乎道德的理想。

遗传天赋②

社会科学在许多方面不同于自然科学，一个主要的区别在于，受控实验在社会科学中几乎行不通。如果一位物理学家想检验热对金属棒的作用，他可以把它加热到不同的温度，然后比较各个结果。如果一位经济学家想检验财政政策对国家经济的影响，他可以试行或不试行这个政策；但他不可能在相同条件下对同一种经济试行几种不同的税制。1880 年左右，社会科学开始从凯特勒的早期工作发展出受控实验的一个代用品。最重要的工作是三个人完成的：高尔顿（Francis Galton）③、埃奇沃思（Ysidro Edgeworth）④和皮尔逊（Karl Pearson）⑤。他们各在一个传统领域内知名：高尔顿在人类学方面，埃奇沃思在经济学方面，皮尔逊在哲学方面。他们一起把统计学从一种有争论的思想方式改造成一门或多或少精密的科学。我们只详细叙述高尔顿的经历。

① 一译《社会物理学》，似不确。——译者注
② 作者有意以高尔顿的名著《遗传天赋》（*Hereditary Genius*，1869）的书名作标题。——译者注
③ 高尔顿（1822～1911），英国科学家、探险家和人类学家。——译者注
④ 埃奇沃思（1845～1926），爱尔兰经济学家和统计学家。——译者注
⑤ 皮尔逊（1857～1936），英国数学家。——译者注

高尔顿学医出身，但当他继承了一笔遗产，便放弃了医学，开始周游世界。1860年，他把注意力转向气象学，并用图示方法，从一大堆不规则的数据中得出反气旋存在的结论。他涉猎于心理学、教育学、社会学和指纹学，但到1865年，他的主要兴趣显现了——遗传特征。高尔顿想弄清楚遗传特征是怎样一代一代传下去的。1863年，他偶然读到凯特勒的著作，立即相信正态分布是普遍存在的。但他使用正态分布的方式与凯特勒所主张的迥然不同。高尔顿不把正态分布看作道德规范，而把它看作一种根据不同起因对数据进行分组的方法。例如，考察矮个子和高个子的一个混合群体。矮个子的身高符合正态分布，高个子的身高也是如此。但这两条曲线很不相同；特别是它们的尖峰将处在不同的位置。合成群体的身高绝不会形成正态分布，它的数学原因在于，叠加两个独立的正态分布一般不产生另一个正态分布，而得到一条双峰曲线（图18）。高尔顿推断正态分布只适用于"纯"种群；在混合种群中它将失效；通过分析它失效的方式，可把混合种群分离为它的纯分量。一个峰属于高个子，另一个峰属于矮个子。

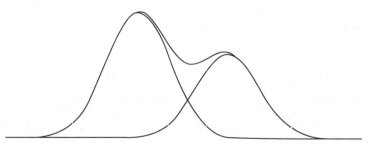

图18　叠加两个正态分布得到一条双峰曲线

但就是这幅图画使高尔顿在研究遗传特征时大伤脑筋。假设纯种群的第一代具有正态分布的身高。每一个个体都繁衍后代，后代的身高大概也具有正态分布。然而，后代的峰高依赖于上代的峰高——否则特征"身高"是怎么遗传下来的？因此，下一代的身高由许多不同正态分布的叠加来描述。但如上所述，叠加正态分布一般不导致正态分布。结论：当纯种群繁殖下一代时，所得到的不再是纯种群。但这是荒唐的：原始"纯"种群本身毕竟是上一代的下一代！

直到 1877 年，高尔顿才解决了这个难题。那时他拥有关于甜豌豆的大量数据，表明相继各代事实上的确符合正态分布；他还有一种称作梅花阵（quincunx）的古怪实验仪器①，这仪器模拟数学的方法是让铅丸落入金属针阵列，铅丸在阵列中或左或右随机弹跳。他是这样解决这个难题的：由于双亲都来自一个纯种群，他们的后裔的各个正态分布不是独立的。因而它们在叠加下的性态是特殊的。事实上存在一个小小的数学奇迹：它们相关联的方式恰恰使得它们全部叠加的结果又形成一个正态分布。

高尔顿因这一结果的干净利落而受到震动，这促成了他的回归思想。高个子父母的孩子平均较矮；矮个子父母的孩子平均较高。这并不妨碍高个子父母的孩子高于矮个子父母的孩子，但后代的身高恰恰略向平均值靠拢。

1855 年，高尔顿绘制了一张图，表示 928 个成年子女的身高与他们父母身高的关系（图 19）。在图中，给定行和给定列上的数表示样本中具有在行的左端给出的平均身高的那些双亲有多少子女，而这些子女自身的身高与双亲身高的差则在列的上端给出。高尔顿注意到，给定范围内的数（如 3~5 或 6~8）都沿着以

---

① 高尔顿发明这架仪器的准确时间，无从考证，但肯定是在 1874 年 2 月 27 日之前，因为那天他在皇家学会演讲时当场演示了"梅花阵"。至今它还存放在"高尔顿实验室"。——译者注

整个群体的平均身高为中心的近似椭圆排列。这张图完全符合高尔顿的回归理论，并且由此产生了可从无规则数据推演出内在趋势的回归分析方法。

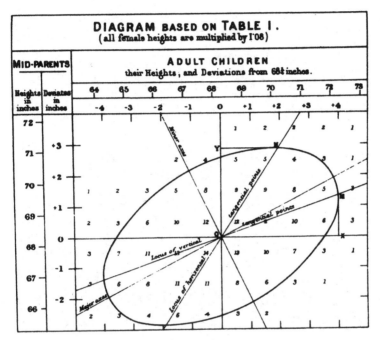

图19　子女身高与他们父母身高关系的高尔顿图，
　　　 显示出一种同心椭圆模式

高尔顿没有用准确的数学术语表达他的思想，而宁愿依靠带有他的梅花阵的图示和图解。埃奇沃思补充了数学严密性，拓宽了那些思想，并使它们的应用范围更广阔。皮尔逊是一位有能力的数学家，但数学天资逊于埃奇沃思，他以把那些方法推向世界所应具有的魄力和雄心从事着普及工作。空想家、实干家、推销家：三者兼备，才能使统计学产生影响。

技术转移

诚如所见，统计学是以它的思想在自然科学和社会科学之间盛衰消长的方式著称的。从天文学中的误差分析着手，社会科学家发展了在无规则数据中识别规律的一些数学工具。但现在硬科学要借回这些工具，它的目的则很不一样：对那些复杂得貌似无规则的物理系统进行数学处理。

1873 年，大物理学家麦克斯韦在英国科学促进会的一次会议上针对统计学方法指出：

> 我们能诉诸实验的最小的物质部分由几百万个分子组成，其中没有一个分子是我们能个别觉察的。因此我们不能确定任一分子的实际运动；所以我们不得不摒弃严格的历史学方法，而采纳处理大量分子的统计学方法。适用于分子科学的统计学方法的数据是大量分子数量的总和。在研究这类数量之间的关系时，我们遇到了一种新的规律——平均值规律，就所有实际目的而言，我们可以很充分地依赖它，但它对绝对精度的那种属于抽象动力学定律的特性不能提出任何断言。

物理学家反复援引统计学方法在社会科学中的成功，为他们的概率方法辩护。在他们手中，统计学方法开了花，气体动理论①成长为科学活动的一个主要且基本的领域。它不仅仅是分子与群体中的个体之间粗略类比的结果：其间还存在着紧密的数学对应关系。特别是，麦克斯韦解决了一个关键的问题：无规则变化的

上帝掷骰子吗？——混沌之新数学

---

① the kinetic theory of gases，旧译"气体分子运动论"。——译者注

分子速度的统计分布是什么？他从下面两个似乎合理的物理假定入手：

- 速度在任一给定方向的分量与任一正交方向的分量无关。
- 分布是球对称的，即所有方向都同等对待。

单单从这些抽象的原理出发，一点也没有借助动力学定律，他提出了一种纯粹是数学性的论点，证明这分布必然是凯特勒误差定律的三维模拟。

荷兰混沌

"气体"一词，是荷兰化学家海耳蒙特（J. B. van Helmont）[①]在他的1632年的著作《医学精要》（*Ortus Medicinae*）中，特意借与希腊词"混沌"的相似性而发明的。这是一个很有洞察力的选择。

在气体物理学中，无规则性与确定性首次正面交锋。但是在原理上，气体是一些服从精确动力学定律的运动分子的一个纯粹确定性的聚集体。那么，无规则性来自何方呢？

答案——到20世纪70年代为止，它被称职的科学家无意间给出，大多数科学家到20世纪80年代初仍在给出——在于复杂性。气体的细致运动过于复杂，我们无法把握。

假设你拥有一台仪器，当一定数量的个别气体分子运动时，它能进行跟踪。这样的仪器并不存在，就算它存在，你必须利用计算机把气体分子运动放慢好几个数量级，以便观察正在发生的情况；姑且假设它存在吧。你会看到些什么？请把注意力集中于一小群分子。它们作短时间的直线运动，然后以你根据分子轨迹

[①] 海耳蒙特（1580~1644），比利时化学家、生理学家和医学家。本书称他为"荷兰化学家"，似有误。——译者注

的先前几何形态所能预言的方式开始相互弹开。但当你刚要端详运动的模式时，一个新的分子从外面不期而至，与你很有条理的分子群相碰，破坏了这模式。而在你弄清楚新模式之前，又一个分子闯了进来，接着是又一个，又一个……

如果你所看见的全部内容是非常复杂的运动的一小部分，那么整个运动将呈现无规则，呈现无构。

在某种意义上，这正是使得社会科学如此棘手的同一个机制。你不能通过分离出一小部分来研究一种活生生的经济，或者一个民族，或者一种思维。你的实验子系统将不断遭受意想不到的、无法控制的外部影响的干扰。甚至在自然科学里，实验方法的大多数日常工作是用来消除外部影响的。百老汇大街闪烁的霓虹灯有效地把夜生活中和下等社会中的人们吸引到脱衣舞夜总会和酒吧中去，但它们严重干扰了天文学家的望远镜。一台敏感的地震仪不仅记录地震，还会记录下在走廊上推车的递茶小姐的脚步。物理学家为消除这种不希望有的影响而大大走向极端。他们把望远镜安置在山顶上而不是曼哈顿的屋顶上，他们把中微子计数器埋藏在地下数英里处而不是放在办公室里。但是社会科学家甚至连这样花钱的自由都没有，他们不得不用统计学方法去模拟或滤去这些外部作用。统计学是一种从复杂性的泥沙中淘取珍贵的秩序的方法。

100年前的科学家就很清楚，确定性系统的性态会以貌似无规则的方式表现出来。但是他们知道它不是真实的无规则；它不过是由于信息不完善而看上去如此。他们还知道，这一虚假的无规则性只存在于很大、很复杂的系统——具有极多自由度、极多不同的变量、极多分部的系统——之中。这些系统的细致性态将永远处在人类思维能力之外。

省掉一个范式？

到 19 世纪末，科学已经获得了两个很不同的供建立数学模型用的范式。第一个较陈旧的范式是借助微分方程的高精度分析；它在原理上确定宇宙的整个演化，而实际上只适用于比较简单、结构良好的问题。第二个新冒出来的范式是平均量的统计分析，它刻画高度复杂系统的运动的粗糙特征。

在数学上，这两个范式之间实质上不存在任何瓜葛。统计学定律不是作为动力学定律的数学推论计算出来的：它们是强加于用在物理学中的数学模型之上的附加结构层，并且是以物理直觉为基础的。从动力学定律严格推演巨大物质的性态，直至今日仍然是对数理物理学家的一个挑战性的问题：只是最近才有人接近证明（在定义适当的模型里）气体存在。晶体、液体和非晶体仍然顽固得无法企及。

如同 20 世纪所展现的，统计学方法论是与确定性建模以同等地位存在的。为反映甚至机遇也有它的规律这样一种认识，创造了一个新词：随机的。（希腊词"stochastikos"指"善于瞄准"①，从而传达了为个人利益利用机遇规律的意思。）随机过程（由偶然的影响所确定的事件序列）的数学与确定性过程的数学一道蓬勃发展。

秩序不再是定律的同义语，无秩序不再是无规则律性的同义语。秩序和无秩序都有规律。但这些规律属于两种不同的性态法则。一种规律属于有秩序性态，另一种属于无秩序性态。两个范式，两种方法，两种观察世界的方式。两种数学思想体系，各只

061　第 3 章　误差定律

---

① 原意指"中的"（打中目标），见〔苏〕格涅坚科著，丁寿田译，《概率论教程》中《序》的脚注，高等教育出版社，1956 年。——译者注

在它自己的势力范围内适用。确定论用于少自由度的简单系统，统计学则用于多自由度的复杂系统。一个系统要么是无规则的，要么不是。如果是，科学家就去探索随机的事物；如果不是，就改进他们的确定性方程。

两个范式是平等的伴侣，同样为科学世界所接受，同样有用，同样重要，具有同样的数学性。它们是等同的，但又是不同的。完全的不同，不可调和的不同。科学家们知道它们不同，并且知道何以不同：简单系统的性态以简单方式出现，复杂系统的性态以复杂方式出现。简单性和复杂性之间不会有什么共同之处。

但是毫无疑问，一代科学家所知道的东西，连同装进他们的世界的结构本身中去的知识，正是下一代要提出挑战并加以推翻的对象。你如果执着地知道某事物，便不怀疑它。如果对它深信不疑，你就是靠信仰生活，而不是靠科学。

但这是一个非常困难的问题。简单确定性系统的性态能像无规则系统一样吗？甚至于提出这个问题都是几乎与每一个人的直觉相违背的。科学的全部进展以往都基于这样的信念：探索自然界中简单性的途径乃是找到描述它的简单方程。多么愚蠢的问题！

在当前我们已经到达的历史关头，只有一个持异议的声音依稀可辨，然后只是微弱地、不确定地对未来麻烦的一个颤抖的暗示，这声音仅仅出现一次，又沉寂了；这声音——如果它被人听见过的话——被置若罔闻了。它是一个人的声音，这个人可以认为是他那个时代最伟大的数学家，他是骚乱的动力学科学的又一位革命者，他把一个全新的数学领域作为副产品创造了出来。这是一个触摸过混沌的人的声音……

这个人被混沌震惊了。

上帝掷骰子吗？——混沌之新数学

第 4 章

最后一个通才

"就第二十七空军司令部来说，你只要飞四十次就行了。"

尤索林听了十分高兴。"这么说我可以回国了，对吗？我已经飞了四十八次。"

"不行，你不可以回国，"前一等兵温特格林纠正他说。"你疯了还是怎么了？"

"为什么不可以回国呢？"

"因为有第二十二条军规。"①

——海勒（Joseph Heller），《第二十二条军规》（Catch 22）②

---

① 引自《第二十二条军规》第 86 页。〔美〕约瑟夫·海勒著，南文、赵守垠、王德明译，上海译文出版社，1981 年。——译者注

② 海勒（1923～1999），美国作家。他的长篇小说《第二十二条军规》（1961）系"黑色幽默"文学代表作之一。——译者注

不知怎的，数学也陷入了"第二十二条军规"的夹持之中。

如果你能用公式解一个方程，则它的解将照自身本来面目以规则的、可解析表达的方式出现。那便是公式所告诉你的。如果你以为动力学中游戏的名称就是去寻求微分方程解的表达式，那你的数学将只能研究规则性态。你会积极搜寻你的方法所适用的问题，而忽视其他问题。甚至不把它们扫到地毯下面去：要那样的话，你至少必须承认它们的存在。你正生活在愚人的乐园之中，或者不管怎样至少将会如此，假如你不是聪明过头反倒成了愚人的话。

摆脱这种束缚需要很特殊的条件组合。时间、地点、人物、文化——所有这些都必须合适。

地点没错：法国一度位居数学王国最前列。如今依然。

这个人物虽带有一位心不在焉的教授的和蔼又糊涂的外表，可他是一位智慧巨擘。他一只脚立在19世纪，一只脚立在20世纪，横跨着数学史上的关键点之一，当时数学开始与普遍性和抽象性结成爱侣   这种关系是倾心于结合的许多人既不了解也不赞成的，今天仍然如此。他名叫庞加莱（Henri Poincaré）（图20），也许是最后一位能在他的学科的每一个角落和罅隙随意漫步的数学家。庞加莱之后出现了一些专门家——使他们成为必要的数学信息爆炸，在很大程度上是由于他广泛而深邃的数学洞察力才存在的。庞加莱创立了现代的动力学系统的定性理论，这是他那难以计数的发现和发明中的一部分。

地利，人和。但时间不太合适，文化更加如此。当科学家们刚开始探测海洋深处的时候，他们的网打捞起怪物的残骸，颜色灰暗，丑陋不堪。只有当装备有探照灯的深海潜水器能探察深海堑沟时，这些偏僻地带才显露出它们那往往很精妙的美丽和色

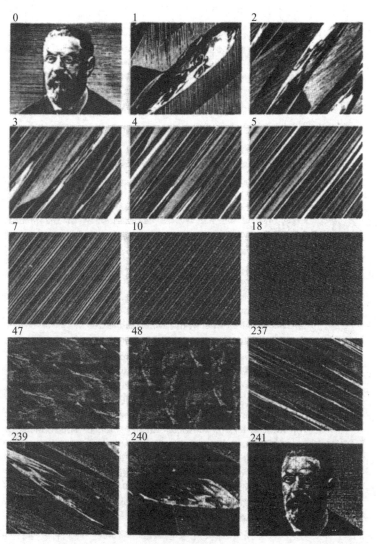

图 20　庞加莱肖像,表明他的发现"庞加莱回复"。如果反复对一个数学系统施加变换,而且这系统不能脱离一个有界区域,则它必无限频繁地回到接近它的初始状态的状态

彩。从尸体鉴别出美是困难的。对庞加莱来说亦然。他注视过混沌的深渊，他辨别出潜藏在里面的几种形式；但深渊依旧昏暗，因而他把数学中某些最美丽的东西错认为怪物。庞加莱接触到了深处，但是他缺乏照明手段。要等到下一个时代，这个由庞加莱本人的微分方程定性理论武装起来的，再加上计算机及其他技术辅助的时代，才能使混沌的深处照到一些光亮，揭示其中蕴藏的美。

但要是庞加莱未曾开辟通向深渊边缘的道路的话，他们是无法做到这一点的。

心不在焉的沉思者

庞加莱于 1854 年 4 月 29 日出生在法国东北部的南锡。他的父亲是一位医生，但关于他的母亲，所知少得惊人。他是一个智力不寻常而肢体不协调的孩子，5 岁时一场严重白喉症留下后遗症，整个一生他的协调机能都很差。15 岁时，他就开始表现出对数学的强烈爱好。1871 年，他通过了他第一个学位的考试——差点在数学上失手，因为他在做一道关于几何级数的简单题目时把自己搞糊涂了。不久他在林业学校的考试中就恢复正常，当时他在没记一点听课笔记的情况下获得数学一等奖。他转学到赢得"数学神童"美誉的高等工艺学校（École Polytechnique）[1]，那是法国数学的温床。有人给他出一些数学难题，意图挫灭他的锐气，结果庞加莱轻而易举地取胜了。

1875 年，他进入矿业学校，想成为一名工程师。但他利用空闲时间在微分方程领域作出了几项发现，3 年后把它们作为向巴黎大学递交的博士论文。这使得他在 1879 年被聘为卡昂的数学分析

---

[1]　1794 年建立的法国第一流学府。——译者注

教授。1881年他牢固地确立了在巴黎大学的地位，从此他成为法国数学的——而且可证明为世界数学的——无可争辩的领袖。

数学家的传统模样是心不在焉的沉思者——蓄胡须，戴眼镜，总是到处找眼镜，却不知眼镜就架在自己的鼻梁上。实际上，合乎这一形象的大数学家（或普通数学家）并不多；可庞加莱偏偏就是一个。他不止一次健忘地穿着内衣出门。

庞加莱是一位集大成者，一位普遍原理的追求者，他是最后一位传统科学家，也是第一位现代科学家。他实际上历遍他那个时代的一切数学：微分方程、数论、复分析、力学、天文学和数理物理学。他的全集包含许多专著和往往很长的论文，总数超过400部（篇）。他最大的创造是拓扑学——连续性的一般研究。他称之为 analysis situs——位置分析。并且他把拓扑学应用于动力学前沿最难的问题之一。

数学奥斯卡

1887年，瑞典国王奥斯卡二世（Oscar Ⅱ）①为征求天文学中一个基本问题的答案而悬赏2 500克朗。太阳系是稳定的吗？我们现在知道，它是数理物理学发展史中一个重要的转折点。

如果静止或运动状态在小扰动的作用下变化不大，它就是稳定的。平放着的大头针是稳定的（图21）。理论上大头针可以立在针尖上平衡，但实际上只要隔壁房间内一只小虫抖一下翅膀，它就会倒下。原理上甚至只要隔壁星系内一个暴眼怪物拍一下翅膀它就会倒下；但后果需过一段时间才能看到，因为大头针开始

① 奥斯卡二世（1829~1907），瑞典国王（1872~1907在位）兼挪威国王（1872~1905在位）。——译者注

倒下时无限缓慢，在它倒到相当程度之前，离家近得多的某一扰动将掩盖 Worsel of Velantia[①] 的多鳞爬虫翅膀的万有引力吸引。

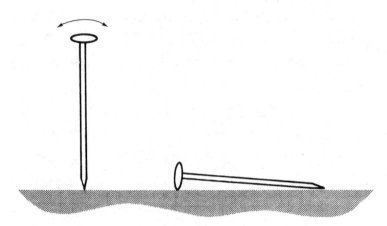

图 21　在尖端上平衡的大头针是不稳定的，实际上它将倒下。平放着的大头针则是稳定的

　　特定的静止或运动状态究竟是否存在，只要通过观察这状态就可以研究。如果一枚大头针完全竖直地平衡，那么它向下的重力精确地通过支撑点，并且被这点处向上的反作用力——由牛顿第三定律，它必定等值而反向——抵消。你需要知道的就是这些。但这种状态是否稳定，也可仅由分析邻近状态来推断。使大头针稍微倾斜：质心向一边偏过一点，这时反作用力和重力形成大小相等而方向不再精确相反的一对力偶。这对力偶促使大头针朝着倾斜的方向继续旋转。初始偏转被放大；说明这位置是不稳定的。

　　所以稳定性是一个比存在性复杂得多的问题。稳定性也是非常重要的。大型喷气式飞机不但要飞行；它的飞行还必须稳定，

---

　　① 史密斯（E. E. Smith）于 1934～1960 年创作的系列科幻小说《摄影师》中的主角。——译者注

否则它会从天上栽下来。汽车转弯时必须不向一边倾倒：它必须在路面上保持稳定。理论上，稳定和不稳定状态都是同一些基本动力学方程的解：数学求出它们同样容易。但实验上，不稳定的静止状态从来观测不到，因为微小的外部影响就会破坏它。不稳定的运动状态可以观测到，但只作为一种暂态现象——这时系统处在从原来的不稳定状态到最终将到达的任一地方的途中。例如自行车在被推动的时刻和它落入沟中处于最终的、紊乱的、稳定的静止状态的时刻之间的运动状态。

实际上，观察不稳定状态还有另一条途径：采取特殊措施使它稳定，即觉察出任何偏离不稳定状态的运动并加以校正。那便是走钢丝者对抗重力的奥妙。但这样的考虑，与其说属于动力学，毋宁说更属于控制理论。

太阳系是动力学的一个极其复杂的部分。它的运动肯定存在，由牛顿定律的确定性属性可知，它是唯一的（除非存在着碰撞——当铺老板的 3 个球——或者其他类型的奇异性态，这里我们忽略这类可能性）。太阳系做它自己的事，可是一旦启动，它只能做一件事。但那件事是稳定的吗？是所有行星都将大致沿着它们目前的轨道继续运行，是地球将离开轨道走向寒冷和黑暗，还是冥王星将撞击太阳？太阳系是仍旧走老路，还是将滑向一边，掉进宇宙沟中？

你必须承认，这是一个引人入胜的问题。可它究竟如何重要，实际上仍有争论。天体力学中的不稳定性往往要经过相当长的时间才呈现出来，好比传说中的那个人，当人们告诉他宇宙将在千亿年后终结时，他回答说："你让我为它担心一会儿……我想你说的是一亿年吧！"

无论如何，太阳将有可能先爆炸。

在奥斯卡国王的时代，这个额外层次的物理学复杂性大多尚属未知，太阳系的稳定性是一个严重的实际问题。如今，问题本身已不很重要了：但如同一切好的物理学问题一样，在它的物理学死去之后很久，它的数学却长存下来。它以具体形式囊括了一个影响深远的普遍性问题：弄清楚怎样研究复杂动力学系统中的稳定性问题。

橡皮动力学

庞加莱已被公认为"最后一个通才"，最后一个能在数学这门学科的每一领域都有所建树的大数学家。他所以是最后一个，是因为这门学科变得太庞大，而不是它的从事者太笨或太专门。今天，数学有新的统一的迹象：通才的时代可能复归。庞加莱自然向奥斯卡国王难题发起了进攻。他并未攻克它：那是很久以后的事，而且所得到的不是原来预料的那种解。但是他给解打上了一个印记，不管怎样，他因此获得了奖金；为了做这工作，他发明了一个新的数学分支——拓扑学。

拓扑学已被形容为"橡皮几何学"。更恰当地说，它是连续性的数学。连续性是光滑、渐变的研究，是不中断现象的科学。不连续性则是突然性的剧变，是原因的微小改变导致结果的巨大变化的地方。双手揉捏一块黏土的陶工，用连续的方式使它变形；但当他拉断一块黏土时，形变就成了不连续的。连续性是所有数学性质中最基本的性质之一。一个如此自然的概念，使得它的基本作用直到100年左右之前才变得明朗；一个如此有力的概念，使得它正改造着数学和物理学；一个如此难以捉摸的概念，使得甚至解答最简单的问题都要花几十年工夫。

拓扑学是一种几何学，不过它是一种长度、角度、面积和形状都无限可变的几何学。正方形可以连续地变为圆形（图22），圆形可以连续地变为三角形，三角形又可以连续地变为平行四边形。我们在孩提时代刻苦学习的所有几何形状，在拓扑学家看来，它们都是一种形状。拓扑学只研究形状在可逆的、连续的变换下不改变的那些性质。我所说的"可逆的"，指的是作逆变换也必须是连续的。掺进更多的黏土是连续变换；而反之——拉掉一些黏土——则不是。所以对拓扑学家而言，两块黏土不同于一块：有些我们通常认为不同的事物仍然是不同的。

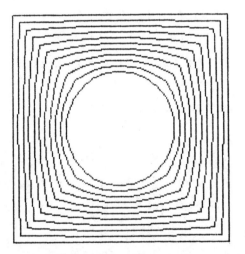

图22　在拓扑学家看来，正方形和圆形是相同的，因为各自可以连续地向对方转变

什么是原型拓扑性质？对于未受训练的耳朵来说，它们听上去是朦胧的、抽象的、模糊的。前面讲到的连通性是一个例子。一块还是两块？纽结性是又一个例子：纽结是不管怎样变形也解不开的一个回环。照这么说，它甚至听上去就是拓扑的。洞是拓扑体：你不能通过可逆的连续形变把洞去掉。在拓扑学家眼里，炸面圈等同于咖啡杯，因为它们各有一个洞。（你会猜测讲这话的是美国人，因为英国炸面圈没有洞，它们有——只要你回避某些超级市场——果酱。）

你不能用这类语言使作为一种技术工具的拓扑学得到发展。炸面圈"内"的洞确实环绕炸面圈，炸面圈又环绕洞：洞和炸面圈是相连的。认真的反思是适当的。它需要新概念，需要不属于日常经验的概念，需要没有现成名词可用的概念。于是数学家们发明新词或借用旧词，以必要的、絮叨的逻辑——比如我对可逆性的强调——把含义赋予它们，并且建造一个新世界。如果你拿起一本拓扑学教科书，你可能在前言中读到炸面圈或橡皮，但当深入到硬质时，术语就不太亲切了。连续映射。紧致空间。流形。三角剖分。同调群。切除公理。整个高耸的大厦，20世纪数学的这一巨大创造，归根结底是庞加莱的脑力产物。

初次与拓扑学打交道时，它显得非常抽象。就像一头疣猪仔，只有少数喜欢它的人觉得可爱，其他人却对它毫无兴致。但是庞加莱能透过疣猪皮看到优美的思想。对于连续现象的严格理论，他具备洞察底蕴的广阔的数学阅历，包括纯粹数学和应用数学两方面的阅历。要了解什么是真正重要的，有时候需要一个通才，因为没有别人具备这一切。在他涉足的每一个方向上，庞加莱都遇到只有拓扑学才能回答的问题。在他关于数论的工作中。关于复分析。关于微分方程。关于奥斯卡国王问题。

发疯似地奔向四面八方

庞加莱把他生命中的好几年时光献给了拓扑学，创造了它的大多数关键性课题。其他人接踵而上：更多的定义，更多的定理，更多的术语，更多的抽象。触及自然界却很少。到 20 世纪 50 年代，拓扑学和多数主流数学一起，都仿效李科克（Stephen Leacock）[1]笔下的主人公，发疯似地奔向了四面八方[2]：在许多旁观者看来，拓扑学似乎已失去了与现实的联系。格莱克（James Gleick）在他的《混沌》（*Chaos*）一书[3]中，引用了圣克鲁斯的一位数学家亚伯拉罕（Ralph Abraham）描述他个人经历的话：

> 数学家和物理学家之间的罗曼史在 20 世纪 30 年代以离异结束。他们不再交谈。他们简直是互相瞧不起。数理物理学家不许他们的研究生去听数学家讲授的数学课。听我们讲数学就行了。我们会教给你们需要知道的一切。数学家都是些可怕的追名逐利者，他们会毁了你的头脑。那是 1960 年。到 1968 年，情况完全改变了。

情况所以改变了，是因为庞加莱和成群地步他后尘的数学家们，确实了解了一个基本概念。但是有效地运用这个概念是如此之难，需要的时间如此之长，通向抽象荒野的道路如此之远，以致多数数学家忘记了庞加莱拓开过物理学中的一个问题，并且他们对这种新型数学太着迷，对他们来说，处在庄严的智慧孤立中

---

① 李科克（1869～1944），加拿大幽默作家和经济学家。——译者注
② 指李科克在《常识与宇宙》一文中的"失恋者跨上马背，疯也似地奔向四面八方。"——译者注
③ 中译本《混沌：开创新科学》，张淑誉译，郝柏林校，上海译文出版社 1990 年出版；编译本《混沌学传奇》，卢侃、孙建华编译，上海翻译出版公司 1991 年出版。《混沌学——一门新学科》，张彦等译，社会科学文献出版社，1992 年。——译者注

就够了。

就像一支探险队要越过不可攀登的山脉一样。开始时，你可以看到那必须征服的山峰。但是无路可以攀援。于是探险队转而进入沙漠，试图绕山而过，避开山峰。现在，你在沙漠中生存所需的技能不是帮助你登山的那些技能了。所以你将终于成为研究仙人掌、响尾蛇、蜘蛛、沙丘在风里的流动和洪水的起因的专家，而没有人再关心雪、绳索、冰爪或钢锥。因此，当一位登山家问那位沙漠学家何以研究沙丘，而得到的回答是"为了翻越那座山"时，他肯定难以置信。如果回答是"我对山不感兴趣——沙丘更有意思得多"，那可糟透了。

然而，山依旧在那儿，沙漠依旧围绕着山。只要沙漠学家们好好干——即使他们忘记了那座山——总有一天那山将不成其为障碍。

20世纪60年代中期，在一群美国数学家和另一群俄国数学家领导下，数学终于穿过了"拓扑学沙漠"。拓扑学中的主要问题都理顺了，一切都归拢到一起。有许多数学家和物理学家——尽管不是全部——忘记了拓扑学来自物理学。数学和物理学可没忘记。

永恒的三角关系

永恒的三角关系把我们带回到奥斯卡国王。在人事方面，两人则合，三人则分。同样，在天体力学中，二体相互作用性态良好，三体相互作用多灾多难（图23）。至于太阳系中十几个大天体——嗯，任何觊觎奥斯卡国王王冠的人都将望洋兴叹。

庞加莱的获奖论文题为（法文）《论三体问题和动力学方程》（*On the Problem of Three Bodies and the Equations of Dynamics*）。

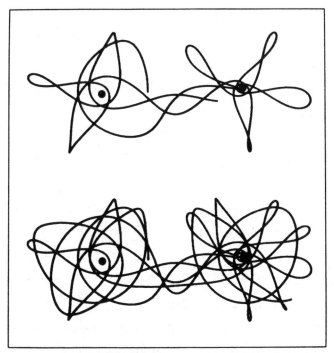

**图 23　三体运动的复杂性:这里一个尘粒绕两颗质量相等的
固定行星作轨道运行**

它发表于 1890 年,原稿长达 270 页。第一部分确立动力学方程的普遍性质;第二部分把结果应用于牛顿万有引力作用下的任意多体运动问题。

　　二体——比如说仅仅由地球和太阳组成的宇宙——的运动是周期性的:它一而再、再而三地重复下去。根据神圣的传统,周期——运动重复所需时间——是一年。这立即证明地球不会冲撞太阳,或漫游到无穷远的外部空间中去;假如这样的话,它将每年都冲撞太阳,或每年都漫游到无穷远处去。那不是你不止一次能经历的事,这些事去年没有发生,就永远不会发生。也就是说,周期性给你一个装在稳定性上的很有用的把手。在真实宇宙中，其他天体会打破这一惬意的方案，但周期性——或有关的概念——仍然可能适用。

在论文的第三部分里，庞加莱力图解决微分方程周期解的存在性问题。他从经典模型入手，指出怎样通过把有关变量展开成一个无穷级数来获得周期解，这个级数各项都是时间的周期函数。"由此可知，"他说，"存在着具有周期系数并且形式上满足方程的级数。"

庞加莱有充分的理由使用"形式上"一词。他所用的方法看上去似乎行得通，可他担心看上去的外表可能靠不住。无穷级数仅当大量项的和稳定趋向于唯一值——这种性态称为收敛——时，才有一个有意义的和。庞加莱强烈意识到这一点，说"剩下的就是证实这一级数的收敛性"。但是在这里，分析（像过去一样反复无常）抛弃了他。他坚信能够直接做到，但不愿进行这样的计算——或许因为他知道那将是难以解脱的困境，或许因为他实际上不知道怎样计算。"即使如此，"庞加莱告诉我们，"那种事我不想干，因为从另一角度再次审视这个问题时，我将严格地确证周期解的存在性，这存在性即意味着级数的收敛。"

一个拓扑学问题

下面是庞加莱的思想。假定在某一特定时刻，系统处于某一特定状态；其后在某一时刻，系统又处于同样的状态。所有的位置和速度都同时精确地等同如前。那么，微分方程解的唯一性要求系统必须不断重复使它的状态回复自身的那种运动。也就是说，运动是周期性的。

设想系统的状态由某种巨维相空间中一点的坐标来表示。当系统随时间演化时，这点的运动描出一条曲线。要使状态再次回复，这条曲线必须围成一个环（图 24）。"曲线何时成为闭合的环？"这问题与环的形状、大小、位置统统无关：它是一个拓扑学问题。周期解的存在性，取决于一点在此刻的位置与它在一个周期后的位置之间的关系的拓扑性质。

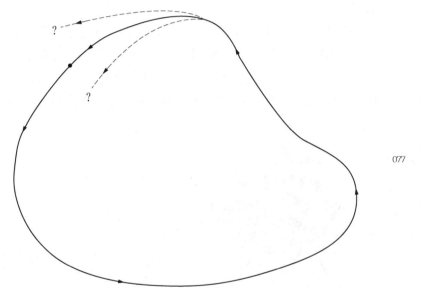

图 24　如果相空间中一点描出一个闭合的环，则它将永远周期性地重复同一运动

庞加莱诚然未用这样的语言表述这个思想，但这是它内在的几何学思想；他在别处这样说过。现在以一种新的方式提出问题，要比解决它将变成什么更容易些，但庞加莱还有一种怎样求解这样的闭环的思想。让我用想象的方式来描绘它。你是一个俄国宇航员，你已把另一颗"宇宙"号间谍卫星送入环绕地球的轨道，你想知道卫星的轨道是不是周期性的。与其自始至终跟踪卫星，不如摆正你的望远镜，使它扫过一个横贯南北地平线并从地心笔直上指的平面。卫星隔一段时间穿过这一平面。记下它首次穿过的位置、速度和运动方向。继续观察，但只在卫星穿过这平面的时候观察即可。如果运动是周期性的，则它最终必以同样的速度在同一点到达这平面，并且方向相同，和你写在记录本上的数字一模一样。

换句话说，你不必观察所有的初始状态，只要观察几个就可以了。想象一个完整的初始状态面，追随每个初始状态的演化，直到它返回（如果它返回的话）并再次到达这个面（图25）。你能找到一个精确返回初始位置的状态吗？如果能找到，你就获得了

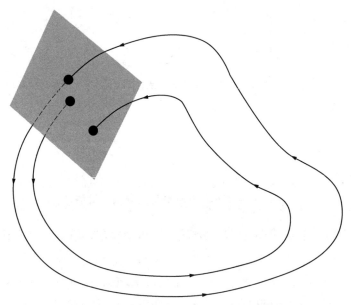

图25 用庞加莱截面检测周期运动。在周期性的情况下，曲线必须在它的精确初始点处回到这个截面

一个周期解。

这个面现今称作庞加莱截面。它的一大优点在于摒弃许多迷惑人的废物，从而简化了观测动力学的问题。在这个工作中，你必须进行所能做到的每一步简化。例如，因拓扑学的缘故，仅仅庞加莱截面的存在有时候就会促使周期解出现。

天体混沌

这是一个如此强有力的思想，以致庞加莱看到了一种全新的性态。以前从没有人这样想过。事实上，你必须在拓扑学意义上（或至少在几何学意义上）思考，才有发现它的希望：你从公式出发是无论如何得不到它的。

庞加莱着眼于一个理想的三体问题，称为希尔①约化模型。当三体中的一体的质量小到使它对另外两体不起作用——而矛盾的是，它们确实作用于它——时，这一模型适用。想象一个只含海王星、冥王星和一粒星际尘埃的宇宙。海王星和冥王星对这粒尘埃一无所知，你可以认为它不太会干扰两者的运行；于是它们以为自己处在二体宇宙之中。"啊哈！"海王星②挥舞着他的三叉戟说，"牛顿算出来了——我以椭圆运行！"冥王星③则摆动尾巴随声附和。这两者以堂皇的形式围绕它们共同的引力中心旋转。

另一方面，尘粒很清楚海王星和冥王星的万有引力，因为它们到处拉扯它。它在两行星共同的旋转引力场内运动。它不把自

---

① 希尔（George William Hill，1838～1914），美国天文学家和数学家。——译者注
② 此处为双关语，海王星是以古罗马神话中的海神尼普顿（Neptune）的名字命名的，在艺术作品中，海神执三叉戟。——译者注
③ 此处为双关语，冥王星是以希腊神话中的冥王普路顿（Plouton）的名字命名的。——译者注

己看作三体系统的一个成员，而看作在一个旋转又固定的地形上滚动的小球。

这就是希尔约化模型。

庞加莱决定把他的截面方法应用于希尔约化模型，去寻找尘粒的周期运动。若斯勒（Otto Rössler）极好地总结了他的发现，我对他的原话稍加改动，删去有关技术细节：

当二维动力学系统中的轨线相交时，它们交于奇点。这些点已被庞加莱分了类，例如"鞍点"和"结点"。当"同一"事情发生在二维截面中时，轨线在这里相当于截面的叶，因而相交可能仍是鞍点、结点等。但这时存在第二种可能性：相交于非奇点。通过这点的轨线像任何其他非奇点一样，下次必然在另外某一点处到达这个截面。可是——现在有两叶。因此，两叶必得反复相交，从而形成无穷多交点的"栅网"（图 26）。

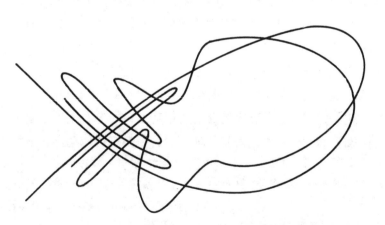

图 26　时间之沙中混沌的足迹……。三体问题中的同宿栅栏（homoclinic tangles）。庞加莱震惊了

正如庞加莱所指出的，所有这一切是有点复杂和违反直觉的。

庞加莱确实发现这种性态是如此复杂和违反直觉，以致像他在《天体力学新方法》（*New Methods of Celestial Mechanics*）第三卷中所说的，他根本不想把它画出来：

> 当人们试图描画由这两条曲线和它们的无穷次相交（每一次相交都对应于一个双渐近解）构成的图形时，这些相交形成一种网、丝网或无限密集的网状结构；这两条曲线从不会自相交叉，但为了无穷多次穿过丝网的网节，它们必须以一种很复杂的方式折叠回自身之上。这一图形的复杂性令人震惊，我甚至不想画出来。没有什么能给我们一个三体问题复杂性的更好的概念。

庞加莱的发现表明，极其复杂的动力学确实能在像希尔约化模型那样简单的事物中出现。在丝网的交点处出发的系统描出一条曲线，当它返回庞加莱截面时，在另一交点处到达丝网，然后又是另一交点，另一交点，如此等等。但丝网以如此复杂的方式被拉伸和被折叠，以致实际上这系统以无规则的点序列穿过庞加莱截面。它有点像一辆周游城市的公共汽车，反复通过中心广场，但每次对广场中上百万个不同的公共汽车站无规则地进行选择。你会看到公共汽车又来了，你知道它将停靠在广场里——但你无从知晓究竟该到哪一个车站去等它。

庞加莱在他的相交叶栅网（如今称为同宿栅栏）中，注视着混沌的足迹。像紧盯着整齐地印在沙中的五个脚趾印的鲁滨孙

（Robinson Crusoe）①一样，他明白他所看见的东西的重要性。像鲁滨孙一样，他并不为这景象而狂喜。

上帝掷骰子吗？
——混沌之新数学

---

① 笛福（Daniel Defoe，1660～1731）的著名作品《鲁滨孙漂流记》（*Robinson Crusoe*）中的主人公。——译者注

第 5 章

单向摆

原告律师	首先使你拿起来的是什么？
G 先生	那时我在松弛端，先生。
	（法官机警地向上看。）
原告律师	你在松弛端。格鲁姆柯尔比先生①，你能用你自己的话尽可能清楚地告诉法庭，这一端到底是怎样的松弛吗？
G 先生	它完全被磨损了，先生。
法官	（插话）完全磨损。那等于什么也没说。它在松弛地摆动吗？它在咯吱咯吱地响吗？
	（律师微微叹息，几乎看不出来，并且迅速地瞥了辩护律师一眼，坐下。）

---

① 格鲁姆柯尔比（Kirkby Groomkirkby）简称 G 先生。——译者注

G 先生　　　　它实际上在退缩，阁下。

——辛普森，《单向摆》

1959 年 12 月 14 日，辛普森（N. F. Simpson）的闹剧《单向摆》（*One Way Pendulum*）①在布赖顿的皇家剧院首演。如果你没看过这出戏，去看吧。很欢闹的。

我所以在这里提到它，是因为本身挂在松弛端的摆在力学史上起着关键性的作用（含义双关）②。我们已经看到它怎样给伽利略以启发。令人惊奇的是，多少美妙的思想都来源于这样一个简陋的机构。一根轻绳，末端一个重锤，一枚挂东西的钉子：本身很简单。不过话说回来，最好的数学总是简单的，只要你能恰当地审视它。为了理解混沌，我们首先必须更加切近地考察拓扑学家们是怎样对待较规则的动力学的。摆则是一个挺好的起点。

辛普森剧中的主角格鲁姆柯尔比要到有人按响收款机铃时才吃饭，房间内摆满了衡器，甘特里（Gantry）先生站在靠近停车计时器的花园里，"一旦他放进 6 便士，他便一动不动，直至时间到为止"。这家人家的女儿西尔维娅（Sylvia）很不舒服，因为她不弯腰手就够着膝盖：她的妈妈说她需要一对猴腺。单向摆？辛普森可能认为这是很古怪的，表达了剧本里的实际情况，于是用它作剧名。或许他觉得如果双向摆往复运动，那么单向摆必然有去无回。

但你知道，摆能做单向运动。见过小孩一圈一圈地旋转绳子一端的七叶树果吗？那就是一个单向摆。它也正是使摆像伽利略

---

① 辛普森（1919～2011），英国剧作家。《单向摆》是他最成功的剧作，亦译《摆去不摆来》。——译者注

② 原文 pivotal 兼有"枢轴的"和"关键性的"双重含义。——译者注

坚信教堂的吊灯不管经过多大的弧都以同一周期摆动一样地按节拍运动的机构的一部分。然而，随着辛普森的剧名深入人心，我们差不多忘了摆的这个方面。

我想把庞加莱的定性动力学观点与传统的"推出公式"方法做一比较，摆——包括它的单向方面和双向方面——则是一个理想的对象。与力求简单的希望相一致，我急于补充说明，这将是一个赤裸裸的、理想的数学摆，是为了尽可能经济地抓住摆动的本质而设计的。我们的理想摆将不在三维空间而在竖直平面内摆动。支点处无摩擦，且忽略空气阻力。绳子将被质量为零的完全刚性棒代替。重力竖直向下作用，而且恒定。你在任何一个实验室里都找不到这样的摆；但当较为真实的模型过于复杂、过于迷惑人时，科学往往通过研究简单的抽象而取得进展。一次只跨一步；当你在滑雪坡上熟练地滑行之前，先爬行吧。

你要是赢不了，就骗

摆的传统处理方法如下。如果我们知道摆在任一给定时刻的悬挂角度，它的状态便得到恰当的描述。就这摆系统根据牛顿运动定律列出方程。这是一个包含该角度的二阶导数——变化率的变化率——以及其他一些变量（例如绳子长度和重力加速度）的微分方程。

下一步：解方程。你可能惊讶地发现，这是极端困难的，因为其中含有称作椭圆函数的棘手项。少数大学力学课程实际上一笔带过这一内容。现在你该明白欧拉说"分析抛弃我们"时的意思了吧。在这个节骨眼上，由来已久的策略便是骗。

方程难以求解的原因在于，作用于摆的力近乎（但不完全）正比于摆与竖直方向的夹角。假使它精确地与夹角成正比，你只需要少许三角学知识就够了，你会成功的。可它不成正比（这是一个悬案，和悬着的摆一样，到时机成熟的时候再说）。

如今数学号称精密科学。"不完全成正比"不等于"成正比"，不管差别多么小。真糟糕：为了前进，让我们降低严格性的标准，装作根本不存在那细微的差别。（"骗人①！"当我们在物理课上遇到这种手法时都会这样叫起来。老师承认这方法也适用于振动着的小提琴弦。）如果我们对于理想化了的摆不能解出方程，就让我们对一个赝摆（在小角度情况下，作用于它的力非常接近于理想模型中的力）来分析方程吧。在这一赝摆——为使它听来更体面，改称为简谐振荡器——中，力精确正比于角度。

现在，我们能解出方程了。想象在零时刻我们把摆拉到一边，使它与竖直方向成角度 A，然后放手。结果时刻 t 时的角度是

$$A \cos\left(\sqrt{\frac{g}{l}}\, t\right),$$

这里 t＝时间，

g＝重力加速度，

l＝摆长，

A＝初始位移。

摆的质量未计入——由于和伽利略所观测到的相同的原因：轻物和重物以相同的速度下落。

我们知道余弦曲线的性态：它在 1 和 −1 之间摆动，每 2π 弧度（360°）重复自身。所以摆的角度以类似的方式在 A 和 $-A$ 之

---

① 原文 fiddle 是双关语，兼有"欺骗行为"和"小提琴"双重含义。——译者注

间摆动。负角度指"摆向竖直方向的左边"，正角度指"摆向右边"，所以摆周期性地在角度 A 与 $-A$ 之间左右来回摆动，一遍一遍地重复同样的运动。它多长时间重复一次呢？从公式我们可以求出周期，它等于：

$$2\pi\sqrt{\frac{l}{g}}。$$

你能从这公式学到不少东西。摆愈长，摆动时间也愈长：4 倍摆长使摆动周期加倍，9 倍摆长使周期成为 3 倍，以此类推。你可以用它来做求重力加速度的实验：只要测定摆长和周期，就可用上面的公式解得 g。假使你在木星上，你可以测定木星的重力加速度，并且通过计算它的平均密度来推算木星的化学组成。

因此这摆的分析是好的物理学。但以它目前的形式而言，它不是好的数学。美丽的恋爱关系会建立在谎言之上，但面对着可怕的事实时，是不会牢固的。同样地，外表优美的数学会建立在假象之上；而面对严酷的事实时，它也易于解体。

使摆分析成为好的数学有几种方法。便利的方法如上所述：引入理想化的运动形式，即"简谐运动"，其中驱动力与位移成正比。然后你用某种狡猾的手法解释它与摆的关系。较为诚实的方法是陈述并证明一条定理，它说明近似问题的这一精确解正是在什么意义上可以当作精确问题的近似解。（不，弗吉尼亚，它们不是一回事：数学里没有圣诞老人。①）这可以做到：俄国大动力学家李雅普诺夫（Aleksandr Mikhaylovitch Liapunov）②于 1895 年证

---

① "是的，弗吉尼亚，有圣诞老人"出自美国新闻史上最有名的一篇社论《圣诞老人真的有吗——回答孩子提出的问题》，全文见《读者》杂志 1995 年第 6 期第 40 页，刘明华译。——译者注
② 李雅普诺夫（1857～1918），俄国数学家。——译者注

明了这条必不可少的定理。大量优美的数学从他的"中心定理"发展出来——要是数学家们满足于假定（而不是证明）摆的小振荡近似于简谐运动，所有这些优美的数学将统统得不到。

话又说回来，你也不要仅仅因为尚无人证明这条定理，就坐着悲叹不能测定重力加速度。科学是一个具有混合动机的复杂创造物，创造性的欺骗在合适的场合效果很好。

可是，我们姑且假设你感兴趣的不是用摆测定重力加速度，而是了解摆究竟在干什么（图 27）。小振荡？蠢话！我想了解大振荡！来而复往？瞧，我能使摆像飞机螺旋桨那样一圈一圈飞速旋转！我给它的能量越多，它便转得越快。你怎么说周期永远相同？

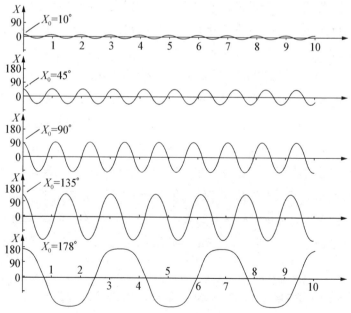

图 27　非线性摆的波形。只有振幅极小的振荡才是正弦波形

对此也有一个经典答案，我曾说过，它含有椭圆函数，含有许多复杂而高深的数学。

但是，还有一个非常漂亮的几何学答案，这个答案不费多少力气就将主要现象搞清楚，而且具有提供对动力学的某种真正深入理解的优点。我们将转向这个答案。

能量面上的几何学

要想知道摆在做什么，你必须掌握两个量：摆的位置和摆的速度。令它们分别为 x 和 v。你一定想知道两者如何随时间变化。为形象化起见，取一张坐标纸，在横轴上标 x，纵轴上标 v。现在，想象摆从零时刻出发。每百分之一秒测定一次 x 和 v，在坐标纸上相应位置标上一点。你将看到什么？你将得到许许多多相隔很近的点，它们在 (x, v) 平面上描出一条曲线。这就是对应于所选初始位置和初始速度的轨线。它又叫轨道，从与行星运动的类比得名。

从不同的初始条件出发，你将得到不同的轨线。诸多轨线形成一族覆盖整个平面的曲线。就"赝"摆（简谐振荡器）而言，这些曲线是同心圆（图 28）。

对于"真"摆，相图具有更多的结构：它有点像一只上下方都有眉毛的眼睛（图 29）。条条皱纹可能是振荡过多所致。你可以用实验证实这幅图——用激光器测定位置和速度，用微型计算机处理数据，用绘图仪作图——1 万英镑左右足够了。其实大约用 5 便士的纸张，12 英镑的科学计算器，加上半小时的思考，你就能从摆的动力学方程得到同样的图，而无须完全解出方程。

我来教你怎么做。牛顿运动定律的一个数学推论（你可以从

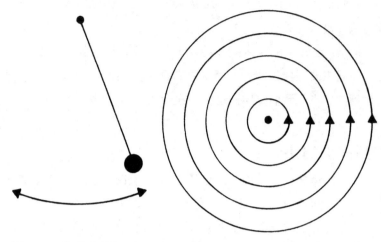

图 28　理想化线性摆(左图)的相图(右图)。横坐标表示摆的位置,纵
　　　　坐标表示摆的速度。随着时间的推移,摆的状态描绘出一个
　　　　圆。哪个圆则取决于初始条件

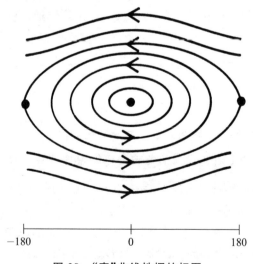

-180　　　　0　　　　180

图 29　"真"非线性摆的相图

哈密顿方程经过几步就证出它），是能量守恒定律。总能量（动能加势能）在整个运动过程中保持恒定。（这里我们假定没有摩擦。）选取单位使质量等于 1，则摆的动能是 $\frac{1}{2}v^2$，势能是 $-\cos x$。所以能量守恒定律告诉我们，沿任一条轨线，

$$\frac{1}{2}v^2 - \cos x = 常数。$$

解上式求速度 v，我们有

$$v = \pm\sqrt{常数 + 2\cos x}。$$

（并非同一个常数——后一个常数是前一个的 2 倍——但没关系，因为我们反正要考察所有可能的常数。）

现在，借助你的袖珍计算器或三角函数表，你可以用这一公式作出 v 与 x 的函数关系图。给常数取一个值，比如 1.5，然后对从 0°到 360°的 x 值计算 $\sqrt{1.5 + 2\cos x}$。如果平方根号里面的项是负的，就舍去；否则在经过 x 的竖直线上标两点：$\sqrt{1.5 + 2\cos x}$ 处标一点，$-\sqrt{1.5 + 2\cos x}$ 处标一点。

在这一特定情况下，你得到一个椭圆形状。你会发现，如果常数小于 -2，则根本没有点；如果等于 -2，你只得到单个点；等于 $+2$ 时，椭圆在两头变成尖角；如果常数大于 2，你得到两条分开的曲线。就摆的轨线而论，整个系统完全是一幅"眼"图。单个点是瞳孔，椭圆是虹膜，有尖角的椭圆是眼缘，分开的线则是眉毛（上方）和皱纹（下方）。

你还可以用摆的动力学来解释图的不同部分。例如，单个孤立点代表摆正好竖直挂着不动时的状态。位置 x 和速度 v 都是恒定的，那便是你得到单个点的原因。能量 -2 是系统的最低可能能

量。（势能可以是负的，它依赖于你从哪儿测定它。）

封闭的椭圆是摆的标准振荡，就是辛普森希望他的观众思考的振荡。它们在落地大座钟里滴答滴答作响。要验证这一点，想象从椭圆底部开始。位置 x 是零：摆竖直向下地悬挂在摆动的正中间位置。速度是负的：它摆向左边（滴！）。继续环绕椭圆，x 是负的，它摆到了左边，但这时 v 是零。在它摆动的最远点，摆掉转头来往回走，这时它的瞬时速度是零。（同样道理，在空气里向上抛一个球，球在轨迹顶点处的速度是零。）于是 v 变正，摆向右运动（答！），直至 x 经过零，速度达最大值。摆向右摆回。位置到达右边的最远距离时，速度降到零：摆已到达摆动的最右端。此后，它回到原来的位置，整个循环不断重复。闭合的环对应于周期状态。

现在考察一条眉毛。这里 v 总是正的，而 x 从 $-180°$（即顺时针方向 $180°$）到 $+180°$ 转过完整的一周。这是螺旋桨式轨线，在同一方向不断旋转。较低的眉毛代表类似的运动，不过是顺时针的，而不是逆时针的。

眼缘（有角的椭圆）又如何呢？这是摆从左右摆动变为螺旋桨时的轨线。那是怎样发生的？想象摆动缓慢地逐渐变大。起先摆停在底部附近，但振荡慢慢地加大——就像在游戏场上荡秋千的孩子，越荡越有劲。不久，摆动变得非常剧烈，致使在场的成年人大为惊慌；当荡到最高点时，孩子在空中大大高于悬挂秋千的杆了。如果孩子再大大地用力，结果将……。什么？越过顶端。从摆到螺旋桨。

假如把摆竖直握住，再放手，摆将走的路线就是眼缘。是的，不完全对。你要是那么做，它将停留在（精确平衡于）单个点（眼角）处。然而，如同平衡于针尖的大头针或踮起脚尖的芭蕾舞学生一样，这是一个不稳定状态。极微小的扰动都会使摆倒下。起初它倒下得无限地慢，其后加速，飕一声过了最低点，在另一边爬高，又越来越接近最高点。理论上整个运动可以无限长时间地进行下去；实际上它的确持续很长时间。

你是否看到这幅图景与我们对真实摆的运动方式的直觉符合得多么好？

可我们已经付出了代价。只要你看一看我们怎样作出曲线，你将发现我们确实运用了公式——但我们未解方程。解方程，意味着对每一时刻 t 确定 x 和 v。而 t 从未出现！

要想使事情简单些，往往必须付出一定的代价。在这里，代价就是丢弃精确的时间依赖关系。上述图景没给我们一点有关周期大小的信息。作为这一忽略的交换，它确实给出了真摆——虽然是理想化的摆——所有可能的运动的一个有条有理而令人信服的定性描述。

非象类动物学

你一定以为，对摆有点小题大做。然而存在着更大的启示。

多年以前，一个同事在北威尔士完婚，我全家在这一地区驱车度周末。在一片森林地带，我们发现一个宽约百米的湖泊，几乎完全平静。孩子们合乎天性地向湖中掷石头，我们注视着波纹以完整的圆扩展开来，几乎遍及整个湖。更多块石头掷向同一点，又有几个圆形花样叠加在第一个花样上。

这个实验室外的实验证实了干涉的物理原理（图 30）。峰峰交叠或谷谷交叠的地方，波纹得到加强。峰谷相遇的地方则抵消。

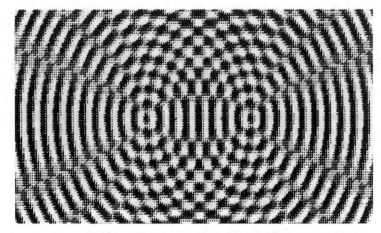

图 30　叠加两个波所形成的干涉条纹

　　它还证实了微分方程的一个数学性质，称作线性。如果方程的两个解的和仍是方程的解，这方程就是线性的。液面上浅波的运动很接近地由波动方程描述，波动方程和大多数经典方程一样，是线性的。两块石头扰动的解，恰好是集中于各适当点的一块石头扰动的各个解的和。

　　正如以上所表明的，解线性方程通常比解非线性方程容易得多。求出一两个解，你可以随意得到更多的解。简谐振荡器的方程是线性的；摆的真实方程却不是。传统做法是舍弃非线性方程中所有难处理的项，使它线性化。就摆而言，这给出一个近似的理论，它假定摆动非常之小。

　　不言而喻地假定的是，由于方程中略去的项都很小——这是真的，所以线性化方程的解与真实方程的解之间的差异也必然很小——这还有待弄清楚。对摆来说，如上所述，存在一条认为这做法有效的定理。另一方面，正视完整的方程，我们得到一幅更加令人满意的图景，即使我们不复拥有一个可用来获得答案的公式。

公式？谁关心公式？公式是数学的表象，而不是数学的本质！

在经典时代，由于缺少对付非线性的技术，线性化过程被推向这样的极端，使线性化往往与建立方程同时发生。热流是一个好例子：经典热学方程甚至在你要动手解它之前就取线性形式。但是真实的热流并非如此，至少有一位专家特鲁斯德尔（Clifford Truesdell）认为，不管经典热学方程如何有利于数学，它对热的物理学却有害无益。

不大有人自问，对一种求解错误方程——严酷的事实——的方法来说，长远的未来会怎样。"给我一个解答！"就是要求。线性理论满足这一要求，指望无人会注意到那是错误的解答。

今天的科学表明，大自然无情地是非线性的。无论上帝从事什么，它都没有显式公式。上帝有一台像整个宇宙那么万能的模拟计算机用来操作——事实上它就是整个宇宙，上帝在为铅笔和纸张设计的公式里找不到多少乐趣。较不亵渎的说法是：大自然是非线性的并不奇怪。如果你"随意"画一条线，那不会是一条笔直的线。同样，如果你把手伸进微分方程的摸彩袋，不出现线性方程的可能性是无穷大。

经典数学倾全力于线性方程，有一个很实际的原因：它不能解任何别的方程。比起典型微分方程那些桀骜不驯的流氓般古怪行为来，线性方程是唱诗班的一群男童歌手。（"规矩"兼有"规律"和"直尺"的意义，是巧合吗？）线性方程如此驯良，以致经典数学家愿意损害他们的物理学以换取线性方程。于是经典理论研究的是浅波、低幅振动和小温度梯度。

线性习惯变得根深蒂固，致使到 20 世纪 40 年代和 50 年代，许多科学家和工程师除此竟一无所知。一位著名的工程师说，"上帝不会如此不仁，使得自然界的方程成为非线性的。"上帝又一次代人类的愚钝受过。这位工程师的意思是他不知道如何解非线性方程，但不够老实去承认这一点。

线性是一个陷阱。线性方程的性态——像唱诗班的男童歌手们一样——与典型性态相去甚远。但如果你断定，只有线性方程才值得研究，那无异于自我禁锢。你的课本充满了线性分析的成功，它的失败埋藏得如此之深，以致连坟墓都看不见，坟墓的存在也没有人注意。如同 18 世纪笃信钟表世界一样，20 世纪中叶则恪守线性世界。

平心而论，"线性理论"在有些地方对你是很有用的。不过在多数这样的场合，这种成功与物理直觉的非凡成就或者与单凭经验而来的动力学规律的显著意义关系不大——因为有一些像样的定理精确地解释线性理论何以管用，何时管用。

但是在某些地方，它并不奏效。它在天体力学中不管用，庞加莱正是在这与混沌不期而遇的。它在其他力学问题中也不管用，比如自由物体在三维空间的一般运动。它甚至在简单如摆的东西中都不管用。物理学家和工程师们日益发现，在研究层次上正是非线性现象控制着局势。欧姆①定律提供了一个简单的例子。它说的是，流经电路的电流等于外加电压除以电路的电阻。这是线性关系：依照欧姆定律，如果你加上两个电压，从而"叠加"两条电路，则对应的电流也加在一起，给出组合电路中的电流。但晶体管却是因为它们不服从欧姆定律而起作用的。

实际上，上述讨论所用的整个语言都是颠倒混乱的。称一般

---

① 欧姆（Georg Simon Ohm, 1789～1854），德国物理学家。——译者注

微分方程为"非线性"方程，好比把动物学叫作"非象类动物学"。但是你明白，我们生活在这样一个世界里，多少世纪以来它以为现存的唯一动物就是大象，它设想壁脚板上的洞是幼象凿的，它把翱翔的雄鹰当作耳朵变翼的呆宝（Dumbo）[①]，把猛虎当作身披花纹的短鼻子大象，它的分类学家们则施行矫正手术，使得博物馆的动物标本清一色地由笨重的灰色象类动物组成。

"非线性"就是如此。

把它卷起来……

回到摆的问题。为了展现其他特点，我们拿摆的图景来玩一些数学游戏。在讨论螺旋桨式运动的时候，我说过运动从$-180°$到$+180°$完成一个整圆，事情确是如此：这两个值代表摆的同一位置。按照现在的情况，这个图景把上面所说的显示得不很清楚：右边$+180°$与左边$-180°$看上去相距很远。我们如何能使$-180°$和$+180°$出现在同一位置上？

问题不在于摆，而在于我们的坐标系。摆知道$-180°=+180°$，它通过一圈一圈平滑地旋转，而不是每次回到顶端时突然跃过这个虚构的缺口，来证明这一点。我们是我们测量角度的特殊方式的受骗者。我们正试图用依靠直线生存的数，来表示依靠圆生存的角度。方法是（在概念上）把线卷成圆，以便我们在到达$360°$的时候回归我们的出发点$0°$。这意味着，把$360°$（以及它的任意倍数）与一个角度的数值度量相加，仍表示同一个角度。因为$-180°+360°=+180°$，所以这两个角度相同。

---

① 呆宝是美国迪斯尼同名动画影片中的一头幼象。它在马戏团中生活，有一对奇大的耳朵，显得笨拙可爱，于是经常受到其他大象的取笑。但有一天它学会了用双耳飞行，即成为马戏明星。——译者注

顺便说一句，你不能两边除以 180 而得出 $-1°=+1°$。请你仔细考虑原因何在。

几何圆怎么"知道"$-180°=+180°$ 呢？它所以知道，是因为它卷过一圈而自相衔接。这便给圆以全然不同于线的拓扑学特性，并且解释了我们何以遇到问题：我们力图用依靠线生存的数，来表示拓扑学特性不对头的对象。无怪我们不得不稍许陷入圈套了！

要得到摆运动的更加忠实的图景——它的几何结构精确地反映实际的图景——我们还得如法炮制。我们把整个图景横向卷起来，让左右两边靠在一起，并使 $-180°$ 和 $+180°$ 在实质上重合。也就是说，我们把纸片卷成圆筒（图31）。

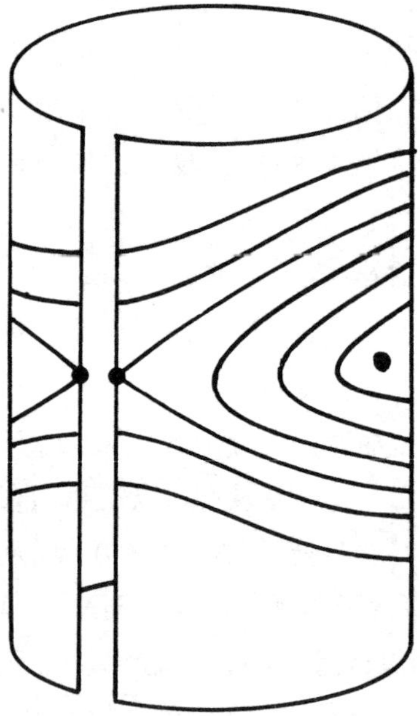

我应该补充一句，摆的速度方面不存在这类问题。每秒 $180°$ 的角速度不等于每秒 $-180°$ 的角速度。前者代表逆时针旋转的螺旋桨；后者则代表顺时针旋转的螺旋桨。只要你对角位置和角速度之间这一奇妙的差别进行长期而艰苦的思索，那么许多奥秘，包括——要是你有欧拉或哈密顿那样的洞察力的话——诸如"余切丛上的辛结构"之类研究哈密顿动力学的全部现代拓扑学方法，都将历历在目。这是一个在研究生水平以下罕遇的课题；但

图31　要更加忠实地表示位置，即角度，把摆的相平面卷成圆筒即可

在很现实的意义上，它全部存在于摆之中。在数学里，常有小实例发展成大理论。别担心——只要记住位置和速度具有大不相同的数学性质就行了。

很好。现在摆的动力学依靠圆筒生存，周期运动真的看来是周期性的。我们还能怎么办？

有些运动比另一些更加强劲。然而此刻尚难以看出"能级"。从图景应该明了的是，眼睛的瞳孔是能量最低的运动，随着能量的增大，摆通过虹膜，通过眼缘，向上到达眉毛和皱纹。或者用动力学语言来说，振荡变大直至摆越过顶点并开始飕飕地过去。

把圆筒弯成 U 形管（图 32）就是解。如果你以恰当的方式做到这一点，你就得到一幅同时显示摆的运动和对应能级的图景。

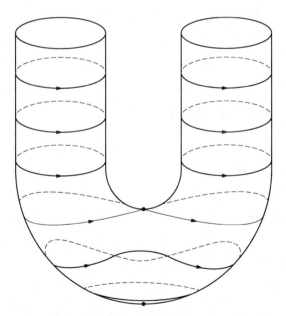

图 32　能量守恒的几何示意图。如果摆的圆筒相空间被弯成 U 形管，轨线仍保持在恒定高度上

如果你在给定能级处水平切开 U 形管，所得曲线就描绘出对应的运动。

你还会看到，何以在足够高的能量处存在两种不同类型的周期运动（顺时针和逆时针），而在低能量处却只有一种（来而复往）。你无法区别"顺时针往复"和"逆时针往复"。U 形管顶部有两个分支，它们在底部相连。如果不这样，便不成其为 U 形管，而是 II 形管了。

你可能发问，所有这些做法的用意何在。它们表明，实质上摆的全部定性动力学特征——不仅在它的静止状态附近，而且整体地、处处地在高能量或低能量处——可以包容在单一几何图景内。

这个图景可以形式化，被翻译成适当的数学语言，不仅可用来研究摆，还（至少原理上）可用来研究不管多么复杂的任何动力学系统。因为几何学和拓扑学同是非常有力的工具，你可以用这样的图景取得有关动力学的知识，这从经典的"推出公式"观点出发是完全做不到的。也许根本不存在公式。然而几何学，像贫困一样，始终不离我们左右。

比摩擦更奇妙

如果我们现在追问"要是存在微量的摩擦则会怎样？"，那么这一几何学观点的作用将益发明显。我假设你通过计算椭圆函数可能得到一个解答。我从未见过谁做了这件事——它会是一件真正的杰作，或者因为毫无意义而成为冒牌货。但运用几何学，它再简单不过了。

摩擦的效应是什么？它造成能量的损失。实际上损失的能量转化为热，它导致能量守恒定律的小小改动。这就是你搓手保暖的道理。

在我们的 U 形管图景中，能量损失对应于下降到较低的能级。想象以高速开始做螺旋桨式运动：圆筒上的动点代表摆的运动，它在 U 形管一个分支上极快地向上旋转到某处。掺进一点摩擦造成缓慢下降，动点开始向管底作螺旋下降（图 33）。这代表摆的旋转的逐步迟缓，但它继续在同一方向旋转，因为它仍处在管的同一分支上。

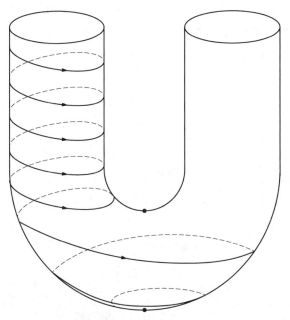

图 33　阻尼耗散能量：阻尼摆经过各能级作螺旋下降

但是螺旋终于到达管的弯部，进入往复运动的较低区域，在那里作螺旋下降。用动力学语言来说就是，摆旋转得愈来愈慢，直至它刚好不能到达顶点，于是逗留片刻又回落。这时摆沿相反方向旋转，从另一边接近顶点，但离顶点的距离更大。现在它来回振荡，摆动幅度慢慢减小，最终在底部静止下来。

所有这些都是从物理学上凭直觉获得的，是从 U 形管图景自然产生的。但是如上所述，从真实动力学方程很难推出这一性态。所以在这样一个简单的情形中，用公式求解方程是一种不切实际的指望，但我们几乎不费力气就可从几何学得出答案。

多维传奇

1884 年，一位名叫艾博特（Edwin A. Abbott）①的英国牧师再版了他的惊世骇俗之作《平面国：多维传奇》（*Flatland：a Romance of Many Dimensions*）②。献辞如下：

谦卑的平面国人

谨以此书

献给

普通空间的居民

和特殊空间的下议院

希望

正如他在神秘的三维中开始的那样

以前只熟悉二维

所以天国的居民还会进一步渴求

四、五、甚或六维的奥秘

于是

为在千人一面的人类的优种之中

---

① 艾博特（1838～1926），英国牧师、教育家和莎士比亚学者。——译者注
② 此书最初以"正方形"的笔名发表，后来成为几何学经典小说。——译者注

开阔想象力
·　·　·
和尽可能地发挥

最稀有、最杰出的谦逊之才
·　　·
而贡献一份力量。①

　　男主人公"正方形"居住在二维空间中。由于从外部空间来访的一个球体的启发，他知道存在着第三维，并为寻求更高的维而激怒了他的访客，结果被他的同胞们视为异端，终于关进监狱。

　　如今，多维空间的概念在数学科学中已变得如此流行，以致它几乎被认为理所当然。不承认它的存在，不对它表示肯定，将成为异端。物理学家们目前正在猜测，时空实际上可能有十维：三维空间，一维时间，另六维卷曲得太紧，所以看不见。但这另外六维振动不止，这就是粒子物理学全部复杂性的由来。

　　多维空间的概念在拓扑动力学的发展和混沌的发现中起着重要的幕后作用。概念是简单的；所包含的精神图景或许不是这么简单。

　　这完全取决于坐标几何的自然推广。从一维开始：线。线上的每个点都可用一个数 x 来描述：它离给定的固定点的远近。同样，平面上每个点可用它的相对于一对固定轴的两个坐标 x 和 y 来描述。三维空间中的每个点则可用三个坐标 x，y 和 z 来描述。

　　但为什么停在这里呢？

　　是的，它正好是字母表的末尾，但那看来不成其为真正的障
·　·　·

① 这段献辞在此书中译本《神奇的二维国》（〔英〕E. A. 艾勃特著，陈忪译，科学普及出版社，1991 年）里未译出。——译者注

碍。用四个坐标 w，x，y，z 描述的点是怎么样的？大概它们对应于某种四维空间。坐标 v，w，x，y，z 则提供五维空间，以此类推。

在一定意义上，就是那么回事。再没什么要说的了。我们现在已经给我们所说的五维空间下了定义，完毕。

当然，有些附属细则应当引起注意。让我们承认，关于这些新"空间"，存在着某种较少空间性的东西。我们并不——看来如此——生活在它们中的任何一个里面：我们生活在古老又适意的三维空间里。（包括时间则是四维：见后。）我们的物理空间为什么以这种方式限制自己，是一个谜。但它意味着，我们的头脑在想象四维以上的空间时有一定的困难。

在某种程度上，那便是问题之所在。我们的视觉系统被训练得在三个空间维里识别物体。由此看来，"想象"还不是目标！我们必须做的，乃是发展一种新的几何直觉。而那正是数学家们数十年来所做的。他们首先玩些小的类比游戏。例如：

- 线段有 2 个端点，
- 正方形有 4 个角，
- 立方体有 8 个角。

2，4，8，…之后是什么？啊哈！因此

- 四维超立方体有 16 个角，
- 五维特立方体有 32 个角，
- 六维甚立方体有 64 个角，

以此类推。这全是"让我们假设"的奇妙游戏，最后用带有像六维空间（u，v，w，x，y，z）那样的坐标系的精确定义和计算来支撑。它有一种内在一致性，更中肯地说，它像几何学的样子。
例如，在三维空间里有五种正多面体（四面体、六面体、八面体、
十二面体、二十面体）。你可以证明，在四维空间中有六种超正多
面体！但在五维、六维、七维空间中，却只有三种。这不有点奇
怪吗？这些空间有它们自身独立的同一性。大概这里有某种值得
拣出的东西。

多维空间的概念日渐像样，特别是当它开始启示确属美妙的
数学的时候。所有这些的主要建筑师，是英国数学家凯莱（Arthur
Cayley）①。当 1874 年皇家学会挂起这位伟人的肖像时，麦克斯韦
发表了一篇演说，结尾是一首诗：

> 前进，符号主人！以雄健的步伐，
> 直达空间和时间的火热边界！
> 在二维空间里停留，直到被狄肯森（Dickenson）②描绘，
> 我们可以勾勒出那个人的形貌，
> 他的灵魂太大，在世俗空间里容纳不下，
> 在 n 维空间里不受限制地繁荣起来。

也许这些概念只是些奇思妙想，但数学界开始明白，几世纪
来他们一直在研究多维空间而不自觉——好比莫里哀（Molière）的
主人公汝尔丹（M. Jourdain）③惊讶地发现他一生都在说散文而不

---

① 凯莱（1821~1895），英国数学家。——译者注
② 应为 Dickensen。狄肯森（Lewis Dickensen）是英国肖像画家，他在 1820~
1850 年创作过许多科学家的肖像。——译者注
③ 法国著名剧作家莫里哀（1622~1673）于 1670 年创作的喜剧《醉心贵族
的小市民》（一译《贵人迷》）中的主人公。——译者注

自知[①]。例如考虑三体问题。你想计算些什么？三体的位置和速度。现在，各体都有 3 个位置坐标（因为它生存在普通三维空间中）和 3 个速度坐标（理由同上）。所以你正面对一个含有 18 个不同的量的问题。你正在十八维空间中思考。

自行车（在保守的估计下）有 5 个主要运动部件：把手、前轮、曲柄-链条-后轮组合和两块踏板（图 34）。每一部件需要一个

图 34　自行车（至少）有 5 个自由度：把手，左踏板，右踏板，前轮，曲柄-链条-后轮组合。从数学角度来说，表示自行车的运动需要十维：五维位置和五维速度

---

① 见《莫里哀喜剧（第四集）》，第 96 页，〔法〕莫里哀著，李健吾译，湖南人民出版社，1984 年。——译者注

位置坐标和一个速度坐标来描述它：工程师会说它有"10个自由度"。要骑自行车，你必须把握十维空间中一点的运动！大概这就是自行车那么难学的原因吧。哦，还没有就自行车在路上的所在地引入变量。

然而，巧妙的重新表述多得一文不值。大多数也根本无用。

这回不是。它提供了一个优美的几何框架，使得动力学中正在发生的事情容易"看清"得多。学会它要花些时间，实际上无人真正对十维空间是何种样子有很好的概念；但它确有助益。例如，一位拓扑学家会在黑板上画两个粗糙的圆，说"考虑十维空间内的两个七维球"，而不理会发生什么特别的事情：听众也会如此。

爱因斯坦——和他的前驱者们——提高了作为一个第四维的时间概念的地位。（不是"那个"第四维：第四维也多得很。在自行车上，一旦你认定了哪些是前三维，你便有七维可供挑选。）但事情走得还要远些。在任何问题中，不论是物理学问题还是心理学问题，每一个令人感兴趣的不同的量都可作为问题中的一个新维来处理和想象。经济学家们经常要弄几千个变量，尽力使公司攫取最大利润。他们是在数千维的空间里工作。（那便是经济学何以如此繁难的一个原因，我并不是在开玩笑。）这类事情中最近一次引人注目的突破，一个称作卡马卡尔（Karmarkar）[1]算法（图35）的方法，正是通过这样的思考问题而得以发现的：它以泰然的姿态谈论"n维椭球"。

---

[1]　卡马卡尔（Narendra Karmarkar, 1957～　），印度数学家。——译者注

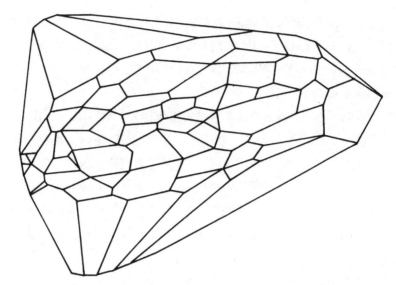

图 35　卡马卡尔算法的一个应用中出现的多维多面体的三维射影

n 维空间中的动力学

可是，决定问题的是多维空间概念彼此吻合的方式。恰似 999 维手套里的 999 维手。

例如，我们在前面得出的摆的动力学图景向多维空间推广。具有 *n* 个自由度——即 *n* 个不同变量——的系统可视为生存在 *n* 维空间里。*n* 维空间内单个点的 *n* 个坐标，同时定义所有 *n* 个变量。哪一种情况更容易想象：是概念的十维空间中的一个动点呢，还是把手来回晃动、踏板升降不匀的一辆摇摆不定的自行车的全部动力学复杂性？

不错。暂且忘掉十维空间，只考虑一个点。是不是更好些？好。

运动定律怎样进入这个图景中呢？它们告诉我们给定的初始

点如何在它的多维空间里运动。它描出某种曲线——爱因斯坦称它为"世界线"。现在你可以想象沿这些曲线运动的一整束初始点。它们就像某种沿曲线流动的流体粒子。

自行车的特定运动对应于一个点在虚拟的十维空间中的运动。自行车所有可能的运动则对应于虚拟流体在这一虚拟十维空间中的流动。

定理　如果系统是哈密顿系统（即无摩擦），则流体是不可压缩的。

我希望这一点将使你猛然回到现实世界中来，正像我经常体验的一样。它不是一场玄虚的游戏！而是现实！

我的意思是，如果几何图景不是仅仅把动力学转化为某种愚笨空间内的某种愚笨流体的运动，而且还使它不可压缩，那么必然有某种相当深刻的事情在进行中。（也就是说，"体积"的十维模拟在流体流动时保持等同。）这一不可压缩性定理是刘维尔（Joseph Liouville）[1]在 19 世纪发现的，它的推论是惊人的。

如果系统不是哈密顿系统——即比如说有摩擦——则你仍可考虑流体，但它不再是不可压缩的。比较图 32 和图 33，你就能得出所有这些概念。想象一滴二维流体充满图 32 中 U 形管底部的小圆。（别考虑充满管的"内部"的流体：只有管的表面才对应于物理实在！）随着时间的推移，这滴流体不停地旋转，陷在小圆内不能自拔。它的面积不变。但是图 33 中类似的一滴流体却不得不经过各能级向管底螺旋下降，所以它必然收缩。这是哈密顿系统与非哈密顿系统（即耗散系统）之间的根本区别。

不可压缩性是这样一个自然概念，以致这条定理不能成为巧

---

①　刘维尔（1809～1882），法国数学家。——译者注

合。除非你赞同冯内古特（Kurt Vonnegut）①在《猫的摇篮》（*Cat's Cradle*）②中的话：上帝创造宇宙是把它做成一个精心策划的恶作剧。

上帝掷骰子吗？
——混沌之新数学

---

① 冯内古特（1922～2007），美国小说家。——译者注
② 《猫的摇篮》，〔美〕冯内古特著，陆凡译，陕西人民出版社，1987年。《猫的摇篮》亦译《挑绷子游戏》。——译者注

第6章

奇怪吸引子

他们有一些奇怪的限制，我们必须学会遵守这些限制。正是他们表面上的这种简单，对一个陌生人才是陷阱。人们得到的第一个印象是，他们温和之极。然后，你会突然遇到非常严厉的事情，你这就会明白你已经达到限度，必须使自己适应事实。①

——柯南·道尔（Sir Arthur Conan Doyle）②，

《最后致意》（*His Last Bow*）

数学家似乎分两大类。大多数数学家借助视觉形象和精神图景从事研究工作；少数则用公式进行思考。动用哪类思考不总取决于论题。有一些运用形象思维的代数学家和逻辑学家。我就知

---

① 引自《福尔摩斯探案集（五）》第195页，雨久、刘绯译，群众出版社，1981年。——译者注

② 柯南·道尔（1859~1930），英国作家。——译者注

道有一位一流拓扑学家在使三维物体形象化时发生实际困难。著名生物学家弥勒（Johannes Müller）①说他是这样描绘他关于狗的精神图景的：

狗

数学表述也有一定的格式。数十年来，人人都画了许多图景。后来，图景突然不再成为时尚，风格变得异常刻板。拉普拉斯以他的《分析力学》不含图景、只有分析而自豪。在接近现代（20 世纪 50 年代）的时期，你发现布尔巴基（Nicolas Bourbaki）——一群试图使数学结构形式化的数学家（多为法国人）共用的笔名——的著作中插图无几。厌恶插图，往往产生于由过量的轻率思想和随心所欲地胡乱闯入新的数学领地所造成的某种逻辑危机。但是，随着公式日趋费解，视觉意象又一次浮现在集体数学下意识的表面。

庞加莱的伟大贡献，在于把几何学还给了力学，在于扭转了拉普拉斯对分析方法和计算的倚重。又一个历史循环，又一次在螺旋式楼梯上盘旋。我说几何学不是指以欧几里得（Euclid）②的名义时常用来强加于无辜的孩子们的那些矫揉造作的"定理—证明—证毕"：我指的是图景。庞加莱把视觉想象从分析的樊笼中解放出来，让它再一次自由漫步。因布尔巴基而重新循环到形式主义中去之后，今日的数学正向着螺旋的几何扭转奋力奔回。

下面我们考察庞加莱的一些思想。我用现代的语言叙述，但观点仍然是他的。

---

① 弥勒（1801～1858），德国生理学家。——译者注
② 欧几里得（约公元前 325～约公元前 270），希腊数学家。——译者注

光阴似箭

我们将从具有两个自由度（即我们可以在平面上画图）的一个系统入手。与同样生存在平面上（或至少在圆柱上，那也一样）的摆不同，这系统不是哈密顿系统。事实上，它不对应于任何特定的物理模型。它将是用来图解二自由度系统很可能陷入的典型性态的一个纯数学构造。

你想必记得，给定单个微分方程，我们可以通过想象沿方程的轨线流动的虚拟流体，来获得所有可能的初始点的运动的形象。如果你选定一个起点，即这方程的一组初始条件，那么它随后运动的坐标就是具有这初始条件的微分方程的解。

显示这些流线相互配合情况的图画，称作方程的相图（图36）。"图"看上去十分清楚，而且比许多数学术语要形象生动得多。"相"这个古怪词似乎来自电机工程学。振荡波形具有振幅——

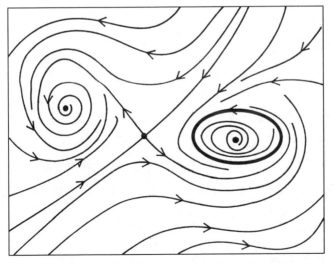

图36 平面内的流的相图，从左至右表示汇、鞍、极限环和源

波形的大小，具有相位——波形在周期中的位置。只要把两者标绘出来，便得到一个平面图。嗯，无论如何，那是我的理论。

用来表示流的曲线，对应于各个不同初始点的坐标的时间演化。箭头标明随时间推移的运动方向。就简谐振荡器和摆而论，我们在图 28 和图 29 里见过两种相图。

注意流是如何相配的：相邻曲线上的箭头靠得较近。这意味着概念流体（它的流由线代表）并未扯开：运动是连续的。

我想提请你注意，这一特殊的流有 4 个特征。

首先，左边有一个点，所有邻近流线都以螺旋形向它靠拢。这称作汇。它很像流体汩汩汇流入的排水孔，或许由此而得名。

右边则是一个出水孔，流体从这一点以螺旋形离去。这称作源。想一下从源泉滚滚流出的流体。

两者之间有一个流线似乎交叉的地方。这称作鞍。实际上流线没有相交；其中大有名堂，我将在后面介绍。如果两股真实流体相互冲撞，你看见的就是鞍。

最后，右边有一个闭合的环围绕着源。这是极限环。它像涡流，流体在这里一圈一圈地旋转。一个旋涡。

我们在几页的篇幅里将看到，大致说来，平面内的流拥有这些特征（部分或全部），典型的除此再无其他。每个特征可能有些个别的性质，但你找不到更复杂的。我还将解释我在这里为什么用"典型地"一词。但是首先让我们更仔细地认识平面内的流——即具有二自由度的微分方程——的这 4 个基本特征吧。

汇

汇（图 37）是这样一个地方，流线在那里退化成单个点，所有邻近的点都流向它。如果你让系统从汇的中心点出发，什么事都不发生。这系统就稳坐在那儿。所以汇本身代表系统的定态。例如，搅拌钵里的一团生面会静止在钵底。

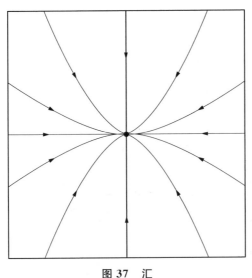

图 37　汇

同时，如果你让系统从靠近汇的某点出发，它将向汇移动。如果你使那团生面从比钵边稍高一些的地方开始运动，它将黏糊糊地滚下，到达钵底才停。（我用黏糊糊的生面是为了引入摩擦：如果你用无摩擦的弹子，你便得到一个哈密顿系统，结果会发生很不同的事。）

这说明，在汇处的定态是稳定的。如果你取代表系统状态的点，把它移开一些，则它以螺旋方式回到出发处。如果你把生面推向比钵边稍高一些的地方，它就滚回去。

因而汇是稳定的定态。

源

　　源（图38）也是定态。但现在是邻近的点离它而去。这就像一团放置在倒扣的钵上的生面。如果你十分小心的话，它可以在钵顶上保持平衡，但只要你推它一下，它就滚向旁边而落下。因此这定态是不稳定的。

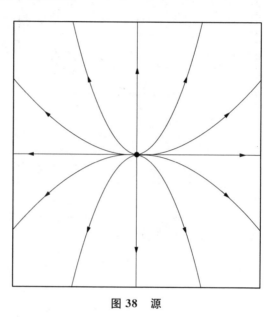

图 38　源

　　请记住，生面仅有轻微的黏性：它不会粘在斜面上。并且你要想到一个圆底而不是平底的钵。或许更好的比拟是，试图把一颗光滑的卵石摆在另一颗的顶上保持平衡。你可以做得到——凭借细心——但一阵风便叫它滑落。

鞍

　　鞍（图39）更加有趣。它们也是只有数学家才想得出来的那种东西——除了大自然有更加活跃的想象力之外。在某种意义上，它们在有些方向上是稳定的定态，在另一些方向上则是不稳定的定态。

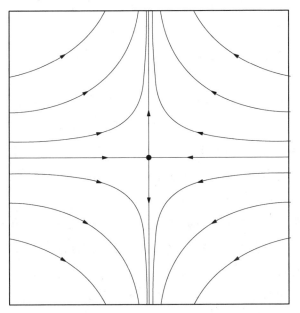

图 39　鞍：在中心处交叉的线是它的分界线

　　想象一名很不熟练的骑手，骑在一匹马上，马鞍用油擦过。如果骑手在马鞍上前倾或后仰，他会滑回中央位置。但如果他开始往两边滑，他将坠落马下。他的位置就向前或向后的位移而言是稳定的；就两边的位移而言则是不稳定的。正是这种图景赋予这样的点以"鞍"的名称。

　　在"交叉"中心的点，即鞍点，是——就像所有缩减成单个点的轨线一样——定态。两条流线称作鞍的分界线。所以如此命名，是因为它们分隔开邻近点流动的路线。想象从图的左边走上分界线。如果你正好从上方出发，当你接近鞍点时你会突然左转弯；如果你从下方出发，你则会突然右转弯。

看上去有点像流在鞍点处被拉开。但我在前面说过，它不是那么回事。这是因为在下述意义上分界线实际上并不到达鞍点。如果你沿着鞍的分界线趋近鞍，你将经过无限长的时间才能碰到它。所以接近鞍时流变得无限缓慢。流体被拉向两边，却未扯开。

你可能想象，鞍不像源和汇那么寻常。事实上不是如此。这儿有另一种比拟，它有助于解释其所以然。想象一处山景，想到其中有些地方，那儿的地面（或至少切平面）是水平的。有一些类似于源的山峰，每一方向都从这些点下降。有一些类似于汇的凹谷，每一方向都从这些点上升。

还有一些类似于鞍的隘口，这里有的方向上升，有的下降。

隘口在山乡中与山峰和凹谷同样寻常。看看瑞士阿尔卑斯山脉的地图就够了。同样，鞍也正与源和汇同样寻常。例如，你可以在气象图的等压线上看见它们，还有围绕气压的源和汇的标着"高"或"低"的闭合环。等压线按合适的气压——10毫巴的倍数——描画出。因而难得看到分界线本身，以及它们特有的"交叉"形状；但你通过在附近出现的4条"背靠背"曲线，可以认定它们的存在。

极限环

极限环真是有趣的。只要你在一个极限环上出发（图40），就会一圈一圈永远转下去，不断地重复同样的运动。这运动是周期性的。

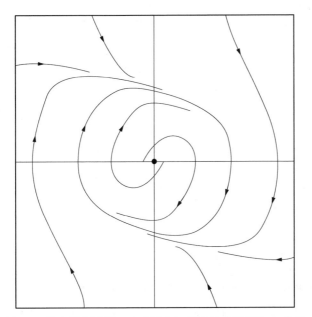

图 40　稳定极限环是一个闭合环,邻近的轨线都向它收敛

　　有两类基本的极限环。图示的一类是稳定极限环:邻近点都向着它移动。还有一类不稳定极限环:邻近点都离它而去。(要想画出来,倒转图中的所有箭头即可。)

　　极限环与源、汇和鞍不同,仅观察一点附近的情况是不能检定的。你必须考察整个区域。这就是使周期运动比定态更难检定的原因。这也是使它在数学上有趣得多的原因。

　　1927 年,荷兰一位名叫范德玻尔(Balthasar van der Pol)[①]的电机工程师发现了一个非常重要的极限环。它出现在电子阀(美国的真空管)的数学模型中。在 1947 年贝尔电话实验室的肖克利(William Shockley)、巴丁(John Bardeen)和布拉顿(Walter

──────────

①　范德玻尔(1889～1959),荷兰物理学家。——译者注

Brattain）发明晶体管①之前，真空管一直用在收音机中。类似的数学分析也适用于晶体管。范德玻尔的极限环对应于振荡着的阀：产生反复起伏的波形。它听起来像口哨声或尖叫声。

振荡的无线电波是无线电传送的基础。想法是，从规则的、极快的振荡波开始，然后按照应该代表的声音改变形状。实现这一点的两种标准方式是调幅（AM）和调频（FM）。前者改变波的大小；后者改变波之间的间隔。但是在你有东西调制之前，你首先得有规则的振荡器。因此，范德玻尔数学振荡器中的极限环对技术有重要的影响。

典型的，正是如此

庞加莱和一位名叫本迪克森（Ivar Bendixson）②的瑞典数学家证明了一条定理，大意是，在平面内的微分方程组中只"典型地"存在这 4 种类型的性态。

但是，并非每个微分方程都只有那 4 个特征。你不难编制更复杂的东西：3 条线交叉的地方，或者内部稳定而外部不稳定的极限环。

正是在这儿，"典型的"一词派上用场。在可使完全精确的意义上——但以诸如"ε 同胚"那样的技术细节为代价，这样的细节不适合于本书——你可以证明这些例外是无限稀少的。如果说汇、源、鞍和极限环是正面或反面朝上平放着的硬币，那么例外就是立在边缘上的一枚硬币。不错，理论上它可能发生；可实际上它并不发生。

① 他们三人因此获得 1956 年诺贝尔物理学奖。——译者注
② 本迪克森（1861～1935），瑞典数学家。——译者注

这种结果在数学里十分普通，它大煞动力学系统理论的风景。如果你想彻底列出会发生的一切事情，你会发现情况无比复杂，要弄清楚是不可能的。但如果你问什么是"典型的"——以非零概率出现的事情，如果你愿意这么说的话——则一切都好办多了。这样的情形如此普通，动力学系统理论家已为它特制了（或者更确切地说，借用了）一个专业术语：通有的。如果一个系统做典型的事情，而回避无限稀少的例外事情，它的性态就是通有的。

我并不是说，例外事情的秘密必定永远是谜：有时候你却会在不典型的——非通有的——系统上取得进展。甚至存在一种典型性的等级：典型、相当典型、中等典型、完全不典型，咄。

实际上，就以应用为工作范围的数学而言，就令人满意的、不过分复杂的理论而言，典型的东西，即通有的东西，正是你应当研究的。请记住：什么是典型的取决于你所谈论的是什么事物。典型的哈密顿系统的性态，截然不同于典型的非哈密顿系统的性态。如果你在沼泽地里抛硬币，它典型的落到地上时既非正面朝上亦非反面朝上：它沉没了。如果你在覆盖有潮湿泥土的桌子上抛硬币，它极有可能立在那儿。如果你在大街上散步，你遇到的典型人物不是财政大臣；如果你穿过议会大厦，那倒很有可能。

每个令人感兴趣的系统都在十分有限的范围内、在一定意义上是典型的；如果你要想了解这个系统，那么先搞清楚那范围是什么，是大有裨益的。就像奥威尔（George Orwell）的《动物庄园》（*Animal Farm*）[1]，只是谷仓上的戒条在这儿读作：

---

[1] 奥威尔（1903～1950），英国小说家、散文作家和新闻记者。他的政治讽刺小说《动物庄园》（1945）因嘲笑苏联的社会制度而出名。——译者注

所有系统都是典型的

但有些比另一些更加典型①

旋转一只猫

最后一种类型的经典运动值得注意：拟周期性。这里，具有独立频率的几种不同的周期运动合在一起。（周期运动的频率是每秒的周期数。所以长周期对应于低频，短周期对应于高频。）想象月球轨道上的宇航员正在航天舱中围绕他的头旋转一只猫。（是的，我知道航天舱中没有旋转猫的余地。请让我这么说吧。）猫周期性地围绕宇航员转，宇航员周期性地围绕月球转，月球绕地球转，地球绕太阳转，太阳则绕星系中心转。那就是五重叠加的周期运动。

在拓扑图景中，拟周期运动看上去好像环面——炸面圈——上的螺旋运动（图 41）。你可以把这看作两个周期运动的合成，因为"绕"环面有两个方向。一个经由中间的孔；另 个则（与之正

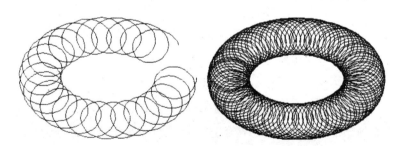

图 41 从拓扑学角度来说，拟周期运动发生在环面上：
　　　　（左）小圆和大圆中运动的合成，（右）合成的环面

交地）绕"赤道"而行。如果你通过孔开始一圈一圈地旋转，再沿赤道带方向加上一个小推动，你将得到螺旋运动。

如果你所合成的两个周期运动的周期具有公测度——都是同一数量的整数倍，则结果实际上是周期性的。如果一个运动的周期比如说是 3 秒，另一个是 5 秒，则合成运动将每 15 秒重复一次。

但是如果没有公测度——例如，如果周期是 1 秒和 $\sqrt{2}$ 秒——则运动从不精确地重复。然而，它确实在你能够找到任意接近初始状态的状态的意义上"几乎重复"。这就是用"拟周期"这一名称的缘由。

就两个周期而言，合成运动是周期运动的判据是，两周期之比应是有理数——真分数 p/q，其中 p 和 q 都是整数。如果两周期之比是无理数——不是真分数——则两周期没有公测度，它们的合成运动从不重复。对于周期的近似公倍数，即极接近于周期之比的分数来说，它"几乎重复"。

拟周期运动在一般动力学系统里不是典型的。尽管如此，它往往出现在经典动力学之中。主要原因在于，它在哈密顿系统中完全是典型的，而经典动力学正好针对哈密顿系统。天体力学被叠加环搅乱，如同猫的旋转所表明的。另一个原因是，在任何具有圆对称性的系统（不论是不是哈密顿系统）中，二周期运动都是典型的。对称性"稳定"两周期的合成。而圆对称性是常见的。研究拟周期性的第三个原因乃是，即使拟周期运动不是典型的，在从一种典型运动向另一种转变期间往往观察到它。在某种意义上，它是一种我们了解的运动，它可能与别种我们不了解的运动有关。因此，它有时可为研究新的运动类型——例如混沌——提供一个有益的起点。

洞见，而不是浅见

庞加莱和本迪克森只能对二自由度系统证明他们的定理。平面具备各种各样的特征，他们把这些特征彻底研究了一番；但三维空间使他们碰了钉子。例如，在一个纽结闭环附近的流看上去是什么样子？（是的，微分方程会有纽结解。下一章的洛伦兹方程就是一个例子。）平面内没有纽结，而三维空间里却有：数学不得不正视这一点。

在 20 世纪 60 年代初，美国拓扑学家斯梅尔（Stephen Smale）①把庞加莱——以及他的继承者们，特别是伯克霍夫（George Birkhoff）②——所遗留的微分方程定性理论接着研究下去。拓扑学在这中间的半个世纪里取得了很大进展：也许瓜熟蒂落的时候到了。即使大多数拓扑学家已经忘记了拓扑学源出于物理学问题，可斯梅尔没忘。

我必须马上指出，在庞加莱和斯梅尔之间有许多人对动力学作出过重要的贡献——我只选择一斑来代表全豹。李雅普诺夫引入一组数（如今称为李雅普诺夫指数），目前用作检测混沌存在与否的一种方法。安德罗诺夫（Aleksandr Andronov）③、维特（Aleksandr Adol'fovich Vitt）和海金（S. E. Khaikin）关于非线性振荡器的工作④，以及莱夫谢茨（Solomon Lefschetz）⑤的基本拓扑学思想，都值得一提。由柯尔莫果洛夫（Andrei Kolmogorov）⑥创

---

① 斯梅尔（1930～　），美国数学家。——译者注
② 伯克霍夫（1884～1944），美国数学家。——译者注
③ 安德罗诺夫（1901～1952），俄国物理学家。——译者注
④ 他们的工作总结于他们三人合著的《振动理论》一书中，中译本由科学出版社于 1973 年出版。——译者注
⑤ 莱夫谢茨（1884～1972），美国数学家。——译者注
⑥ 柯尔莫果洛夫（1903～1987），俄国数学家。——译者注

建的俄国学派，在气体动力学动理论的鼓舞下，作出了为数众多的重要发现。特别是，它把熵的概念（以前是热力学中的一个概念）接过来，就任意动力学系统进行定义。柯尔莫果洛夫-西奈判据，即非零熵，是检验混沌最可靠的准则之一。阿诺索夫（D. V. Anosov）[①]引入并研究了一类重要的混沌系统，西奈（Ya. G. Sinai）则率先证明了一个极其困难的结果：模拟气体的弹性粒子系统确实呈现出混沌性态。阿诺德（Vladimir Arnold）[②]在发展现代动力学（尤其在哈密顿系统中）方面起过巨大作用，后面将介绍他的部分工作。

斯梅尔的思想非常独特。他在博士论文中证明了一条一般定理，它的许多内涵之一是，你可以把球从里翻到外。允许通过自身，但必须保持光滑——任何一步任何地方都没有纽结。这似乎不太可能，连他的导师都不相信；但后来证明斯梅尔是对的。然而，直至多年以后，才使任何人弄清楚怎样实现它。其中的一位，法国数学家莫蓝（Bernard Morin），竟是盲人。正如我所说的，"直观化"是不太恰当的术语。洞见，而不是浅见——那才是拓扑学所需要的。斯梅尔是那时首屈一指的拓扑学家，由他导致了另几个重大突破，包括庞加莱 1906 年提出的一个问题——在五维以上情况下——的首次证明，这个问题在其他人看来是完全无法解决的。

为强调新的观点，斯梅尔用术语"动力学系统"来代替"微分方程系统"。他研究动力学系统时所根据的是它们的几何特性——相图的拓扑特性——而不是用以定义它们的公式。事实上，他几乎不曾写下任何公式。当然，这有助于挫败那些经典微分方程论

---

① 阿诺索夫（1936～2014），俄国数学家。——译者注
② 阿诺德（1937～2010），俄国数学家。——译者注

者。斯梅尔继续通过用他们已知为误的猜想对他们猛烈攻击，以激怒他们。而这正是他想方设法解决实际问题的方式；不久以后，他就用甚至令专家们都惊奇的真定理去攻击他们。

他所问的首批问题之一，是一个很自然的问题：庞加莱-本迪克森定理在三维（或更多维）中的对应物是什么？就是说，微分方程系统有哪些典型性态？

对此，庞加莱已经开了个头。他发现了所有可能的典型的定态类型。共有 4 种。它们是源、汇和 2 种不同类型的鞍。源依然有外向运动的全部邻近点，汇是源之反。鞍或者有一个外向运动点的面和一条内向运动点的线，或者有一条外向运动点的线和一个内向运动点的面。

你当然可得到三维空间中的极限环，但现在有 3 种：稳定极限环、不稳定极限环和鞍状极限环。

看来似乎全啦。没有人发现过任何其他典型的流特征。

结构稳定性

斯梅尔必须做的第一件事，是为"典型的"界定一个精确的内涵。如果你对所谈论的东西没有一个清晰的概念，你便无法证明好的定理。

对于二自由度系统，安德罗诺夫和庞特里亚金（Lev Pontrya-gin）①在 20 世纪 30 年代就已发明了必要的概念。他们使用"粗糙系统"一词。意思是，不典型性态总可以通过使方程发生极小的变化而被"打碎"。例如，3 条流线交叉处可解体成 3 个鞍点的构型（图 42）。

———————————

① 庞特里亚金（1908～1988），俄国数学家。——译者注

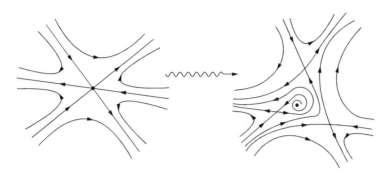

**图 42　结构稳定性：具有 3 条分界线的鞍在小扰动下解体，
　　　形成 3 个分开的鞍和一个汇**

　　另一方面，如果你使方程发生充分小的变化，平面内的 4 种典型性态不改变。如果山脉在小地震影响下轻微移动——比如说几米，则山峰仍是山峰，凹谷仍是凹谷，隘口仍是隘口。它们都移动了一点儿，但小地震不能完全摧毁一座山峰。

　　斯梅尔把安德罗诺夫和庞特里亚金的思想推广到多自由度系统，并创造术语"结构稳定的"来形容这样的流，当描述它的方程发生足够小的变动时，它的拓扑特性不改变。这个概念全然不同于给定方程的定态。后者是方程的一个解，它在初始条件发生小变化时仍是稳定的。但结构稳定性却是整个系统的属性，它对整个方程系统中的小变化而言是稳定的。

　　于是斯梅尔问：三维空间中每个结构稳定的动力学系统是否只拥有源、汇、2 种鞍和 3 种极限环？更一般地，对于任意个自由度的系统，我们能作出类似的陈述吗？

　　似乎没有反驳这一猜想的实例：任何人已经发现的，比汇、源、鞍和极限环更复杂的一切，原来都是结构不稳定的，因而都不是典型的。另一方面，斯梅尔并不能表明这些就是全部。这条定理——如果的确存在一条定理的话——抵制所有证明它的努力。

吸引子

在斯梅尔看来，动力学系统最重要的属性是它的长期性态。这便从整个系统的运动中"选取"简单得多的运动集合。

例如，在前述图 36 的系统中，初始点或从图中消失（我将把它忽略掉），或停留在原处（3 个定态之一），或向极限环收敛，一圈一圈地旋转。因此在所有可能的运动中，长期性态精确地选择那些我们认为特别值得注意的特征。

工程师们有相似的观点。他们谈论系统启动时的"暂态"，这是与你等一会之后它稳定下来到达的状态相对立的。我不是说暂态对某些问题不重要：当你打开计算机开关时，错误的暂态会毁掉一块电路板。但是，就系统的一般性质的总体观点而不是微妙的细节而论，你可以忽略暂态。

那么， 般动力学系统到底会怎么样呢？

它稳定下来成为吸引子。吸引子定义为……它稳定下来成为的任何东西！在这一阶段，因为不曾证明任何像庞加莱-本迪克森定理那样的一般定理，我们不能细述。但通过分析这一思想，我们得到一条更好地掌握这概念的途径。吸引子的实质在于，它是相空间的某部分，从它附近出发的任何点都逐渐趋近于它（图43）。

我们还认为，吸引子不能解体成为两个都满足这一定义的较小子集。那就是说，在我们想使我们例子里的汇和极限环都成为吸引子的同时，我们不想把"汇＋极限环"组合视为单个吸引子。引入这部分定义，是为了使吸引子成为动力学的独立"特征"（我们已为此而烦恼），而不是它们的愚蠢混合。一般情况下

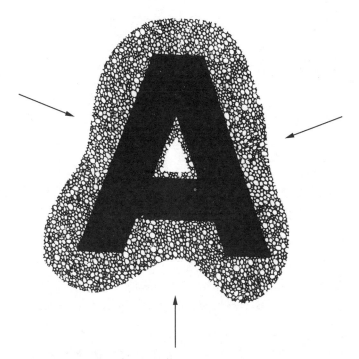

图 43 一般吸引子(这里显示为黑体 A)的示意图:随着时间的
推移,附近的(阴影)区域都向吸引子收缩

你可以忘记它,证明定理的时候除外。

庞加莱-本迪克森定理告诉我们,就平面内的结构稳定系
统——典型系统——而言,吸引子不外是:

- 单个点。

- 稳定极限环。

如果你愿意的话,长期运动不外是:

- 静止在定态。

- 周期性地重复某种运动系列。

或者，更简单地说：

- 坐着不动。
- 兜圈子。

斯梅尔问道：在 n 维而不是仅仅二维情况下这也成立吗？

包绕映射

为什么斯梅尔不能证明典型系统中仅有的吸引子是点和极限环，有一个很好的理由。

它不是真实的。

他终于认识到了这一点。第一个例子——它回溯到 1949 年的俄国数学家涅梅茨基（V. V. Nemytskii）和斯捷潘诺夫（V. V. Stepanov）①——有 4 个自由度，但最终三维空间走的路与四维空间一样。

我将先描述基本思想。它首先不是真实的动力学系统。然而，一旦我们彻底搞清楚基本思想，它可以被修饰得把技术上的小号字考虑进去。

在真正的动力学系统里，时间从负无穷大连续地流向正无穷大，并且流经两者之间的一切。在我们赤裸裸的模型系统中，时间将以单一时刻的步子即 1，2，3，…个单位流动。1 和 2 之间什么也不存在：没有 $1\frac{1}{2}$ 单位时间，没有 1.227 89 单位时间，等等。只有整数：是数字式时钟而不是模拟式时钟。这系统将在它的数字式时钟每次滴答时从一个状态咔嗒一声到下一个状态。这

130

---

① 涅梅茨基（1900~1967）与斯捷潘诺夫（1889~1950）合著有《微分方程定性理论》，中译本分上、下册于 1956、1959 年由科学出版社出版。——译者注

一过程的专业术语是离散动力学；下面我们会看到，离散动力学与真正的连续动力学之间确有密切的联系，这是数学家们将充分地探究的。

这系统将是在圆上运动的点。为描述简单起见，选取这样一些单位，使得圆周正好是 1 单位。于是我可以用介于 0 和 1 之间的一个数描述点在这圆上的位置，这个数就是以这些单位表示的这点在圆周上与某一选定的零位置之间的角距离。

作为我自封的造物主角色，现在我命令这点服从下述动力学定律：如果在给定的时刻它在位置 x 处，则在下一时刻它运动到 $10x$ 处。从几何学角度看来，圆被拉伸到它周长的 10 倍，并且包绕自身 10 次（图 44）。定律在每一时刻依次应用，所以这点通过映射

$$x \to 10x$$

的迭代而运动。映射是这样的规则："x 到达通过 x 规定的某值"，因此用小箭头。我们已经发现"迭代"的含义：重复。

随着这十重包绕迭代下去，我将试图跟踪点的去处。但我不想过分详细地这么做。把圆周等分为 10 个扇区，记为 0，1，2，…，9。我把包绕过程受到迭代时一个点所游历的扇区依次记录下来，并把这张清单称作点在圆上的旅程。

根据角测量单位，扇区 0 是从 0 到 0.099 999… 的区间，扇区 1 则从 0.1 到 0.199 999…，以此类推。因此我可以说一个点从 0.255 437 86 处出发。这意味着它生存于扇区 2 中，稍过半程。

当我应用这映射，使圆包绕自身 10 次时，它的长度扩张到 10 倍。所以点运动到 2.554 378 6。现在聪明的步法来了。绕圆一个单位正好使你回到 0，2 单位亦然，所以结果实际上恰好等同于角

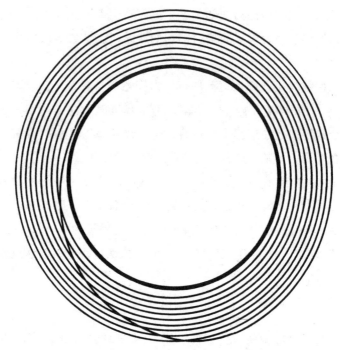

图 44　拉伸一圆并使它包绕自身 10 次 (示意图)

0.554 378 6。这在扇区 5 中。当我们迭代这映射时，我们所见如下：

迭代 0 次	0.255 437 86		扇区 2
迭代 1 次	2.554 378 6	$=0.554\,378\,6$	扇区 5
迭代 2 次	5.543 786	$=0.543\,786$	扇区 5
迭代 3 次	5.437 86	$=0.437\,86$	扇区 4
迭代 4 次	4.378 6	$=0.378\,6$	扇区 3
迭代 5 次	3.786	$=0.786$	扇区 7
迭代 6 次	7.86	$=0.86$	扇区 8

| 迭代 7 次 | 8.6 | $=0.\mathbf{6}$ | 扇区 6 |
| 迭代 8 次 | 6 | $=0.\mathbf{0}$ | 扇区 0 |

此后你只得到 0，0，0，…。在每一阶段，你只是乘上 10，然后去掉第一位数字。这点依次游历的旅程是扇区 2，5，5，4，3，7，8，6，0，0，0，…。那些数是不是似曾相识？

是的，它们正是这点出发时的十进制数字。

这绝不是巧合。如果你乘上 10 后去掉第一位，你不过是把这十进制展开式向左移动一位。这同样适用于任何起始点。例如，如果我从 $\pi/10=0.314\ 159\ 265\cdots$ 处的一点出发，那么它的旅程依次游历扇区 3，1，4，1，5，9，2，6，5，…。动力学再创 π 的逐次十进制数字！

即使如此，我希望你同意，这一赤裸裸的离散动力学系统非常明白易懂，而且无疑是确定性的。不但存在表示 x 向何处运动的精确表达式，即 $x\to 10x$，并且这一表达式很容易计算。

混沌的足迹

第一奇。假设起始点具有精确等同于 π 的前十亿小数位的十进制展开式；但其后永远…1212121212…下去。记这个新数为 π'。它是如此接近于 π，比任何实际测定所能分辨的值近得多。

在十重包绕的迭代之下，对于前十亿步，π 和 π' 有相同的旅程。但此后，点 π' 在扇区 1 和 2 之间来回振荡，而 π 则继续游历……不管 π 的十亿位以上数字是什么。我别无想法，但它们肯定不是 121212…。

因此，两个相互极其接近的初始条件 π 和 π'，最后却以完全无关的结果而告终。

第二奇。假设我取一颗刻着 1 到 6 点的骰子，随意地掷它无穷多次。最后得出一个无限长的序列，有点像

$$116254145652212436645143 2\cdots$$

如此下去。（我是真的掷骰子而得到这一序列的，所以它是完全典型的实例，虽然我没有那么多时间去产生一个无限序列。）这是一个无规则数列。

圆上存在着一点，它的十进制展开式酷似这一序列，即

$$x = 0.1162541456522124366451432\cdots。$$

如果我在 x 处开始迭代这映射，就产生这无规则序列。所以应用于这一特定初始点的确定性映射，产生像掷骰子那样无规则的序列。

第三奇。0 到 1 区间内"几乎所有"数都有无规则的十进制展开式。这已被一位研究可计算性的限度的美国数学家蔡汀（Gregory Chaitin）证明了。如果你说它对，它就是可信的："随意"挑选的数将有无规则位的数字。所以我们构建的确定性动力学系统具有这种无规则的性态，并非仅仅对少数古怪的初始点是如此，并且对几乎所有初始点都是如此！

第四奇。试问点的旅程何时是周期性的，即不断精确地重复。回答是：当它的十进制展开式重复时。有一条定理指出，这样的数恰恰就是有理数：它们是真分数 p/q，其中 p 和 q 是整数。0 和 1 之间有无穷多个有理数（例如 2/3 或 199/431），也有无穷多个无理数（例如 $\pi/10$，$\sqrt{2}-1$）。它们完全混在一起：任何两个有理数之间有无理数，任何两个无理数之间有有理数。所以导致

周期运动的初始点和不导致周期运动的初始点，像糕饼中的糖和面粉那样混在一起。这还意味着，周期点都是不稳定的——如果你把它们轻微扰动到邻近的无理数，它们就不再是周期点了。事实上，所有可能的运动都是不稳定的！

附带说一句，别以为有理数和无理数不知怎么沿区间交替出现——这分明是上述描述所可能提示的。相反，这区间内的"大多数"数是无理数，有理数是非常非常稀少的。

怪事。

当然，你可能争辩，这是个很愚蠢的方程。真实的动力学系统不干那种事。就起步而言，在上述系统中，两个不同的初始点 0.42 和 0.52 在第一阶段都运动到同一点 0.2；但在真正的动力学系统中，不同的点运动时从不合并。所以上述所有的奇怪性态都是根据可笑地为动力学开出的人造处方制造出来的赝品。对吗？

不对。

庞加莱截面

欲知其故，我们得换一个角度审视庞加莱的基本思想。我在前面已经提道：怎样由审视一个截面来检出周期解。

考察平面内一个具有稳定极限环的系统。记住那是闭环，邻近点都朝它运动。拓扑学家称它为周期吸引子。画一条切割极限环的短线段（图 45）。线段内的各点都沿着自己的动力学轨道运动。最后，它再次碰到这线段。它实际上可能就在极限环上：如果这样，它回归到出发处。否则的话，它与线段的交点必比出发处离极限环更近。

那就是说，"遵循动力学直到你第一次再碰到线段为止"的处

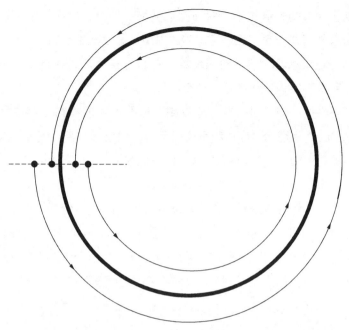

图 45 通过极限环(粗线)的庞加莱截面(虚线):庞加莱截面上的初始点都向首次回返时代表极限环的点收缩

方,确定从线段到自身的映射,它使线段缩向极限环与线段的交点。你听到过"一去不返的点",但这是首次回返的点。如果你迭代这首次回返映射,你便得到首次回返,然后是二次回返,然后是三次回返,……。你正以规则的时间间隔对整个动力学进行采样。电子工程师称之为"频闪采样"。你就是这样来确信你的高保真度转台正以合适的速度旋转的:利用以交流电的频率开启和关闭的一束光,周期性地照亮转台上安放好的标记,来实现采样。

现在,我们取另一个系统,它可能有极限环,也可能没有。有没有,我们并不清楚。假设相空间中存在某一线段,它的性质使线段内每个初始点最终都回返而再次碰到线段。或许存在,或许不存在，我们看看存在的时候发生些什么。

我认为，必定至少存在一个穿过线段的极限环。理由是拓扑学中的一条定理：每一线段向自身的连续映射，必至少有一个不动点，即映到自身的点。

其证明背后的思想大致如下。线段的左端映到线段的某点。如果这点也是左端，那就是你的不动点。否则左端向右移。同样，右端向左移，所以整个线段向内收缩。

自左至右沿线段观察。靠近左端的点也向右动；靠近右端的点则向左动。两者之间必有某个地方，运动在那里从右向变为左向。从右向运动连续地变为左向运动的唯一途径，是经过零运动。如果我驾车行驶在公路上，起先我右转弯，后来左转弯，那么在两者之间的某处，在某一时刻，我必然正笔直前进。（这样的地方可能不止一处：在遍布之字弯口的公路上，我得在每一弯口和下一弯口之间至少刹那间打直方向盘。）

让我来概括一下。如果存在这样的线段，在它上面出发的每一点最终都回归，则至少存在一个通过这线段的周期解。

暂且把寻找这样一个线段的棘手问题搁置一旁，我们看到这是一个颇值得注意的定理。它不依赖于详细的动力学。

可是，它利用了动力学的一个普遍特征："流体"扯不开。流是连续的。但那就是它所利用的全部。我们所做的，是定性动力学的实质。我们用了一个拓扑学事实来推演出动力学结果。这个拓扑学事实是："每个从区间向自身的连续映射都有不动点"。这个拓扑学事实说明了给出合适线段时周期运动的存在。

正如上述，这种线段称作庞加莱截面。与它相联系的映射就是线段的庞加莱映射。三维空间中存在着类似的概念；但这时线段必须用一片曲面来替代。典型的，这是一个拓扑盘——没有洞的一小块曲面。从盘向自身的映射极其复杂（图 46）。尽管如此，拓扑学中有一条关于盘向自身映射的一般性定理：仍然必存在不动点。因此，具有盘样庞加莱截面的三维流，必有穿过盘的周期轨线。

图 46 在二维情况下，庞加莱截面可能极其复杂。如图所示的上田吸引子[①]中，点打着漩涡，颇似被搅动的一杯咖啡的表面

事实上，存在着 n 维的翻版。庞加莱映射是一个 $n-1$ 维超盘；一个名为布劳威尔[②]不动点定理的相当艰涩的结果导致这样的

---

① 以日本科学家上田睆亮（1936~　）的姓氏命名。——译者注
② 布劳威尔（Luitzen Egbertus Jan Brouwer，1881~1966），荷兰数学家。——译者注

结论：至少一条周期轨线必穿过它。

拓扑学，正像我说过的那样，是威力无比的。

它还转移了重点。如果我给你一个动力学系统，比如说被小熊座搅动的一碗麦片粥里梅脯的运动，并问"存在周期解吗"，则你找到庞加莱截面就行了，而不必费劲去解方程和检查结果的周期性。"有人一直在迭代着我的庞加莱映射"，大熊座叫道[①]。你可以想象，所包含的技巧是很不同的。

纬垂中的螺线管

这与使十重绕圆映射成为像样的动力学有何关系？斯梅尔认识到，你可以逆向运用庞加莱截面。给定一块曲面——比如说拓扑盘——和从这曲面到自身的映射，你可以虚构一个动力学系统，对它来说这曲面是庞加莱截面，"首次回返"映像是你的出发处。

为了做到这一点，你引入一个新的"方向"，它像一个垂直截割拓扑盘的圆。盘上的初始点围绕这圆流出去，但流出去的方式使它下一次碰到盘时如同由盘向自身的原始映射所规定的那样去碰。这一技巧称作纬垂（suspension）[②]（图 47）。它对提出 n 维空间中的流的普遍问题的拓扑学家来说是顺理成章的事，但假如你是一个力图了解硝化甘油爆炸的动力学的化学家，则这种事是不会发生的。然而，如果你需要的话，你可以列出显式微分方程。在科学里，你通常从物理问题出发，抽象出微分方程。但斯梅尔转入"设计者微分方程"行当。从那时起，这论题再未有同样际遇。

139

---

① 这里是借用双关语达到拟人效果，大熊座、小熊座（北极七星、北极星）字面意思是熊妈妈、熊宝宝。——译者注

② 这一术语的译法是北京大学廖山涛教授确定的。——译者注

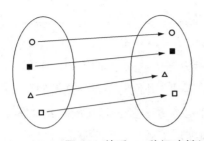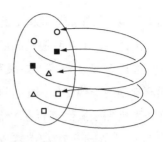

**图 47　纬垂：一种把映射(左)变成在更高一维的
空间中的流(右)的数学技巧**

所有这些的结局是，你在 n 维空间的映射中所能看到的一切在 $n+1$ 维空间的流中也可看到。反之，了解 $n+1$ 维空间中的流的途径乃是考察 n 维空间的映射。特别是，不够了解的三维空间中的流，简化为我们希望可能容易些的二维空间中的映射。同理，四维空间中的流（你连去想它都要绞尽脑汁）简化为三维空间中的映射，这样你起码可望画出图景。

于是斯梅尔不再寻求四维空间中的流，而去寻求三维空间中的非正统映射，它在迭代时具有类似于我们的圆映射的性质。这就是他的发现。

取实心环的内部作为庞加莱截面。美国式的有孔炸面圈。生面包在其中，这回我们不讨论环的表面。定义环到自身的映射如下：把它的周长扩张 10 倍，将它擀薄；然后把它翻到里面，使它包绕 10 圈，经过任何点都不多于 1 次（图 48）。（这里，数学家们通常用的数是 2 而不是 10，但要知道后来发生的事，你必须用二进制进行思考：为使生活对我们来说轻松些，我把历史改写了一点点。）

想象重复进行这一炸面圈变换。下一次应用这一过程时，把它擀得更薄，包绕自身 100 圈；然后 1 000 圈，10 000 圈，以此类推。

最后它到哪里去？你得到的东西类似于包绕这环无穷多圈的

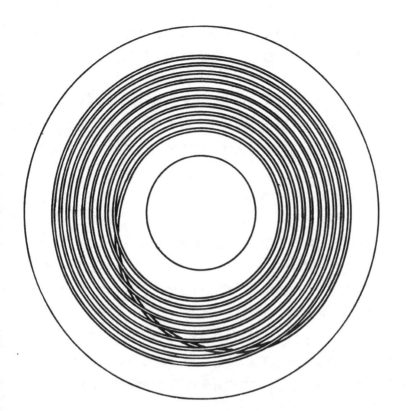

图 48　实心环上加以十重包绕，以避免自相交。因为环是三维的，所以有使一圈在其他圈下面通过而不与它们相碰的余地

无限细的线。我们将立即检查这一陈述有无隐藏的毛病；但它并未离谱太远。有一种电器件称作螺线管，就是在金属芯上包绕数英里长的铜线而制成的电磁体。数学家们把这一名称借用于斯梅尔的构造。

　　两位杰出的动力学系统理论家（我的同事）在作出这一发现后不久，在一家美国酒吧讨论着这一切，一圈一圈地挥手示意，热烈地谈着话。"啊，"侍者说。"两位肯定在谈论螺线管！"这不是他们意料到的那种话题。莫非这位侍者是勤工俭学的数学研究生？原来他在海军中服过役，他所指的是真实的电螺线管。

这故事至少表明，"螺线管"是个恰当的名称。

无论如何，我们在三维空间里得到这一实心环的古怪映射。现在，我们把手伸进拓扑学帽子，抓出一只兔子。暂停斯梅尔的螺线管映射，你利用他的古怪映射作为庞加莱截面而得到四维空间中的流。

如果你不习惯在四维空间中思考，这时你将得出错误的图景。你将想象一点从生面中间出发，漫游过三维空间，最终又回到生面内部。那就错了。它是立刻完全脱离三维空间，没有经过生面，在一全新的维上包绕，然后在别的某个地方再次碰到生面。作为类比，把时间用作第四维，如果你从现在向将来作时间旅行，你立刻离开了目前的三维空间。

如果你多次迭代从这环向自身的映射，则所有初始点都愈来愈接近螺线管。所以螺线管是庞加莱截面上动力学的一个吸引子。螺线管的纬垂——你在额外维内肆意邀游时所得到的——因而是整个四维流的吸引子。

并且，它是结构稳定的。要知道为什么，想象使包绕映射略加改变。结果看上去仍旧一样。你不能从 10 圈包绕映射连续地变成 9 圈或 11 圈包绕映射。要从 10 圈连续地变到 11 圈，你必须经过 10 圈半，但没有办法包绕实心环 10 圈半而不使它破坏。这意味着使映射小小变化之后的动力学特性，从拓扑学角度看上去与它开始时相同；那便是结构稳定性的含义。

最后，螺线管不是单个点，也不是环。所以它不属传统的典型吸引子之列。两位数学家塔肯斯（Floris Takens）和吕埃勒（David Ruelle）为这一新型吸引子取了一个名字。不属经典类型

（点或环）的结构稳定的吸引子，称作奇怪吸引子。这个名称是表示无知的宣言：每当数学家们把什么东西称为"病态的""反常的""奇怪的"等等时，他们的意思是"我弄不明白这讨厌的东西"。可它也是传递这样的信息的旗号：我理解不了它，但它肯定看来对我是重要的。

康托尔干酪

螺线管并不太像它看上去那么古怪。虽然它不是很好的经典的点或环，它却有高贵的出身。这与后来的发展极有关系，所以我还要多说几句。合适的对象称作康托尔集（图49），因为它是史密斯（Henry Smith）[①]在1875年发现的。［集合论的奠基人康托尔（Georg Cantor）[②]在1883年利用了史密斯的发明。面对现实吧，"史密斯集"给人印象不深，是不是？］康托尔集是一个耗子才抓得到的区间。无穷多小得看不见的耗子，各咬上越来越小的一口。

有点枯燥，要建立康托尔集，你从长度是1的区间开始，拿掉它中间的三分之一，但留下这三分之一的两个端点。这便剩下各三分之一长的两个小区间：再拿掉它们中间各三分之一。无限制地重复。你得到越来越多越来越短的区间：达到这构造已被重复无穷多次后的极限。这就是康托尔集。

你可能以为，什么也没剩下。其实不然，例如点1/3和2/3原地未动，点1/9，2/9，7/9和8/9也是如此。所有被移去线段的端点都留了下来。难以计数的其他点结果也是如此。诀窍在于对基数3的展开式：如果你喜欢这类事情，请看看你是否能精确地描

---

① 史密斯（1826～1883），英国数学家。——译者注
② 康托尔（1845～1918），德国数学家。——译者注

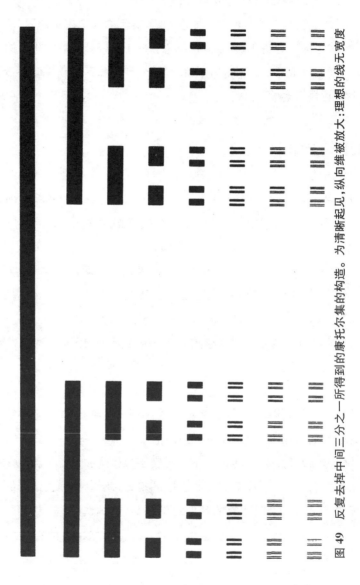

上帝掷骰子吗？——混沌之新数学

述哪些点留剩下来形成康托尔集。

　　被去掉的区间的总长度是1——等于你开始时区间的原长。所以在某种意义上，康托尔集的"长度"是零！那是合理的，康托尔集基本上由空洞组成。与其说它是区间，毋宁说更像尘埃。

　　以某种拓扑等价于康托尔集的东西告终的构造还有一些。最漂亮的构造之一是从一个圆盘出发，去掉除两个小盘之外的一切（图50）[①]。恰如带两个穿针引线的洞眼的纽扣，只需保留洞眼，

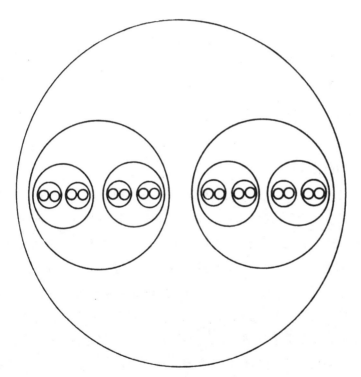

图50　康托尔干酪：用成对的圆做成的康托尔集的拓扑等价的择一构造

---

① 　所有盘的盘沿均应保留。——译者注

丢掉纽扣。在每一小盘上重复这一构造，无限制地继续重复下去，到达极限为止。尽管它不那么显而易见，这一集合却正是改装的康托尔集。我称它为康托尔干酪。它也只有耗子才抓得到。

如果你在每一阶段钻 3 个或 10 个孔，情形完全一样。是的，我承认所有这些都给出在拓扑学上相同的结果是令人惊异的。但是，拓扑学是一种十分柔软的东西：它留有充分的机动余地。你可以在拓扑学教科书里找到严格的证明——那可都是非平凡的内容。

康托尔干酪——十孔变种——位于螺线管内。想象把炸面圈切成圆。当我们包绕炸面圈 10 圈时，它被切成 10 个小圆。下一阶段给出 100 个小圆，以此类推：过程完全相同。所以螺线管的截面是康托尔干酪。这有力地证实，它不是点或环！

真正的混沌

有了螺线管，我们现在就有准备去作出一个令人震惊的发现。不仅 10 圈包绕映射具有那 4 个著名的奇怪特性——对初始条件的敏感性，无规则旅程的存在性，无规则旅程的共存性和糕饼混杂的周期性/非周期性。螺线管及其对应的微分方程亦然。

在哲学上看来，这提出了一个严重的问题。假设存在一个物理过程，它为那些方程所刻画。按照经典应用数学家的方式，我寻求所谓初值问题的解：给定初始点，预言最终它将去往何处。

回答是："只有当你以无限精度告诉我初始点时，我才能做到。我要它的整个十进位展开式，一直到无穷。不仅前十亿位——反正十亿次迭代以后它们是不相干的。全部。"

但实际上这是不可能的。大多数实验连十位精度都达不到。

在某种意义上，十位精度没告诉我们什么长期性态的情况。如果你正好给我 10 位数字，我会找到一个初始点，它符合那 10 位，但此后做你想要它做的任何事情。永远停留在 7。模拟 π。确定 $\sqrt{2}$ 中每第 5 位数字。遍历以 6 为底表示的素数序列。列出《金融时报》(*Financial Times*) [①]排行榜 100 家的所有证券和股票的价格，从 1963 年 4 月 25 日起，无限期地继续下去。如果你想在商界飞黄腾达，所须做的一切就是寻找适当的初始点。

在实验精度内，模型预言一旦你走完前 10 步后所有可能的旅程。长期性态是完全不确定的。

另一方面，什么模型能比"前移一位数"更具有确定性呢？

嘲讽对话

如果你不喜欢混沌思想，只有一个希望。

怀疑论者：瞧，斯梅尔这家伙的设计者微分方程一切都好；可现实世界却不呈现这样的性态。

混沌论者：如果它在数学中能结构稳定地出现，它在自然界中就会可观测地发生。

怀疑论者：那我为什么没见过一个像这样的方程？

混沌论者：因为你一直在寻找规则的性态。没有哪个碰上那些方程的物理学家敢把它们公之于众。

怀疑论者：好吧，实验又如何呢？你们有在实验里观测此类性态的义务！

混沌论者：你一直在进行。可不幸的是，有一个意外的困

---

① 1888 年创立的英国著名报纸，每天提供伦敦股票交易所行情。——译者注

难。你听说过想发表论文的实验家说"我得到完全无规则的结果"吗?

怀疑论者：嗯，你说到点子上了。不过事实依然存在，你无法使从事研究工作的科学家们相信混沌这个东西，除非你向他们指出混沌正在自然界中发生。

混沌论者：我同意。我们正在研究它。你知道，那是不容易的。我们发展了一种考察动力学的全新方式。这方式是艰难的。但是在数学中像这一样地自然显露的东西却随处可见。要是我们找不到它，我会大为惊讶。

怀疑论者：如果你真的找到了，我将更加惊讶!

上帝掷骰子吗?
——混沌之新数学

第 7 章

天气预报厂

让混沌咆哮!
让云彩群集!
我等待形式。

——弗罗斯特（Robert Frost）[1]，

《佩提纳克斯》（*Pertinax*）

"请把它在自然界中的样子指给我看。"

这就是怀疑论者所需要的。对 20 世纪 70 年代的拓扑学家来说，它似乎办不到。其实早在 1963 年就已办到了——尽管当时无论拓扑学家还是物理学家对此都一无所知。

---

① 弗罗斯特（1874～1963），美国诗人。——译者注

辉煌的失败

1922年，一位不成熟思想的非正统提出者理查森（Lewis Fry Richardson）①（他的名字在应用动力学系统史上时隐时现）发表了一篇记述一次辉煌的失败的报告，题为《用数值方法进行天气预报》。理查森试图运用数学来预报天气。在这篇文章的末尾，他描绘了一个异想天开的幻想——天气预报厂。他想象为数很多的人在像阿尔伯特纪念堂②那样庞大的建筑物里操纵着台式计算器。（对那些未见过这种机器的青年人来说，它们看上去很像旁边带有把手的收款机。哎哟，收款机你也没见过。它像一个前面圆形的马口铁盒。使用者用滑杆定出待计算的数字，摇一圈把手作加法，摇数圈则作乘法。反摇作减法，重复作减法即为除法。）数学指挥在中央指挥台上指挥他们的工作，他们彼此则用电报、闪光信号灯和气压管相互联络。理查森估计，在实际发生的——如今的用语是"实时"——同样速度下，预报天气需要64 000人。

他说："在渺茫的将来，有朝一日或许有可能发展出比天气变幻还要快的计算，付出的代价小于人类因此获得的好处。但那是一个梦想。"

先知之言。"渺茫的将来"不过30年而已。1950年，美国ENI-AC计算机③就作出天气预报方面首例成功的计算。到1953年，普林斯顿MANIAC机④便已表明，日常天气预报是完全可行的。

上帝掷骰子吗？——混沌之新数学

---

① 理查森（1881~1953），英国物理学家和心理学家。——译者注
② 在伦敦，常用作音乐会、舞蹈会或其他集会的场所。——译者注
③ 世界上第一台（全自动、通用）电子（数字）计算机，ENIAC系Electronic Numerical Integrator and Computer（电子数值积分器和计算机）的简称。——译者注
④ 系Mathematical Analyzer, Numerical Integrator & Computer（数学分析数值积分器和计算机）的简称，性能比ENIAC高40倍。——译者注

请注意：预报天气是一回事。正确地预报天气则是另一回事。

气候象棋

国际象棋的棋具包括一大堆棋子和一个画成方格的棋盘。棋的下法按照一定的规则以间断的时间间隔进行。

数值天气预报好比一盘巨大的三维国际象棋。想象地球表面画上密密麻麻的网点，不同的高度代表大气的上下、南北和东西运动。这是棋盘。现在，通过给每个网点指定若干数值（气压、气温、湿度、风速）来描述天气。这些都是棋子。

明天的天气也对应于棋局中的某一局面——但棋子的部署有所不同。"气旋到达与王后同列的马743。""暴风雪到达与国王同列的林恩[①]，间或放晴的阵雨到达与象同列的斯托福德[②]。"我们可以利用气象站、气象船、探空气球和卫星照片等测定今天的天气。所以我们知道如何摆布棋子。关键问题在于，弈棋的规则是什么？

规则就是大气的运动方程。我们知道，那些方程几百年前就为欧拉和伯努利之辈所发现。设时间以微小的比如说1秒长的间断步子流逝，则方程可视为向我们说明如何从现在的位置走到1秒后的下一个位置的规则。

提前1秒钟预报天气或许听起来对人类的重大问题没什么实际贡献，但那仅仅是弈棋中的一步。重复这计算，你便获悉2秒

---

① King's Lynn 亦指英格兰一城市，金（King）恰巧是棋子名称（国王）。——译者注

② Bishop's Stortford 亦指英格兰一城市，毕晓普（Bishop）恰巧是棋子名称（象）。——译者注

后的天气。迭代 86 400 次后，你将知道 1 天后的天气。迭代 8 640 000 次后，你将掌握 100 天后的天气。迭代 8 640 000 000 次后，……

实际上的确是这么做的。成千上万次重复计算基于显式的、确定性的规则。计算机就擅长这活。

在零和无穷大之间

此中包含有一个哲学珍品。大气实际上不是完全可分割的连续统；那是一大堆冲来冲去的相当结实的小原子，像疯子一样互相碰撞。经典力学的方程用光滑的理想流体代替这一离散的物理实体。但为了解那些方程，我们又用某种离散的东西来近似它们。我们让时间以微小的步伐咔嗒咔嗒地向前，而不是连续地流去，并且我们把空间划分成细密的网格。这为计算机的结构所迫：计算机只能做算术到小数点后的一定位数，比如说 10 位，在这种情况下一切都是 0.000 000 000 1 的整数倍。要精确地表示一个无限的小数，就要求计算机有无穷大的存储量，那是行不通的。

这个哲学论点是，我们最后得出的离散计算机模型不同于原子物理学给出的离散模型。但对此有一个很实际的原因：原子模型里包含的变量数对计算机来说太大了，大到它处理不了。它无法跟踪大气的每一个原子。

计算机能对付少量粒子。连续统力学能处理无穷多粒子。零或无穷大。大自然巧妙地滑入两者之间的鸿沟。

那么，我们尽我们所能吧。数学家们希望这双重近似提供接近真实事物的答案。这样做没有什么坚实的理论依据；但有令人信服的证据表明它管用。在某位天才人物发展了新的理论工具之前，我们承认奇迹，并不顾一切地向前跋涉。

不过值得记住的是，当你"把问题交给计算机"时，你可没做那种事：你用计算机表示问题的某种理想化。这就是计算机何以不能成为治疗科学和社会病症的万应灵药的一个原因。它恰恰还不够聪明。

百万次浮点运算

为天气预报所做的计算必须以惊人的高速度进行。巨型计算机的速度是用百万次浮点运算（megaflops）——指每秒 100 万次算术计算——来衡量的。英国雷丁[1]全欧中期天气预报中心的克雷 X－MP 型巨型计算机[2]以高达 800 百万次浮点运算的速度进行运算（图 51）。对整个北半球而言，它半小时左右就能大致预报明天的天气。每天它都作出相当于实际上 10 天的预报：在一周半之前预报半个世界的天气。预报一般在大约 4 天之前相当准确；但其后预报多半偏离实际的天气。

这方法的另一出奇之处值得一提。你可能以为，得到最佳可能预报的途径是采用尽可能精确的方程。然而，非常精确的模型将不仅包含大尺度的天气运动，而且包含大气中的声波。方程的声波解在计算机的离散近似上要弄的讨厌伎俩，称为数值不稳定性。计算中的误差（不是计算机出错，而是当你无法分辨 0.000 000 000 01 与 0 之间的差异时固有的运算精度上的局限性）很快膨胀，湮灭了真实的天气！麻省理工学院的查尼（Jule

---

① 英国英格兰南部，伯克郡的首府。——译者注
② 克雷研究公司 1983 年制成的以美国著名计算机总体设计专家克雷（Seymour Cray，1925～1996）的姓命名的巨型机。——译者注

图 51　能每秒计算 8 亿次的克雷 X‑MP 型巨型计算机

Charney）于 1944 年提出的解答，精巧而出人意料。模型被故意粗糙化以滤去声波。不采用尽可能精确的方程：故意使它们不太精确——以突出期望的特征。

　　我们涉猎的不是一个简明易懂的论题。

　　"4 天之前，"我说过。有长期预报，但如果你假定今年的天气将照搬去年的天气的话，你会预报得更出色。目前的天气预报方法中的主要缺点在于，它们不太善于预报天气模式的突然变化。我访问全欧中期天气预报中心的时候，他们告诉我："只要天气不发生意想不到的情况，我们就能准确地预报它。"

　　1987 年 10 月 15 日，星期四，英国遭受了 1703 年以来最严重的暴风袭击（图 52）。那应该叫飓风，只是在英国是从来没有飓风的。电视天气服务令人沮丧地没能预报这场风暴，甚至连提前

图 52　气象员们出错的时候……被 1987 年 10 月 15 日的"飓风"蹂躏的丘园①

24 小时的通告都没有。在下星期一，《卫报》（*Guardian*）②发表了罗恩斯利（Andrew Rawnsley）的题为《敌不过天气的计算机》的文章：

> 昨天夜里，有史以来最差劲的天气预报的元凶在伯克郡③的一个小镇被缉拿归案。
>
> 漏报了 285 年中最严重的暴风，它仍然满不在乎地继续以大约 1 分钟一次的速度大量作出小阵雨、间断晴天和中等

---

① 位于英国伦敦西南方地区丘（Kew）的著名皇家植物园。——译者注
② 1821 年创建的英国著名报纸。——译者注
③ 英国英格兰南部的郡。——译者注

风等预报。

对那 10 级大风标题——事先我们为什么没得到警告？——的答案，叫作控制数据公司的赛博 205，那是气象部的以布拉克内尔①为基地的数据捣弄机，按照依靠它的气象员们昨天的民意测验结果，它是英国目前最可恨的计算机。据它的操作者们说，赛博能够每秒运算 4 亿次，能够在 5 分钟内以 15 个高度级别产生 24 小时世界预报。不幸的是，它漏报了自 1703 年以来最猛烈的暴风，把它的路线定在向东 80 英里进入北海，而实际上暴风正横扫英国南部。"遗憾的是事情出了差错，"气象部发言人承认。

看来无人知道原因在哪。"本星期开头它是对的，"伦敦天气中心一位预报员昨天说。"星期二在正确的路径上有低气压，后来它改变了方向。"

"本星期初大风过后，我就猜想星期四可能有强风，"他说，这是气象员告诉计算机"我告诉你如此"的方式。"我们有怀疑，但我们必须指明路线。"

赛博在雷丁镇的劲敌克雷 1 却沾沾自喜。用来自卫星、地面雷达、商船和探空气球的相同数据，克雷为全欧中期天气预报中心预报了凶猛的大风。

气象部对赛博的糟糕表现进行的内部调查，旨在找出出毛病的地方。"天晓得，"10 位赛博操作员中的一位昨天抱怨说。"可能不应有的一小团信息钻进了计算机。"205 过去的误报成绩，显然还包括预报 7 月份下雪。

"有取代它的打算，"一位赛博操作员说。其他人则共同

---

① 伯克郡东部的镇。——译者注

为赛博辩护。"低气压有出其不意的习惯，"一位预报员说。"它们会做出恰恰相反的事。"

将来的研究可能克服这些困难。但有理论上的理由相信，我们预报天气的精度存在着固有的局限。四五天，或许一个星期——不能再远了。

在词典上查一下词意。

Mega：大。

Flop：失败。

本质上的数学家

但是，我将超出故事本身。折回 1963 年。就在那一年，麻省理工学院的洛伦兹（Edward Lorenz）发表了一篇论文《确定性非周期流》。洛伦兹原想成为一名数学家，但由于第二次世界大战爆发，使他成了一名气象学家。也许他这么认为。事实上，他本质上依然是数学家。（数学就像上瘾或得病：即使你想驱除它，你也别指望真正能驱除。）让我引述洛伦兹总结他的结果的一段话：

有限的确定性非线性常微分方程系统可被设计的表示受迫耗散流体动力学流。这些方程的解可以等同于相空间中的轨线。对于那些有有界解的系统，发现非周期解对小修正而言通常是稳定的，以致略微不同的初始状态会演变为显著不同的状态。有有界解的系统被证明拥有有界的数值解。

描述元胞对流的简单系统可用数值方法求解。发现所有的解都不稳定，几乎所有的解都是非周期解。

根据这些结果，本文考察了超长期天气预报的可行性。

　　当我看到这些字句的时候，如芒刺在背，毛骨悚然。他知道! 24年前他就知道! 更仔细地看了一遍后，我得到的印象更深了。在短短 12 页的论文里，洛伦兹预示了非线性动力学的若干主要思想，这是在非线性动力学时髦起来之前，在其他任何人认识到存在着诸如混沌那样的新奇而令人困惑不解的现象之前。

　　如上所说，洛伦兹认为他是一名气象学家，自然而然地把论文发表在《大气科学杂志》(*Journal of the Atmospheric Sciences*) 上。气象学家们（他们不是不懂数学，就是只通晓传统数学）实在不知道如何对待它。它看上去不太重要。实际上，洛伦兹方程是现实物理学的这样一种被切削、修剪过的样子，以致整个事情可能纯属一派胡言。

　　每年有几千种科学期刊出版，平均每种大大超过一千页。如果你看得多，你能约略跟上自己领域里的出版物。是的，《屠羊人报》(*Goatstrangler's Gazette*) ①春季号不太可能含有动力学系统理论中无比重要的思想，但其他上千种不出名的杂志也一样。怀着世界上最美好的意愿，你能做的最佳事情就是浏览你知道的地方。拓扑学家们（假如他们读到过洛伦兹的创新作品，他们无疑会像我一样感到芒刺在背）没有翻阅《大气科学杂志》的习惯。

　　因此，10 年来他的论文湮没无闻。洛伦兹知道自己意识到了某种重大的东西，但是他超越了他的时代。

　　我们来看看他做的工作。

---

　　① 作者杜撰的不存在的杂志，意指某种"无名杂志"。——译者注

上帝掷骰子吗?——混沌之新数学

158

勇于自做对流①

热气流上升。

这种运动称作对流，它决定着天气的许多重要方面（图53）。雷雨云通过对流形成；那便是你在湿热天往往碰上大雷雨的原因。对流可以是平稳的，这时热气流以恒定方式渐渐上行；或者是不平稳的，这时大气以远为复杂的方式运动。不平稳对流更使人感兴趣，它与天气的关系较明显。因为成为平衡对流之后最简单的性态是周期性的变化，所以最简单的一种不平稳对流就是某种周期涡动效应。

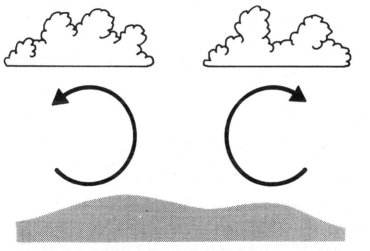

图53　热气流上升引起的对流元胞

对流的研究具有显赫的历史。1900年左右，贝纳尔（Henri Bénard）做了一个重要实验，发现底部受热的薄层流体会形成很像

---

① convection（对流）与 conviction（信心）两个词拼法、发音相近，本标题暗含"勇于自作主张"之意。——译者注

蜂窝的对流元胞。瑞利（Lord Rayleigh）①导出了对流发生的基本理论。但总有更多的东西要学。1962 年，萨尔茨曼（B. Saltzman）就一种简单类型的对流列出方程。想象一片纵向大气，空气底部加热，顶部冷却，观察它对流。你期望看到的，是以周期的形式一圈一圈旋转着的间隔规则的漩涡，即对流元胞。用经典应用数学的典型方式，萨尔茨曼猜测了一个近似形式的解，把它代入他的方程，略去某些难处理的小项，瞧一瞧结果。甚至他那经过截头去尾的方程，仍旧太难，无法用公式来解，所以他求助于计算机。

他注意到，解看上去经历不规则的涨落：不平稳对流。可它一点也不像周期性的。

洛伦兹很感兴趣，决定进一步研究。他注意到萨尔茨曼变量中只有三个在这一效应中起作用，于是剔除了其余变量。这是一个非常自由而完全有意识的动作。他得到了如今已成为经典的方程组：

$$dx/dt = -10x + 10y,$$
$$dy/dt = 28x - y - xz,$$
$$dz/dt = (8/3) z + xy。$$

这里 x，y，z 是他的三个主要变量，t 是时间，d/dt 是变化率。常数 10 和 8/3 对应于萨尔茨曼选定的值；常数 28 代表不平稳对流刚开始后系统的状态，正如我们一会儿将看到的。这些数都可以根据物理变量的值而加以改变。

如果你勾销右边的 xz 和 xy 项，你便得到一个方程组，那是

① 瑞利（1842~1919），英国物理学家。——译者注

任何称职的数学家在早餐前闭上眼睛都能解出来的。不过令人厌烦。

但你可以沿着这些思路做一些更有意义的事。你可以找出系统的定态，在定态处右边三式都是零，x，y，z 保持不变。存在 3 个定态：一个表示没有对流，另两个是对称相关的，表示平稳对流。你还可以用一种称为线性稳定性分析的方法，去分析系统在这些定态附近的稳定性。你将发现，如果 28 减小到小于 24.74，则平稳对流状态是稳定的。在临界值 24.74 处，对流开始。洛伦兹的选择 28，恰好发生在不平稳对流开始之后。

此时此刻，线性理论抛弃了你。它在定态附近很管用；但定态失稳时，必定意味着你不得不考虑什么事情随着系统离开定态而发生。所以线性理论会告诉你不稳定性出现的地方，但不会告诉你结果发生了什么。一副双筒望远镜会显示给你下一座山的山顶在何处，但不会告诉你更远处存在什么。

它是一个开端。现在你知道有趣的性态出现在哪里了。但它是什么呢？

拥有计算机的好处

别无他途：你必须解方程。不择手段，狡诈欺骗，或者用蛮力。最为可靠的方法就是一味蛮干：用数值方法计算解。

洛伦兹有一台计算机。在 20 世纪 60 年代初，这是不寻常的。当时多数科学家不相信计算机，几乎没有人自己拥有一台。我现在打印本节文字所用的机器，是一台比洛伦兹的强得多的计算机，我用它进行文字处理。就像用劳斯莱斯[①]送牛奶一

---

① 一种高级轿车。——译者注

样。时代不同了。无论如何，洛伦兹有一台皇家马可比 LGP -300 型计算机，一个由真空管和电线组成的不很可靠的迷宫。所以他把他的方程送进他的皇家马可比，让它以大约每秒 1 次迭代的速度恭顺地嗡嗡运行①。（我的文字处理机要快 50 到 100 倍左右。）

"第二十二条军规"：要想摆脱束缚，地点、人物、文化和时间都必须恰到好处。人物是庞加莱，地点是法国——但时间和文化不好。人物是洛伦兹，地点是麻省理工学院；就混沌而言，文化就是计算机文化，并且仍在飞速发展中。当每一个人都拥有计算机时，混沌的事实是不可能失之交臂的。可是，认清它的重要性则是另一回事。为此，时间也必须恰当——别人必须意识到某种确实有趣的事正在发生。可在当时，时间是不利的。正确地说，洛伦兹超前了他的时代。

他的论文显示了变量 y 值的前 3 000 次迭代结果（图 54）。在前 1 500 次左右，它周期性地摇摆不定，但你可以看到摇摆的幅度平稳地增长。洛伦兹从他的线性稳定性分析知道这会发生：但下一步出现什么情况呢？

发疯。

激烈的振荡，先摆上去，后摆下来；几乎没有任何模式。

他描绘出改变 x，y，z 各种不同组合的图。在 (x,y) 平面上，他看到形如肾脏的二叶图（图 55）。点时而转到左叶，时而转到右叶。

他认识到，他的方程的轨线位于颇似压扁的椒盐卷饼那样的

---

① 作者在此玩弄文字游戏："恭顺地"（royally）与"皇家"（royal）谐音，"嗡嗡"（McBuzz）与"马可比"（McBee）谐音。——译者注

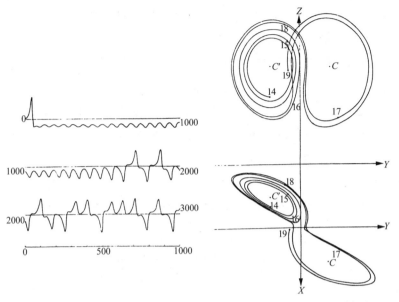

图 54 对洛伦兹的对流方程进行 **3 000** 次数值计算后得到的洛伦兹图:
(上)振荡渐大,变为混沌,(下)相空间中运动的两种视图[美国气
象学会《大气科学杂志》,第 **20** 卷(洛伦兹)]

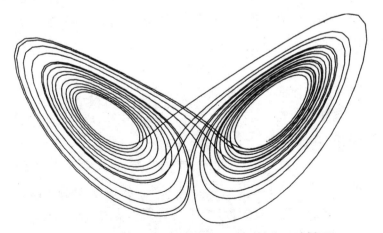

图 55 洛伦兹吸引子:轨线貌似无规则地绕两叶循环

层。东西上面。这东西是一个曲面，在后面有两层，在前面则合成单代表系统状态的点，经过接合部在这些曲面上来回摆动。

洛伦兹知道微分方程的轨线不会合并。因而在前面看到的像单页的东西实际上必然是彼此极靠近的两页。

这样一来，便意味着后面的每 1 页也是 2 页；所以后面有 4 页……。所以前面有 4 页，所以后面有 8 页，所以……。"我们认为，"洛伦兹说，"存在无限的曲面复形，每一个曲面都相当接近于两个合并曲面中的一个。"

气象学家们感到困惑并不奇怪。但洛伦兹意识到了某种重大的东西。

区区 xz 和 xy 所能为你做的事情，是惊人的。

蝴蝶效应

说洛伦兹没找到任何模式，说一切都不可预言，那不尽然。相反，他发现了一个很确定的模式。他取变量 z 的峰值，作出当前峰与先前峰的关系图。结果是一条极其精确的、中央有一尖峰的曲线（图 56）。

洛伦兹的曲线是一种穷人的庞加莱截面。他把 z 在每次到达峰时标绘出来，而不是以规则的时间间隔标绘变量。这样一来，时间间隔便不规则，但不致太恶劣，因为对洛伦兹吸引子来说，存在确定的内在节律。

利用这条曲线，只要你知道当前的峰值，你就能预言 z 中的下一个峰值。在这个意义上，至少某些动力学特性是可预言的。

不过这仅仅是短期预言。如果你试图把诸短期预言串在一起以得到长期预言，小误差就开始集结，膨大得愈来愈快，直至预

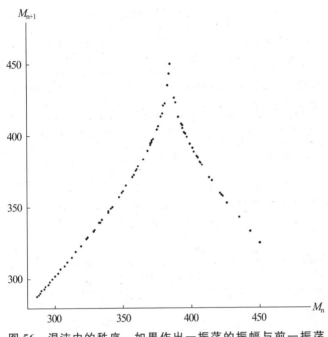

图 56　混沌中的秩序。如果作出一振荡的振幅与前一振荡的振幅之间的关系图, 则产生一条精确的曲线[美国气象学会《大气科学杂志》,第 20 卷(洛伦兹)]

言变成一派胡言。洛伦兹曲线确有我们曾学过的与混沌相联系的同样的拉伸—折叠特性,拉伸使误差猛增。

　　洛伦兹也注意到了这一点。他给它取名为"蝴蝶效应"。他是偶然发现它的。

　　大约 1960 年以来,他拥有马可比好些年了。他常常建立天气系统模型,让它们运行,有时要好几天才算完。计算机会把解轨线打印成长长的一列数——那时还没有别致的计算机图形显示。同事们会拿洛伦兹的小气候下一步将会怎样来打赌逗趣。1961 年冬,他正在运行他那如今名闻天下的系统的一个前身。他算出了一个解，他还想研究较长的时间间隔内它的性态如何。他记下运行一半时到达的数，把它作为新的初始点送进计算机，让计算机继续运行，而不是坐等几个小时。

应当发生的情况是这样的。起初，计算机将重复原运行的后一半，然后从那开始继续进行。重复用作有益的核对；略去前一半则省了时间。

这位气象学家出去喝了一杯咖啡。他一回来就发现，新一轮运行未重复旧运行的后一半！它照那样子出发，但两轮运行逐渐分道扬镳，直到最后它们彼此毫无相像之处。

格莱克（一位采访过洛伦兹的科学记者）在他的《混沌》一书中，记述了下一步发生的事情：

> 突然，他悟出了真相。机器没出故障。问题就在他敲入的数字之中。在计算机的存储器里存有 6 位小数：0.506 127。为了省地方，打印输出的却仅有 3 位：0.506。洛伦兹输入的是较短的、舍入后的数，他认为千分之一的差别无关紧要。

在传统思维方式看来，它应当如此。洛伦兹认识到，他的方程的表现方式不是头脑守旧的数学家所期望的。洛伦兹创造了他那著名的短语："蝴蝶效应"（图 57）。单个蝴蝶今天的振翅，导致大气状态的微小变化。经过一段时间，大气的实际状态偏离了它应该达到的状态。因此一个月后，一场可能席卷印度尼西亚海岸的龙卷风没有发生。或者，本不会发生的龙卷风却发生了。

蝴蝶到处都是。但谁要说它们的振翅互相抵消？

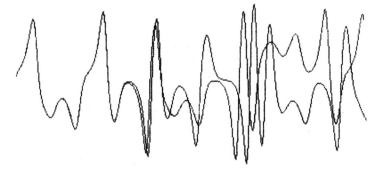

图 57　蝴蝶效应：洛伦兹系统中一个变量的数值仿真。两条曲线表示的初始条件仅相差 0.000 1。起初它们看来要重合，但不久混沌动力学特性导致独立的、十分歧异的轨线

又是洛伦兹：

> 普通人看到我们可以在几个月前很好地预言潮汐，会问：为什么我们对大气就做不到呢？大气虽然是一个不同于潮汐的系统，规律的复杂程度是差不多的。但我认为，任何表现出非周期性态的物理系统都是不可预言的。

用这种语调，洛伦兹以关于天气预报的可能性的一些推测结束了他 1963 年的论文。它的论据简单而新颖。想象记录一系列很精确的可与你想用于预报的那些数据相比较的测量大气状态的数据。长期采集这类数据。

> 于是，关键点在于自从首次观测大气状态后，究竟类似态是否应该出现。所谓类似态，指的是两种以上大气状态，它们彼此相像到可把差异归于观测中的误差。

如果两个类似态已经出现，则你从其中任一个出发，对未来的天气都将作出相同的预报。即你的天气预报方案必须预言天气的周期性变化。但这是废话；天气预报难就难在天气不是周期性的。

如果没有出现过类似态，倒还有希望：整个天气系统可能是拟周期的，几乎再三重复同样的状态，但带有缓慢增长的、微小的变化。在这种情况下，长期天气预报或有可能。事实上，你必须做的一切就是从过去的记录中找寻今天天气的逼真类似态，看看上次发生了什么。

洛伦兹提到，如果"各种不同的可能大气状态如此众多，以致类似态绝无出现的必要"，这条论证思路便走不通。他留下一个悬而未决的关键问题："'甚长期'到底多长？"他说他不知道答案，但"想象中它可以是几天或几个世纪"。25 年后，"几个世纪"被排除，"几天"看来是完全正确的。

拍打那只蝴蝶

"蝴蝶效应"这一短语所联想起的形象是生动的，它抓住了公众的想象力。或许有点过头了，因为它更多地强调混沌变化无常、不可预测的本性，那只是混沌的一个方面。貌似矛盾的是，混沌的另一个方面是稳定性。那正是"吸引子"的含义：假如系统某种程度上偏离其吸引子，那么它很快会回到其吸引子上。于是，混沌是稳定性和不可预测性的奇妙组合体。

稳定性这个强烈的元素意味着，把混沌设想为彻头彻尾不可预测是错误的。它取决于你想预测什么。如果你想预测一个混沌系统在其吸引子上在遥远的将来是否撒谎，你知道的一切就是它现在的位置，那么，你会遇到难题的。另一方面，你可以安全地预测甚至在随机扰动之后，该系统将会很快回到其吸引子——或者，要是它有好几个吸引子，它将会回到其中的一个。（预测回到哪一个吸引子，可不像你想象得那么容易：见第 16 章。）

这都很好，但是"位于吸引子上"是一个相当抽象的陈述。我们实际上看到什么？我们通常无法直接观测到吸引子：我们观测到的，是可观测量——对系统做出测量，取决于其状态而不直接表达其状态的量。随着我们做出重复测量，我们得到的是一系列数，而不是吸引子。此种一系列数，行话叫"时间序列"。"位于吸引子上"告诉我们关于时间序列的什么？乍一看，没有告诉我们什么，但是稍加训练，你可以教会自己探测潜在的吸引子，并且注意该系统是否向一个不同的吸引子运动。聚焦的关键，不是时间序列的定量方面，而是它的"脉络"。

正如庞加莱认识到的，吸引子上的动力学特性是回复的。也就是说，系统的状态反复接近吸引子的每一个点，特别是回到接近任一先前状态。就像在田野里吃草的牛，它的详细运动是不可预测的，但是长期来看，草地里的每一片草都将会被牛一次次光顾。（当然，放牧的机制是不同的：假如一片草一段时间未被吃到，那片草就会生长，变成饥肠辘辘的牛的明显目标。）尽管混沌吸引子上的动力学是回复的，但它不是周期的。也就是说，重复光顾一给定小区域的时间间隔可能是非常可变的。所以，有时候那只混沌牛几小时后回到同一片草地，有时候几个星期以后。你可以肯定的唯一一件事是，你要是等待足够长时间，混沌牛会再次出现。

设想一个点 A，沿其相空间中的吸引子运动，非常接近经过它以前光顾的点 B。蝴蝶效应告诉我们，A 和 B 的轨线将指数式地发散。然而，指数花一点点时间就会起步。例如，如果你从 0.001 出发，保持加倍，它花 10 步大于 1。相反，仅仅再花 7 步，就大于 100。

在指数曲线上，昨天是不明朗的，明天是爆炸性的。

那个早期缓慢（尽管仍然是指数式的）增长意味着，在我们的观测尺度上，A 和 B（一度）貌似遵循相同的轨道。A 和 B 越接近，这种近似的一致就继续得越长。所以，B 的时间序列将会包含 10 步左右的一段，看上去令人怀疑地与 A 的时间序列的对应那一段相似。这表明，混沌时间序列由回复"基序"的呈现所刻画。更为强烈的是，时间序列的每一个短的子序列将会不明确地回复。所以，例如，你要是具有一个呈现某个特定波浪模式——诸如 ⩗⩗⩕ ——的时间序列一次，但再未出现，它就不会位于吸引子上。

基序的这种回复，是利用以前的"类比"预报天气的洛伦兹建议的基础，它告诉我们，对应于吸引子的时间序列具有特征脉络。通过适应这一脉络，你不仅可以讲出对应于混沌吸引子的时间序列与不对应于混沌吸引子的时间序列的差别：你通常可以靠肉眼辨别出两个时间序列是来自同一个混沌吸引子还是来自不同的混沌吸引子。

我们那个格言蝴蝶究竟是什么意思？它确实可以导致飓风吗？

蝴蝶所干的事情，就是扰动（表示地球天气的）相空间里的点的运动。假定这个点位于吸引子上，虽然是一个非常复杂的多维吸引子，那么，蝴蝶翅膀的微小扇动，可以使得该点仅仅非常短暂地偏离吸引子，此后它又快速回到同一个吸引子。然而，假如未受扰动，它会回到点 A，由于受扰，它回到临近的点 B。A 和 B

的轨线，于是指数发散，可是由于它们位于同一个吸引子上，它们产生具有相同脉络的时间序列。特别是，一场飓风——它是一个特征天气脉络——不会出现在受扰时间序列，除非它（最终）出现在原时间序列。所以，蝴蝶所干的事情，就是——在一定意义上——改变飓风将要发生的时间。别太拘泥于字面意思：蝴蝶会触发或者阻止形成飓风所需的条件。但是，大多数时候，它对已经就全球原因建立的飓风何时何地将会发生具有次要影响。

飓风是我们称为"通常全球天气模式"的时间序列的一种回复的、特征性的特征，如此一来，它们就是这种时间序列居于单个吸引子上的证据。蝴蝶不会把天气扇到一个新的吸引子：它只不过使之在同一个吸引子上偏离一点点。事实是，或者至少所有可得的证据都强烈表明，假如你运行天气两次，差别只是在于扇动或不扇动翅膀，那么，第二次中的飓风将会在与第一次不同的时间发生，或多或少不同的时间。但是这两次都具有相同的脉络——它们视觉上表示同一种天气系统。

同理，在我们的田园类比里，假设牛的注意力被远离一团灌木丛振翅的一只蝴蝶（抱歉，但显然它就是蝴蝶）所短暂吸引。那么，假如蝴蝶仍然保持不变，牛将可能以不同于它以前所采取的路径漫步田园。然而，你将仍然看到同样的牛，围绕同样的田园以同样的方式漫步，草将被吃掉。你可能不会注意到任何差别。但是个体草块的命运会改变许多，有的存活好几个星期而不是几秒，有的相反。正是事件的时间而不是可能事件的范围，改变了。

已知这一切，声称蝴蝶的翅膀扇动是巨大变化的原因，是一种夸大其词。真正的原因是，蝴蝶与其他一切联合行动。世界上有几十亿只蝴蝶，它们翅膀的懒懒扇动只是我们大气中的微小涡旋的一个来源。天气由所有这些影响的组合效应所决定。格言般的蝴蝶，很可能如同造成一场飓风那样消除一场飓风，它可能提高印度的平均温度百分之一度，也可能在贝辛斯托克上空产生一小片乌云。

哲学家很久以前就学会区分直接原因与终极原因。你烧到你的手指的直接原因，是你捡起了炖锅；其终极原因在于，形成宇宙的大爆炸，宇宙浓缩成恒星，恒星的核反应共振产生碳，你的柔软的有机物外皮就是由碳组成的。"原因"的这两种含义表达了两个独特的议题，回答了两个独特的问题。同理，飓风的直接原因，是大量的循环暖湿空气——在特定时间、特定地点——出现。终极原因，通过历史之风回到大爆炸。在某个地方是蝴蝶，但它只是起作用的（我低估的）亿万因子中的一个，由于天时地利，那团此刻此地的暖湿气流利用这些水和气体而出现。归咎于蝴蝶翅膀的扇动，跟归咎于一夸克量子态的蹦跳一样不明智。

无论这些蝴蝶的影响可能是什么，它使得我们的天气保持在一个吸引子上，即我们将其脉络认为是"通常天气模式"的那种。不过，动力学系统可以拥有不止一个吸引子。像蝴蝶那样的微小扰动不能把天气从一个吸引子转换到另一个吸引子，但可能带来较大的改变。反映"通常天气模式的脉络"这一短语的词，是气候。区分"气候"与"吸引子"有一个好的案例，假如我们做到了，我们现在讨论的就是气候变化。于是，我们在乎的，就不是蝴蝶翅膀的扇动，而是人造温室气体的大量形成。

1993 年，欧洲中期天气预报中心的帕尔默（Tim Palmer）区分了两类预报。第一类是"初始值问题"——已知今天的天气，告诉我下一个 12 月会是什么天气。蝴蝶效应表明，这种预报只有在短的时间尺度上是可能的。第二类是，天气的特定总体特征如何随着某些外部参量改变。例如，特定水平的二氧化碳（主要的温室气体）如何影响平均的夏天温度或者冬天雪暴的次数？蝴蝶效应与此种问题无关，因为它们是关于气候的，气候生活在整个吸引子上，不是生活在经过吸引子的特定路径上。一个小小的蝴蝶，不能扇动像天气那么大的东西偏离其漂亮的稳定吸引子。帕尔默引用了气候的稳定行星尺度模式的证据，例如北半球的风模式，来支持这一断言。这一切都表明，要是我们不再受预报天气将如何随时间改变所困，而是聚焦气候将如何随特定的全球参量——诸如温室气体的水平——改变而改变，那么，我们可以拍打那只蝴蝶，预见未来。

拉伸和折叠

理解了有比用蝴蝶来搞定它更多的办法预见未来，我们可以安全地仔细考察蝴蝶效应的数学。后面我们将看到蝴蝶效应有点像诅咒祷告，但是我们将看到只有通过某种深度考察其特征，所以具有一个简单的模型是有用的。实际上，我们在第 6 章，已经见过蝴蝶效应的一个例子：斯梅尔的螺线管，也就是它的一个较为简单的模型，在圆上的映射 $x \rightarrow 10x$。那里出现对初始条件的同样的敏感性。小数点后十亿位都相同的两点 π 和 π'，在十亿次迭代之后互不相关地漫游。

这可能听起来不那么糟。但小数点后 6 位相同的两点，在仅仅 6 次迭代后便独立地演化。

这种敏感性是从哪儿来的？

它是动力学中两种矛盾趋势的混合体。

第一是拉伸。映射 $x \rightarrow 10x$ 把距离局部扩张到 10 倍。邻近的点被扯开。

第二是折叠。圆是有界的空间，没有拉伸任何东西的余地。把它绕自身折叠多次，这是在你扩张距离到 10 倍后容纳它的唯一办法。因此，尽管相互靠近的点分开了，有些离得很远的点却移近了。

扩张使得出发时靠近的点发生不同的演化。起先，差别有规则地增长。但这两点一旦分得足够开，它们就"互相看不见"了。一个点的性态不再必然模仿另一个了。

拉伸和折叠的混合体还造成不规则运动。不错，有些点必然再次靠拢。是哪些点？你怎么能说得上来？现在的大差别起因于多次迭代以前的小差别。你不能预先看出什么东西要来了。

那便是不可预言性。

你会看到在洛伦兹系统中发生的拉伸—折叠过程。曲面前部的两半都向后绕，并且在又被"重新注入"前部之前，被拉伸到 2 倍宽度。

显而易见，洛伦兹那奇怪的、无穷多页的双叶曲面必为奇怪吸引子——洛伦兹吸引子。他的微分方程既是物理学的多少有点砍削过的形式，又是带有某种物理学血统的切实的三变量方程，尽管有混血种充塞其间。它们不是在写着"拓扑学家精心制造"字样的标签上冠以绿色炸面圈标识的人为设计者微分方程。

事实上，你能够找到很好地以洛伦兹方程组为模型的真实物理系统，至少当你改变数 10、28 和 8/3 时是如此。一个这样的系统是水轮。另一个是发电机。第三个是处于物理学研究前沿的激光器。

然而，当洛伦兹写下他的方程之际，没有人知道这点。所有他们能看到的都是明显的东西：他把对流方程砍削掉一些后才得到他的方程。多数科学家对那些削去部分的作用忧心忡忡。他们未理解，洛伦兹根本不在意他的方程是否有物理意义。

洛伦兹打开了通往一个新世界的大门。

没有人进去过。

大门？什么大门？

第 8 章

混沌的制作法

当你可以把它捏拢时，开始用指头拉伸它，在两手间展开约 18 英寸。然后将它在背面折叠起来。有节奏地重复操作。当这团面从黏糊糊的、络腮胡须似的样子，变成闪光的、晶莹的条带时，开始搓捻，同时折叠和拉伸。

——罗姆鲍尔（Irma S. Rombauer）和

贝克尔（Marion Rombauer Becker），

《烹调的乐趣》（*Joy of Cooking*）①

小时候，我住在英格兰南部的一个滨海城市。我的父母经常按时带我出去散步——那时战争刚结束，他们没有小汽车，所以我们都得到了充分的体育锻炼。有时我们会沿着大街走到港口。那是一条陡峭、狭窄的街道，路上铺有卵石，两旁排列着小店铺，在

---

① 这部母女俩合著的书于 1931 年出版。——译者注

大街头上附近是一家卖自制糖果的店铺。这很自然地吸引了我的注意力。有海滨硬棒糖，上面用小小的红色字母拼成小城的名字，你可以看到他们用红条和白楔装配成像短木一样的硬棒糖，然后把它碾薄，切成一根一根。有一台机器，它拉伸并揉捏黏稠的糖泥，硬棒糖就用这糖泥制成。两支磨光的钢臂在缓缓旋转的同时作往复运动。一大股黏性物质纠缠在其间（好似两手抓握的一团密密麻麻的针织羊毛），被反反复复地拉伸、折叠，拉伸、折叠。我为之着迷，不仅仅是因为它的最终产品。那时我百思不解，但它是我与混沌动力学的初次遭遇。

制糖人尽管也不理解，但他却在运用混沌的两大特征。混合——确保配料分布均匀；扩张——把长长的结晶串引入糖，使得真正的海滨硬棒糖松脆可口。

真正奇怪的事——我们熟悉得不把它当一回事，更不用说对它产生疑问了——是机器的运转完全有规则。拉糖机一圈一圈、来而往复地作周期运动。但乳脂糖却是混沌的。规则的原因产生不规则的结果。

每个使用制饼机、打蛋器或食物处理机的人，都在作应用混沌动力学的练习。以规则的预定方式运转的机器，使配料无规则化。这怎么可能呢？

拉伸和折叠

斯梅尔推测，典型的动力学是定态的或周期的。当他认识到这不对时，他把猜想换成一个问题：典型的动力学是什么？

要在数学上取得进展，有两条主要道路。

一条是"纯思维"。用相当一般的方式，花许多时间去想使问题绞着的原因是什么。紧紧围绕普遍特征。力求发掘出基本思想。

另一条道路是考察一些最好尽可能简单的实例，彻底弄清楚它们是怎样起作用的。

实际上两者都需要，才能无往而不利。研究一个问题的数学家会把时间花在简单实例上，直至他断定自己落入窠臼，于是他转向更一般的观点，苦思冥想一段时间之后，再回到略有不同的一些实例上来，并提出略有不同的问题。然后他会打扰听力所及的别的数学家。他会从诺克斯维尔①打电话给鄂木斯克②的同事们。如果他真的被难住，他会走开去做别的事：处理另一个问题，给汽车加油，修筑养鱼塘，登山。于是，往往在最不合适的时候，灵感来了。它难得解决什么事，但它使过程继续进行。法国物理学家珀蒂（Jean-Pierre Petit）创造的一个卡通角色朗丢路（Anselm Lanturlu）在《欧几里得法则 OK》（*Euclid Rules OK*）里准确地捕捉了这种感觉：

> 我明白了！喔，那是……。我不能十分肯定我所理解的东西，可我感觉到我悟出了什么。

很一般地思考动力学，没有细节，只有尽可能最宽阔的图景，产生与此相类似的东西。

传统动力学：

- 坐着不动。
- 兜圈子。

从 500 年的科学中提炼出它的几何学实质。混沌的几何学实质是什么?

- 拉伸和折叠。

遗漏的配料。

可是，并非唯一的遗漏的配料。混沌是一个丰富的混合物，充满了奇异的芳香和奇形怪状的果实;它还有一定量的坚果。但它的基本配料，混沌的"面粉加水"，就是拉伸和折叠。

让我们来翻查食谱吧。

从雷达到马蹄

1945 年，适值第二次世界大战结束之际，两位剑桥数学家卡特赖特(Mary Lucy Cartwright)[①]和利特尔伍德(John Edensor Littlewood)[②]正从事受迫振荡器的研究。振荡器是一种像摆那样反复摆振的器件;当某种时变推动从外部加于系统的动态时，这系统就是受迫的。例如，你可以想象用来悬挂摆的支点与发动机相连，像活塞那样上下滑动。这个受迫振荡器的例子把两个不同的周期运动合在一起:摆的"固有"振荡和驱动力的"人为"振荡。在一般情况下，它们具有不同的周期，即固有运动与受迫运动不合拍。这便导致复杂的相互作用。

受迫振荡俯拾皆是。睡醒循环就是一个不太明显的受迫振荡，其中的固有生物化学节律就是地球旋转所造成的规则的昼夜循环促迫的结果。心搏是另一种受迫振荡，见第 13 章。

任何受过经典线性理论教育的人，都会期望两个振荡运动的

---

① 卡特赖特(1900~1998)，英国数学家。——译者注
② 利特尔伍德(1885~1977)，英国数学家。——译者注

合成产生具有两个叠加频率的拟周期运动。然而，受迫振荡器并不总是照经典数学教我们期望的那样做。非线性效应产生了，结果往往是混沌。

前面讲述无线电真空管时提到的范德玻尔方程，就是非线性振荡器。卡特赖特和利特尔伍德证明，受迫范德玻尔振荡器在适当条件下呈现复杂的非周期运动。事后看来，必须把它算作混沌的最早发现之一。他们的工作是战争努力的一部分。电子学意味着雷达，范德玻尔方程出自电子学不是偶然的。

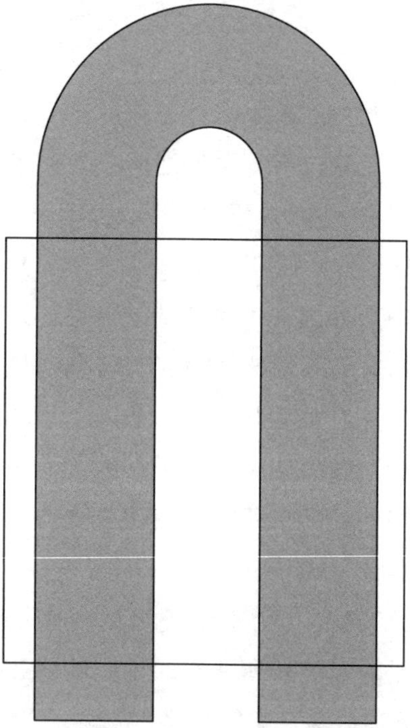

20世纪60年代，斯梅尔研究的是受迫范德玻尔振荡器，而不是战争。他用对应于较简单而物理意义较小的方程的类似的几何学发明了一个模型系统。取一正方形，把它拉伸为瘦长的矩形，折叠成马蹄形，大致放回它原来的轮廓之内（图58）。

拉伸和折叠。

如果你思考这一过程的迭代，你将看到下一阶段产生一种具有3条U形带的马蹄，再下一阶段有7条U形带，再下一阶段有15条，以此类推。每一次迭代使现有的带数加倍，再加上额外的一条。因此在极

图58 斯梅尔的马蹄映射模拟混沌折叠。正方形被拉伸、折叠，并置于它自身之上。被迭代时，这映射产生错综复杂的多层结构

限情况下，你得到一种无限扭动的曲线。现在重新开始，但只考虑正方形里某一初始点，而不是整个正方形。它被迭代时，必在无限扭动的曲线上"安家落户"——因为整个正方形都这样！所以我们也可以假定它实际上就在这曲线上，每迭代一次，它就从曲线上一点跳到另一点。由于曲线扭动得如此厉害，结果曲线上的运动实质上是无规则的。这就是作为卡特赖特和利特尔伍德发现的混沌性态的基础的几何学。

马蹄还有其他一些重要特征。它具有与洛伦兹推断出在他的吸引子中必然存在的同样的无穷层结构，这种结构在螺线管及其密切相关的康托尔集里面也显露出来。

不止这些。在马蹄的内部有一个鞍点，这个鞍的一条分界线绕开去与另一条相交。结果是一个与使庞加莱如此震惊的东西酷似的同宿栅栏——动力学意大利式细面条。主要区别在于，庞加莱的例子来自哈密顿动力学——无摩擦。斯梅尔系统还可出自耗散系统——有摩擦。

所以这个例子与其他多种混沌系统具有亲属相似性。但在许多方面，它更简单些。特别是你可以用几何学和拓扑学来研究它，而不是用计算机。

通过研究马蹄，斯梅尔得以在庞加莱却步的地方取得进展，这使动力学系统理论中的新概念激增。

动力学波伦亚酱

埃农（Michel Hénon）是一位法国天文学家。1962 年，他在思索恒星如何在星系内运行。他因此建立了一个数学模型，一个由能级决定性态的动力学系统。在天体力学里，微分方程通常是哈密顿的：在空间里没有多少摩擦。

那时的传统观念认为轨道应是周期性的，或者更一般的是拟周期的，可分成若干不同的周期分量。经典方法，例如摄动理论，倾向于从这一假定出发。毫不奇怪，所有用这方式得到的解与传统观念相吻合。总的说来，几乎没有人为这一循环论证操心，如果他们注意它的话。

埃农同所有其他人一样，接受的是经典训练，因此他一开始就期望拟周期性态。他带着一个研究生海尔斯（Carl Heiles），并配备着计算机这一新式而被低估的工具，着手研究当系统中的能量增大时规则的轨道发生什么情况。

在低能量下，轨道是规则的、周期性的：传统观念得到证实。但能量较高时，轨道解体。动力学图景中的曲线本应首尾相连，却碎裂成一大片无规则的斑斑点点。在混沌海洋中存在着以复杂方式分布的有规之岛（图 59）。随机细面条中的有规牛肉末。动力学波伦亚酱（Bolognaise）①。埃农和海尔斯并没有严格地证明什么，而是把他们在计算机上看到的图景画出来，对正在进行的事情作出一些受激而发的猜测。然后，他们作为天文学家而不是数学家，转到别的问题上去了。

磁阱

莫泽（Jürgen Moser）②借助他命名的搓捻映象，对埃农和海尔斯的发现作出了数学解释。其他科学家则在各种应用里发现了相同的现象。 1960 年，俄国物理学家奇里科夫（B. V. Chirikov）

---

① 波伦亚酱是一种调料，用来配制意大利古城波伦亚（Bologna）式细面条。它的主要成分是牛肉末和西红柿。——译者注

② 莫泽（1928～1999），德国-美国数学家。——译者注

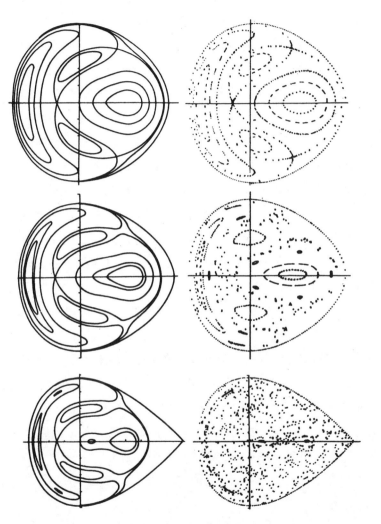

图 59　在埃农和海尔斯所做的近似下的限制三体问题:（左）用经典
级数近似算出的轨线总取规则的形式,（右）算出的轨线展现
出在混沌海洋中的有规岛屿;从上到下能量渐增

正从事等离子体——热得使有些电子被剥去的气体——的研究。等离子体研究的最终目标，乃是建造能供给既廉价又安全的电力的工作聚变反应堆。要制成这种反应堆，等离子体必须在高温、高压下禁闭足够长的时间。平常的材料都承受不了这样的高热，所以采用磁阱。但是等离子体和磁场以非常复杂的方式相互作用。

奇里科夫试图搞清这一点。为了研究磁阱中等离子体的动力学，他以庞加莱映射的形式提出了一个模型，这种映射如今通称标准映射，因为它频繁出现。经过分析标准映射，奇里科夫发现混沌可出现于等离子体之中，产生使它逃离磁阱的不稳定性。

标准映射有一个特殊的秉性：它是保面积的。也就是说，如果用映射来变换相空间的任何区域，则变换之后面积保持不变。这说明整个系统是哈密顿系统：整个系统中的能量守恒变成庞加莱截面中的面积保持。

标准映射含有控制动力学特性的数值参量。奇里科夫发现这参量有一个临界值，运动在这值处变为混沌运动。在标准映射中产生混沌所用的机制是一个特别重要的机制，称作"KAM 环面解体"。那就是：它具有与埃农和海尔斯所发现的相同的稳定岛屿和无规则性态共存的模式；但这时岛屿开始解体。这就是混沌边界，它拥有复杂而重要的结构。与保面积映射有关的问题还有许多，数学家和物理学家们会热切希望解决它们。

千层饼

埃农于 1976 年接触到了动力学系统理论，并听说了奇怪吸引子。他听了一次关于洛伦兹吸引子的演讲，演讲者提出了——但基本上未回答——与吸引子的几何精细结构有关的问题。他开始怀疑，这是否就是会阐释他的早期结果的新数学概念，并断定良好的开端应该是更深入地认识洛伦兹吸引子。

埃农是这样一种科学家，他虽然不直接从事数学工作，却具有数学家的直觉，怀着获取数学而不是物理学洞见的希望，心甘情愿同简单的、非物理的、赤裸裸的模型周旋。在混沌的编年史中有不少这类人物。他创造了比洛伦兹的简单得多的方程组，把它们的主要特征拉伸和折叠结合在一起。

埃农得到一幅很像斯梅尔马蹄的图景。同样复杂的之字形，同样复杂的 U 形带。他的计算机实验揭示出与理论预言相符的无穷层结构（图 60）。埃农吸引子是 U 形的，但它不是一条曲线：它像千层饼那样层层叠叠。它是一个非常雅致和精巧的结构。它也相当复杂：看来不可能充分细致地描述它的几何特性。但这整个结构在定义它的很简单的方程中是包含了的。

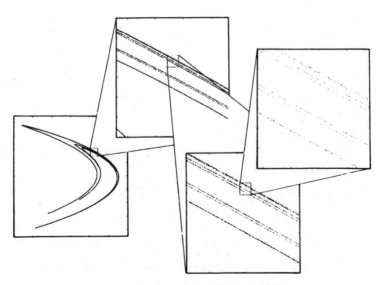

图 60　埃农吸引子的精细尺度结构

如果你在计算机上运行这些方程，不管你从什么值开始，相继的点很快在这一精致结构上安家，从不打破多层模式。但另一方面，你永远猜不出下一点将落在层内什么地方。那个简单的方程知道一些你不知道的东西。有规性和无规则性之间的相互影响是令人困惑的。

20世纪70年代的动力学系统理论有截然不同的两支。其一，拓扑学家利用几何特性确立关于混合系统的严格结果，他们希望这些系统与自然界有某种联系。另一，物理学家则从他们知道与自然界有联系的方程出发，在计算机上求近似解，看出与拓扑学家所看到的相似的结构。但两者真的相同吗？抑或人们看到的东西其实根本不存在，仅仅因为那是他们现在期望看到的而已？

问题在于，你不能完全信赖计算机图景。不错，它是计算机计算结果的忠实表现。可计算机不能进行精确的计算——至少在缺乏解决整个问题的全然不同的方法时不能，所以它的计算是对实际情况的一种复杂近似。近似问题的精确解答与精确问题的近似解答相同吗？

有时候是相同的。但决不总是这样。例如，如果你求解飞机在略有黏性的流体中运动的方程，它的解并不接近于无黏性流体中的情形。

埃农的方程如此简单，以致或可指望它们提供动力学系统理论中的"缺环"：把拓扑学成果应用于特定的方程，严格地证实数值分析。但动力学系统理论如此艰深，直到最近，没有人能设法做到这点——甚至对于这么简单的系统也是如此。甚至存在一个值得尊敬的思想学派，认为埃农成果不过是某种周期很长的东西——根本不是真正的混沌。但1987年取得了上好的突破。卡尔森（Lennard Carleson）设法证明了埃农吸引子确是混沌吸引子——

至少对方程中出现的数值参量的"多数"值是如此。还有更棒的，1995 年，两位数学家十分严格地解决了那个历史悠久的证明问题：洛伦兹方程里存在着混沌。在计算机上（正确地）求解过洛伦兹方程的人，获得了图 55 的著名的"奇怪吸引子"图像。然而，计算机不能储存至无限多小数位的数；计算机使用（引入溢出误差的）"有限精度"算术，所以洛伦兹吸引子的精致细节在不同类型的计算机上看上去不一样。于是，洛伦兹吸引子不过是有限精度近似的伪迹，还是原方程的精确解中出现的？回答不是都明显的，一小撮顽固分子甚至声称洛伦兹所发现的不规则行为完全是由计算机误差造成的。

多亏佐治亚理工学院的米斯恰科夫（Konstantin Mischaikow）和姆罗泽克（Marian Mrozek），我们现在知道，它不是计算机误差。布法罗大学的哈萨德（Brian Hassard）及其同事也给出了不同的证明。米斯恰科夫和姆罗泽克尚未确证洛伦兹方程中的混沌在类似计算机图像中的吸引子上出现，但是他们确立了混沌确实发生，这本身就是一个重大突破。他们的证明是"计算机辅助的"，但这并不会使之不严格，因为计算机的作用是完成某种长度的常规计算，此种计算原则上可以手工完成。它们建立了对应于计算机的有限精度计算的一个数学框架，它们的主要努力在于提出一个（"有限可表达多值映射"的）理论，此种理论可以把有限精度计算与传统数学的无限精度相连接。于是，此种计算被填入一个拓扑学装置"康利指标"（Conley index），确立了混沌出现。

总之，数学家发现了一个角度，允许他们把计算机的近似投入一个精确结果的问题。此种方法有其先例，但它是一个艺术鉴赏的表演。在数学里，一个例子足以确立存在性，可是现在我们得到了好几个例子。它们确定无疑地告诉我们，奇怪吸引子并不是怪异的拓扑学蜜饯。它们确实在那里，在简单的方程里，在模拟现实世界的方程里。

在比顿之外

如果说在我们所看到的里面有什么启示的话，那就是：

混沌的制作法
· · · · · ·
12 盎司相空间
1 大汤匙初始条件
反复拉伸和折叠。
调到合口味为止。

但这是一本数学书，不是缩简的比顿夫人[①]，我们寻求对这些过程的更正规的理解，即使忽视那位天生厨师的敏锐才华。受拉糖机例子及其普遍存在的通向混沌的拉伸—折叠道路的启发，我想更仔细地考察混沌动力学的一个例子来结束本章。

我力求提纲挈领，而避免过分复杂化。适度复杂化是公平的竞赛。但我们不要为复杂而添加复杂，我将用单位长度线段来取代一股糖泥。我需要一个模拟制糖人的机器的表达式。

我所选择的例子没什么别致之处。它是老宠物之一、混沌动物园中黑猩猩的茶会：逻辑斯蒂映射。它不仅作为混沌存在的范例，并且代表混沌可能创生的方式。

想象一只黑箱，一块附有可以转动的旋钮的电子电路。箱子

---

① 指一本烹饪巨著的缩简版。英格兰最有名的烹饪书是维多利亚时代的比顿夫人写的。——译者注

发送规则的信号。你慢慢转动旋钮，信号略有变化，但仍然是规则的。然后，在旋钮的某个临界位置，信号开始变杂乱、变无规则。假定你对黑箱做了过于剧烈的事，或许开通了一段全新的电路，你可以得到原谅。

逻辑斯蒂映射表明，剧烈的变化不一定有剧烈的原因。黑箱电路中根本没什么大变化。比如说只不过对可变电容器作了一些细微的调节。但它依然能从规则变向混沌。

逻辑斯蒂映射作为混沌理论首次与实验认真接触的地方也是重要的。并且它有一个关系密切的亲眷，后者从尽可能简单的方程之一孕生了数学被人所知的一些最复杂、最优美的性态。但那些故事要留到以后几章中去讲。这里我们先熟悉一下逻辑斯蒂映射，考察它的某些惊人的性质。

逻辑斯蒂映射

考虑一条单位长度的线段。线段上的一点用 0 和 1 之间的数 x 表示，这数给出点与左端的距离。逻辑斯蒂映射是

$$x \rightarrow kx\,(1-x),$$

其中，k 是 0 和 4 之间的常数。迭代映射，我们得离散动力学系统

$$x_{t+1} = kx_t\,(1-x_t).$$

我们可认为 t 表示时间，不过现在时间必须以整数步 0，1，2，3，…跳跃。于是 x_t 是变量 x 在时间 t 时的值。

从几何学角度看来，逻辑斯蒂映射以不均匀方式拉伸或压缩这线段，再把它对半折叠。例如，取 $k = 3$，则 $x_t = x$ 变换成

$$x_{t+1} = 3x\,(1-x).$$

0 和 0.5 之间的数被映射成 0 和 0.75 之间的数。例如，0.5 变成 $3 \times 0.5(1-0.5)=0.75$。0.5 和 1 之间的数则被映射成 0.75 和 0 之间的数：颠倒同一区间。所以映射的效应是拉伸原线段，使它覆盖 0 和 0.75 间的线段两次。

一般说来，对于给定的 k，映射将区间折叠后放在 0 和 $k/4$ 区间的上面。如果 k 较小，这便是压缩而不是拉伸；我们将看到动力学特性中的差异。如果 k 大于 4，则区间在迭代之下伸向区间外部，有的 x 值很快趋向无穷大。眼下考虑这种情况没什么意思，这就是我假定 k 在 0 和 4 之间的原因。

要研究逻辑斯蒂映射的动力学特性，我们必须考察它的长期性态——它的吸引子。即我们要反复迭代这映射，观察 x 会怎么样。但存在一个额外的结构层次：我们希望就各种不同的 k 值这么做，看看模式如何随 k 改变而变化。

因此，k 就是黑箱上的"旋钮"，上述方程则描述内部电路。你可以用袖珍计算器或家庭计算机来研究令 k 具有不同值的效应；我极力主张你检验我所说的一切。尽管如此，我仍将描述所发生的事情：部分是为了那些没机会使用这种工具的人，部分是为了指出值得注意的主要特性。

定态区

在 0 和 3 之间的 k 值范围，是从动力学观点看来最不重要的定态区。在这一范围内取 k，比如说 $k=2$，并迭代这映射。例如，取 $x_0=0.9$。于是在 $t=0, 1, 2, \cdots$ 时重复应用公式，我们得到值的序列：

$$x_0 = 0.9,$$
$$x_1 = 0.18,$$

$$x_2 = 0.295\,2,$$
$$x_3 = 0.416\,1,$$
$$x_4 = 0.485\,9,$$
$$x_5 = 0.499\,6,$$
$$x_6 = 0.499\,9,$$
$$x_7 = 0.5,$$
$$x_8 = 0.5,$$

它停在那里不动了。在 $x=0.5$ 处有一个点吸引子，一个稳定定态。你不难验证它是定态：如果 $x=0.5$，则 $2x(1-x)=0.5$，两值相等。迭代不改变值 0.5。

稳定性也可通过计算加以验证，但你通过描画数理经济学家们命名的蛛网图（图 61）可以直观地看到它。这是迭代的图示法。先画出公式 $y=2x(1-x)$ 的图，得到一条反抛物线。在同一图上画斜线 $y=x$。 为了迭代初始值 x_0，从 x_0 画一条竖直蛛丝与抛物线相交。再从交点画一条水平蛛丝与斜线相交。这个交点的横坐标就是 x_1。照此反复，在抛物线和斜线之间形成一道"楼梯"。楼梯的相继"梯级竖板"的坐标就是相继迭代 x_t。

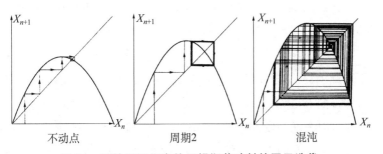

图 61　用蛛网图作出的逻辑斯蒂映射的图示迭代（从左至右）：定态，周期点，混沌

当 $k=2$ 时，蛛网沿斜线上行，然后向着抛物线与斜线的交点旋进。这便是不动点；稳定性因为蛛网向内盘旋而到来。假如它向外盘旋，你将得到不稳定的不动点。

如果你不断试验，你将发现，只要 k 小于 3，蛛网总是向内盘旋。所以对于 0 到 3 范围内的 k，你得到单个稳定不动点，长期动力学绝对不起作用。随着你调节旋钮 k，不动点的位置略有移动，但没发生别的什么。

周期倍化级联

当 k 等于 3 时，不动点处于"边际稳定"状态：向不动点的收敛是极端缓慢的。这是我们濒于某种惊人现象的征兆。的确，当 $k>3$ 时，不动点失稳，蛛网向外旋开。

每当你知道动力学系统的解而这个解失稳时，你应当扪心自问："现在它去向何方？"实际上，它不会居于不稳定状态，即使那样是满足方程的。它将四处漂游，干点别的事情。这别的事情往往比被你作为出发点的不稳定状态不明显得多，因而比它更有意义。这是一条学习五光十色新事物的捷径：它称作分岔理论。

它的实质是：当 k 大于 3（比如说 3.2）时，逻辑斯蒂映射的定态去向何处？

如果你画蛛网图，你将发现外向螺旋渐慢下来，最终收敛一正方环上。x_t 值在两个不同数之间交替蹦跳。这是周期 2 循环。所以定态失稳，成为周期性的。换言之，系统开始摆振。

你可以在配有发声器的计算机上，用相继的 x 值确定待奏出的音调，来使它演奏一种幼稚的乐曲（图 62）。例如，你可以拉开 x 的值域 [0，1] 以覆盖一个音阶：do-re-mi 等等。定态音调重复

图62 逻辑斯蒂映射 $x \rightarrow kx(1-x)$ 用"乐"谱形式表示的
迭代示意图。"音符"的高低表示 x 值的大小,
"五线谱表"是随便画的。常数 k(从上到下)是
$2, 3.2, 3.5, 3.56, 3.6, 3.8, 4.0$。随着 k 的增
大,乐曲音质变得更加无规则

又烦人：fa-fa-fa-fa-fa-…没完没了。周期2音调至少有韵律之长：一再地 so-mi-so-mi-so-mi-。贝多芬（Beethoven）[1]，它不是。

如果你把 k 增大到 3.5 左右，周期 2 吸引子也失稳，出现周期4 循环：so-fa-la-mi-so-fa-la-mi-…。到 3.56，周期又加倍到 8；到3.567，周期达到 16，此后你得到快速的 32，64，128，…周期倍化序列。（如果你在家庭计算机上对此进行试验，请牢记第 1 章关于从不同厂家的计算机得出不同结果的忠告。此言对下文同样适用。）

这周期倍化级联是如此之快，以至到 3.58 左右就结束了：周期无限频繁地加倍下去。在那一点上，通过以愈来愈长的周期为代价尽量保持周期性态，逻辑斯蒂映射变混沌。只要你留神听，你依旧会听见近乎有节奏的、断断续续的、有些耳熟的音调，但一概不重复。它仍不是贝多芬，但它并不是一点不像某些现代抽象派作曲家的音乐作品。

混沌中的秩序

从这时起，音乐变得越发混沌。在最大值 $k=4$ 处，音调密密麻麻地遍布可用音符的整个音阶。即给定一条轨线——具有给定初始点的 x 值序列，它将通向区间的每一点，你想多近就多近。整个区间变成了一个吸引子。

所以这一切看起来是非常简单的。当 k 从 0 趋向 4 时，动力学性态的复杂性稳步增长：

$$定态 \rightarrow 周期性态 \rightarrow 混沌性态，$$

---

① 贝多芬（1770～1827），德国作曲家。——译者注

周期倍化级联则是使混沌开始发生的机制。"调音旋钮" k 随着你的旋动，不过使一切愈来愈复杂而已。

喔，没那么容易！

例如，把值 $k=3.835$ 深入混沌区试一试。 就前 50 次左右迭代而论，它看上去一切很好并且混沌，正像你预期的那样。但这时音调变了：mi-so-ti-mi-so-ti-…无定限地重复。周期 3（图 63）。它是从哪儿来的？

图 63 然而，增大逻辑斯蒂映射中的 k 不总是增大无规则性：$k=3.835$ 时，出现周期 3 循环

按照我的计算机，这循环是

$$0.152\ 074\ 4 \rightarrow 0.494\ 514\ 8 \rightarrow 0.958\ 634\ 6。$$

如果你非常轻微地增大 k，则周期以新的周期倍化级联达 6，12，24，48，96，…！

$k=3.739$ 时发生的情况更令人困惑。这时你得到周期 5 循环（图 64）：

$$0.841\ 137\ 2 \rightarrow 0.499\ 625\ 3 \rightarrow 0.934\ 749\ 5 \rightarrow$$
$$0.228\ 052\ 4 \rightarrow 0.658\ 230\ 4$$

无定限地重复。是的，在 3.739 附近你将找到周期 10，20，40，80，…。

这不是那么一幅舒适的图景。旋钮 k 不仅仅是简单的"混沌

图 64　$k=3.739$ 时逻辑斯蒂映射中的周期 5 循环

发生器"。说增大 k 总使动力学特性更加复杂，这不是事实。相反，埋藏在混沌区内的是零星的规则性态"窗口"。

窗口来自何处？内情复杂，但如今已充分了解。我们甚至知道周期以什么次序出现。俄国数学家萨柯夫斯基（A. N. Sharkovskii）证明了基本定理。依如下次序写下整数：

$$3 \rightarrow 5 \rightarrow 7 \rightarrow 9 \rightarrow 11 \rightarrow \cdots$$
$$\rightarrow 6 \rightarrow 10 \rightarrow 14 \rightarrow 18 \rightarrow 22 \rightarrow \cdots$$
$$\rightarrow 12 \rightarrow 20 \rightarrow 28 \rightarrow 36 \rightarrow 44 \rightarrow \cdots$$
$$\rightarrow 3 \cdot 2^n \rightarrow 5 \cdot 2^n \rightarrow 7 \cdot 2^n \rightarrow 9 \cdot 2^n \rightarrow 11 \cdot 2^n \rightarrow \cdots$$
$$\rightarrow 2^m \rightarrow 2^{m-1} \rightarrow \cdots$$
$$\rightarrow 32 \rightarrow 16 \rightarrow 8 \rightarrow 4 \rightarrow 2 \rightarrow 1。$$

起先，奇数依次上升。然后是它们的 2 倍、4 倍、8 倍……最后是 2 的幂依次下降。如果在给定 k 值处，逻辑斯蒂映射具有周期 p 循环，则它对在这次序关系中使 $p \rightarrow q$ 的所有 q 必也有周期 q 循环。所以开始的前面一些循环具有周期 1，2，4，8，…——周期倍化级联。比如说，周期 17 在周期 15 之前开始；但在它们之前，周期 34 已经开始，在它之前，有作为 4 的奇数倍的周期例如 44 或 52，在它们之前有作为 8 的奇数倍的周期 88 或 104 或 808……

真正使人惊心的是，这同一个稀奇古怪的次序关系不仅适用于逻辑斯蒂映射的迭代，并且适用于任何在只有一个峰的单位区间上的映射的迭代。这个结果第一次暗示，有些混沌模式可能是普适的，即不是个别例子特有的，而是整类系统的代表性模式。

大蚤，小蚤……

然而，关于逻辑斯蒂映射的周期窗口，还有某种更加惊心的东西。

有一种方法可用来就所有 k 值一举获得逻辑斯蒂映射全部动力学性态的整体认识。它以分岔图（图 65）著称。分岔是动力学系统的吸引子定性形式的任何变化；逻辑斯蒂映射恰恰充满

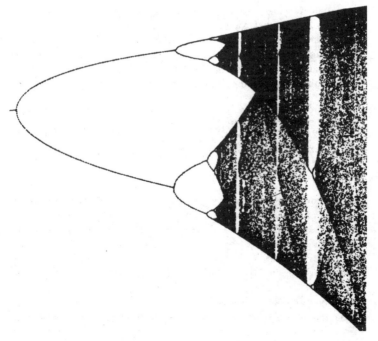

图 65　逻辑斯蒂映射的分岔图。常数 k 从横坐标 2 增大到 4。纵坐标是状态 x。注意混沌带的生长紧随着周期倍化的无花果树

着分岔。

方法如下。作以 k 为横坐标、x 为纵坐标的图形。在每一个 k 值的上面，标明那些对这 k 值而言落在吸引子上的 x 值。于是在从 0 到 1 的区间内，每一竖条给出对应吸引子的图景。因此，例如当 k 小于 3 时，仅有一个点吸引子，你必须标明单个 x 值。这样便得出一条曲线。

家庭计算机的拥有者们在读下去以前或许要试验一番。想象一个图形，其中 k 在水平方向以比如说 0.2 的阶段从 0 趋向 4。在竖直方向 0 和 1 之间标出 x。（为了看得清楚，你必须把尺度放大。）在每一 k 值处，在不标出任何点的情况下迭代 x 几百次，然后继续迭代 20 次左右，在选定的 k 上标出 x 值。

下面是你将看到的。$k=3$ 时，本来的单条曲线分裂为二（这时"分岔"一词在英语和数学语[①]中才有意义），并随着 k 通过周期倍化区而一再分裂。你看到美丽的树状结构。我把它称作无花果树（图 66），因为它导致美国物理学家费根鲍姆（Mitchell Feigenbaum）的一个惊人发现，这将在第 10 章中介绍。（费根鲍姆在德语里指"无花果树"[②]。我还暗藏着另一个德语双关语。很抱歉。）

在 $k=3.58$ 附近，无花果树终于形成无穷多个分支，系统变混沌了。无花果树的分支扩展成混沌吸引子的带。分岔图上布满了无规则的点。

但是再仔细看看吧。图景中时常有瘦长白条，其中有少许小点。那就是周期窗口（图 67）。

---

① 作者仿 English（英语）杜撰了一个词 Mathish（数学语）。——译者注
② 在德语里，Feigen 指"无花果"，Baum 指"树"。——译者注

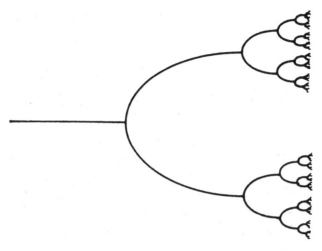

图 66 在有限空间内存在无穷多分支的无花果树的
示意图：规则的、反复的分支过程

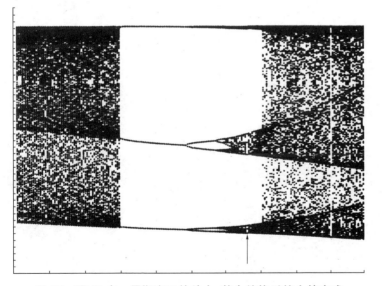

图 67 图 65 内一周期窗口的放大：整个结构以缩小的方式
复现。窗口里还有窗口（用箭头表示）……

如果你仔细观察 $k = 3.835$ 附近的窗口（这里基本周期是3），你将发现它包含三株属于它自己的小无花果树。挑选其中的一株，把图放大，以显出清晰的细节。

你会发现，这一小无花果树也以混沌带告终。那些带内又有一些瘦长白条，里面各有少许小点。窗口里有窗口。它们是更小的无花果树，这样下去，越来越小。

事实上，任一窗口内都是整个图景的精确复本。逻辑斯蒂映射的分岔图包含细节完全相同的自身的缩影。这称作自相似性，它很重要。

水上布尔顿①的科茨沃尔德村有一个吸引旅游者的好去处：雏形村。在雏形村的适当角落是雏形村的雏形。在这雏形的适当角落是雏形村的雏形的雏形。在水上布尔顿，序列到此为止。但在"逻辑斯蒂上分岔"里，它永远继续下去，每一复本都与原本完全相似。

① 在英格兰牛津郡，距其最近的大城市是切尔滕纳姆。——译者注

第 9 章

敏感的混沌

我情愿，

通过试验，

用滴滴露珠

荡涤这浊世的尘埃。①

　　　　　　　　——芭　蕉（Bashō）②

　　日本诗人芭蕉 1644 年生于上野。他的父亲是侍奉统治者藤堂家族的下级武士。40 岁时，他首次出外远游，写下《野曝纪行》（*The Records of a Weather-exposed Skeleton*）③。上面引用的他的

---

①　此诗引得极妙，隐含深意：英译文中的 experiment（试验）和 the droplets of dew（滴滴露珠）与后文的"滴水龙头实验"暗合；最后一句兼有冲刷掉笼罩在混沌上的迷雾、洞悉其真谛的寓意。——译者注

②　芭蕉，全名松尾芭蕉（1644～1694），原名宗房，初号桃青，后改芭蕉，日本俳句诗人，享有"俳圣"之尊。——译者注

③　又译《甲子行吟》《风雨纪行》《野游纪行》等。——译者注

诗，描述了西行（Saigyō）①隐居处的一口泉："这泓名泉如同诗人描写的那样，叮叮咚咚滴下晶莹的水珠。"

芭蕉试图通过冥想大自然来净化身心，他在滴落的水珠这么简单的现象中发现了美。我们将步他的后尘，但寻求的是一种互补美，一种数学家的而不是诗人的美。两者并非毫无关联：它们都寻觅复杂性中的简单性。

除芭蕉以外，流水的模式还令许多人为之心醉。例如，位于温莎的皇家图书馆就藏有莱奥纳尔多·达·芬奇（Leonardo da Vinci）②描绘水的复杂花样的多幅画作（图 68）。准确地描绘流体的运动，是对任何艺术家的一种挑战。观众脑海里都有水流动样子的生动形象，当一幅画未能准确再现这一形象时，他们会立即看出有些地方不对头。但形象不是有意识地结合起来的：他们能看出有毛病，却说不清这毛病究竟是什么。同样，当我注视小客栈里的猎马画像时，我能发现它们看上去很可笑，我甚至能指出哪儿不对劲：群马奔腾时四蹄的样子有错，或许是马身离地面的高度不对。但即使要我的命，我也没法告诉你怎样画一幅奔马图。

莱奥纳尔多集科学家的直觉和艺术家的想象于一身，通过对动物、人体、云彩、树木等——画家或雕塑家想描绘或塑造的任何东西——进行细致的研究，踏踏实实地提高他的作品的精度。他和他的同时代人对水怀有极大的兴趣。

那时被视为形成宇宙万物的四大元素之一的水，不仅仅是液

---

① 西行（1118～1190），日本诗僧。——译者注
② 莱奥纳尔多·达·芬奇（1452～1519），意大利美术家、雕塑家、建筑家和工程师。——译者注

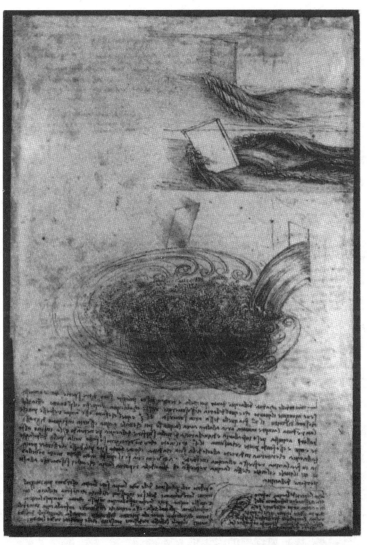

图 68　莱奥纳尔多·达·芬奇作《急流》[温莎城堡,皇家图书馆]

体而已。它是生命过程的象征。因为水像生命一样，川流不息。它诞生，成长，运动，变化，死亡。来自泉源的涓涓细流变成溪水、小河、奔流、大海。河水会迂曲蜿蜒通过平原，在上亿年前沉积在海底的古老磐石上刻出深深的峡谷，跌入壮观的瀑布，或者塞满淤泥，在河口处蔓延成巨大的扇形三角洲。风平浪静的大海会成为带着飞溅浪花的凶猛怪兽；风暴肆虐的大海转眼又变得静如死水。生活在 18 世纪末叶、以诺瓦利斯（Novalis）为笔名的德国诗人莱奥波尔德（Friedrich Leopold），即哈登贝格（Freiherr von Hardenberg）①，称水为"敏感的混沌"。

这个描述倒不错。

探测深度

我们倾向于认为水理当如此。从龙头里流出来的就是水。我们很少想到在那世间事实背后的非凡技艺。有朝一日，当使我们特定地区受益的维多利亚隧道坍塌时，这些问题将面临新的紧迫性，但就目前而言，在我们洗手或装一桶水的时候，我们的思想却离此甚远。

简陋的龙头就能协助我们探测敏感混沌的深度，还有什么比这更好的仪器呢？

你观察过水是怎样从龙头流出的吗？我的意思是真的观察过，不只是在龙头下冲过牙刷。在自己的话的触动下，这天上午我真这么做了，大概是生平头一遭。我不能担保你的龙头会和我的做一样的事情，但不管怎样，我介绍这个试验，你会获益不浅。让我把我所观察到的告诉你。

---

① 莱奥波尔德（1772～1801），德国早期浪漫派诗人。——译者注

科学观察的精髓在于有系统地进行。我承认，不少重要发现——例如青霉素的抗菌性——乃是妙手偶得，但它们都为更有系统的方法所证实和利用。百万只猴子击打打字机终将打出《哈姆雷特》(*Hamlet*) ①，可我等不到那一天。所以我给自己安排一个有系统的任务。当流速缓慢增大时，水从龙头流出的模式怎样变化？

把龙头打开一点点。发生什么情况？当然是龙头在滴水。如果你让一切都达到平稳的运动，你将发现龙头有规则地滴水，每一滴和下一滴之间的时间间隔是恒定的。

把龙头再打开一点。滴水的速度增大，但仍然有规则。继续使流动缓缓加快：情形依旧。请耐心一点。科学家的生活，是一种不时被短暂、突然的戏剧性事件和兴奋所打断的长期的宁静生活。

龙头拧到某一位置，下落的水滴连在一起形成平稳的细流。注意到没有？很好。但我不得不指出，你错过了真正值得注意的时刻。在水滴合为细流之前，一个接一个发生了另外几个转变。要是你不够耐心，增加流速动作大了一些，请从头来。

第一个转变是，滴水的节律发生变化。平稳的叮——叮——叮，成了叮咚——叮咚——叮咚，即一对水滴挨在一起，过一会，又来一对。它仍有规则，但却是不同的规则。

用精良的仪器，你或许能发现更多的节律变化，仍然有规可循，仍然迥然有别。光靠视觉和听觉，我无能为力。下面我看到的，更加不可思议。滴水的模式变得不规则。这时水滴一滴紧挨一滴，但你还能看出和听见分开的小滴；有节奏的声响消失了，取而代之的东西要复杂得多。

---

① 莎士比亚（William Shakespeare, 1564～1616）的著名剧作。——译者注

所以有一个值得深思的转变：水滴声丧失了它们的节律。

之后不久，如上所言，水滴合成一条平稳的细流。细流刚形成的时候，它在较低的位置仍会断成小滴，但马上就变得平稳和光滑，成了从龙头到脸盆一条渐细的水线。流体动力学家把这称作层流：流体像一副扑克牌在桌上铺开那样，以彼此间光滑地滑动的薄层的形式流动。

把流速加大到大致正常的水平。流出的水依旧是层流，尽管它可能发展出额外的结构，似乎水流试图分裂为两部分，或成螺旋样。

现在把龙头开到最大。光滑的层流解体，水以很大的力冲击脸盆，流动又成为多泡沫和不规则的。这是湍流，是我们的第二个重要转变：从层流到湍流。

关上龙头，收拾残局。试验结束。现在轮到数学上场了。

累积摆振

我们已看到两种向湍流的转变。第一种，小滴节律的出现，实际上是离散动力学系统——要是我们忽略各水滴的精细结构的话。第二种，层流变湍流，则是连续动力学系统。在两种情形中，规则运动都突然变为不规则运动。

湍流在从天文学到气象学的众多科学分支中占有举足轻重的地位（图69）。它在实际工程技术问题中也十分重要。湍流能破坏水管或输油管，能损毁轮船的螺旋桨，还能使飞机坠毁。工程技术人员为处理种种实际湍流，发明了从经验方法到繁杂的统计学等诸多方法。但湍流真正的内在本质，依然是一个最难攻克的问题。

那种基础科学更适合进入物理学而不是工程技术的领地。经

图 69　大红斑①附近的木星大气湍流

① 位于木星赤道以南约 23°处的一个大气特征，法国天文学家卡西尼（1625～1712）于 1660 年最先发现。——译者注

第 9 章　敏感的混沌

典模子里的数理物理学家是怎样理解湍流现象的呢？

对于黏性流体的流动，从欧拉的方程发展而来的经典方程，是法国科学家纳维（Claude Navier）[①]和英国科学家斯托克斯（Sir George Stokes）[②]两人的思维结晶。由纳维和斯托克斯的偏微分方程刻画的流体流动，是确定性的和可预言的。在混沌出现之前，这两个形容词被认为与"规则的"同义。而湍流却是不规则的。结论：方程有毛病。

这并不令人难以置信。请记住，那些方程描述高度理想化的流体，后者是无限可分的和各向同性的。而真实流体则由原子（你随意挑选不同的精细层次，从小硬球到量子概率漩涡）组成。湍流看来包含小而又小的涡旋。但亚原子尺度的涡旋是一个物理学谬论。假如真实流体在这一精细层次上还满足纳维-斯托克斯方程，它会打碎自己的原子的。

因而可以设想，湍流是原子结构的宏观效应。纳维-斯托克斯方程在原子尺度上的不准确度，经过物理流传播后规模变大，被看作湍流。这便是勒雷（Leray）[③]理论，它发端于 1934 年，当时原子物理学还十分新奇、十分时髦。

时隔 10 年，数理物理学家朗道（Lev Landau）[④]就认识到还存在另一种可能性。他写于 1944 年的一篇论文是这样开始的："虽然湍流运动在文献里已得到广泛讨论，但这一现象的本质还不够明晰。"朗道接着点明问题的要害：湍流是从哪里来的？"依作者之见，如果湍流的开始过程被彻底搞清楚，问题就会迎刃而解。"

① 纳维（1785～1836），法国力学家和工程师。——译者注
② 斯托克斯（1819～1903），英国数学家和力学家。——译者注
③ 勒雷（1906～1998），法国数学家。——译者注
④ 朗道（1908～1968），苏联物理学家。——译者注

想象一个处在稳定状态的系统。有时候，或许由于适当的外部条件发生变化，这一状态可能变成不稳定的。例如，稳定地放在桌上的物体在桌子倾斜时会滑落，过度充气的气球会爆炸。

当我把汽车送去换轮胎时，汽车修理工把轮子放在一台奇特的机器上一圈一圈地旋转。根据机器显示的数字，他把金属物敲入轮辋使轮子平衡。这烦琐程序的道理在于，不平衡的轮子旋转太快时开始振动，这情况称作车轮摆振。

在动力学里，摆振是基础数学。使一状态失稳的最基本手段之一，就是用摆振。

原来稳定的状态受到摆振时，一个新的周期运动附加到原有运动上。平稳旋转的轮子开始振动：现在有两个叠加的周期运动：转动和振动。

朗道把湍流的开始视为摆振的累积。他建立的理论认为，湍流在初级阶段是三四个不同周期运动的叠加，随着湍流变得充分发达，周期运动的数目趋于无穷大。

摆振创生的基本机制是以霍普夫（Eberhard Hopf）[①]的姓氏命名的霍普夫分岔。汇（定态）失稳变为源，且为代表周期运动的极限环所包围（图70）。1948年，霍普夫按照同朗道一致的思路提出了一个更加详细的理论。在此之前不久，荷兰科学家伯格斯（J. M. Burgers）[②]研究了纳维-斯托克斯方程的一种简化形式，霍普夫采用的是类似的策略。他提出了另一个近似模型，这个模型很不寻常地可以显式解出；他还证明，它符合朗道的累积摆振方案。

后来30年内，霍普夫-朗道理论被广泛接受和运用。它有几

① 霍普夫（1902～1983），德国数学家。注意：此霍普夫非彼霍普夫（Heinz Hopf, 1894～1971），德国数学家。——译者注
② 伯格斯（1895～1981），荷兰流体力学家。——译者注

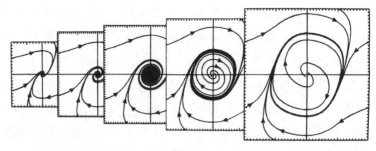

图 70　摆振的开始,即定态怎样变为周期状态。这机制通称霍普夫分岔:汇失稳变成源,并产生极限环

个优点。它简明易懂。使额外频率加到运动上去的机制基本而自然。有一些像霍普夫方程那样的模型方程,其中的方案被认为是存在的。而且它用得上经典方法例如傅立叶分析,所以你可以用它进行计算。

靠不住的方案

但在 1970 年,这一舒适的图景被打乱了。不是打破,因为建议来自流体动力学之外,它是高度臆测性的,缺少任何一种实验支持。更糟的是,它不是从流体流动的物理学而是从拓扑学导出的。

一位在巴黎高等科学研究所工作的比利时数学家吕埃勒和一位荷兰访问学者塔肯斯,开始从斯梅尔的拓扑动力学观点探究湍流。对于湍流的开始,是否存在典型的方案,即通有的过程?

这不很清楚。但清楚的是,当你开始这样进行思考时,霍普夫-朗道理论无论如何是不正确的。因为尽管它的每一个累积摆振看来在数学上和物理学上似乎是讲得通的,实际上却不是。仅仅第一个摆振是如此。

霍普夫和朗道的直觉都在某种程度上源于哈密顿动力学。在那里，能量守恒强加了一个使多频率拟周期运动成为平凡的约束条件。但这一约束条件不适用于耗散系统——有摩擦的系统。在黏性流体的流动中充满着摩擦。

吕埃勒和塔肯斯得出如下的图景。

第一次转变，即从定态到单个摆振，甚至在耗散系统中都是典型的：它产生周期运动。这里没有困难。

第二次转变，即加上额外频率，肯定会发生。最初它导致从拓扑学观点看来是二维环面上流的运动；这一运动开始时看上去像两个独立的周期运动的拟周期叠加。但它不能继续保持下去，因为这样的运动不是典型的，不是通有的。实际上，小扰动就将破坏掉它。

巧的是，环面上的典型、通有、结构稳定的流是已知的；它们预言了某种为电机工程师们所熟知的现象，称作锁频（图71）。两个原来独立的周期运动将相互作用，变得同步，结果产生的合成运动是具有单个合成周期的周期运动。

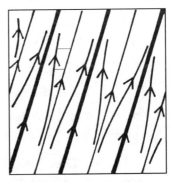

图71 锁频：(左)两个独立周期振荡通过叠加而合成，(右)流破坏，形成一个稳定周期环(粗线)和一个不稳定周期环。为清楚起见，切开运动在上面进行的那个环面，将它展成正方形

有三个叠加频率时，某种甚至更惹人注目的东西出了毛病。典型的，三个频率甚至不需要锁定：相反，它们会合成创造出一个新奇物——吕埃勒和塔肯斯称之为奇怪吸引子。螺线管是奇怪吸引子，（据猜测）洛伦兹吸引子也是。奇怪吸引子具有奇怪的几何结构。

吕埃勒-塔肯斯理论的基础在于，以拓扑学家的世界观来看，霍普夫-朗道方案好比平衡于尖端的大头针。大头针是不稳定的：霍普夫-朗道理论是结构上不稳定的。要是你碰一下大头针，它将倒下，触及桌面：要是你将运动方程稍加改变，霍普夫-朗道方案将解体，坠入奇怪吸引子。

可证伪性

在流体动力学这个行当里并非每个人都为吕埃勒和塔肯斯的建议而欢欣雀跃。事实上，它多少引起一些争议。但少数人——正像结果表明的，这就够了——因之备受鼓舞，并着手下一阶段。它优美，但它正确吗？

在科学里，有一个判断理论正确与否的久经考验的方式。

实验。

更准确地说，实验会告诉你理论是不是错的，因为你永远不能绝对肯定它正确无误。你可以证明数学里的一条定理，但你无法证明一个理论。正如哲学家波普尔（Karl Popper）①所着重指出的，检验科学理论的方法是证伪（falsification）而不是证实。当理论受到实验检验时，愈不能被证伪，它就愈可能是真的；或者至少，它适用的条件范围愈广阔。但你决不能肯定这理论绝对正确，即使它经受住了百万次实验检验；因为——天晓得？——它可

---

① 波普尔（1902~1994），英国科学哲学家。——译者注

能在百万零一次实验时失败。

因此，随着公元第三个千年期的迫近，科学家们将放弃对"真理"的追求。

明白了这一点，他们就努力做到不出错。但我们不再生活在绝对的时代。我们正非常缓慢地学会别使自己太认真。

一个理论要算作科学的，原则上必须是可证伪的。在科孚岛①上有一种迷信，如果你看见做祈祷动作的螳螂，它不是带给你好运，就是带给你晦气，因事而异。这一信仰不算科学理论；并不是因为你无法测量"运气"，而是因为难以判断实验怎样能证明这理论不成立，即使你能。

这一切并不意味着科孚岛的居民是错误的。我们正讨论的，是科学知识的限度。宇宙中可能存在一些在科学意义上不能被认识的真事物。不过要解决关于这些事物的争论，将是困难的。

实验室典范

奇怪吸引子理论是可证伪的吗？

如同最初所提出的，它肯定不是直接可证伪的。你不能出门寻找奇怪吸引子。你也不能断言就找不到一个奇怪吸引子。究其原因，乃是吕埃勒-塔肯斯理论中这种吸引子的数学描述与物理上可测的变量不相关联。所以作为一种可证伪理论，它看上去比那种声称湍流是在流体中游逸的用任何物理仪器都不可检测的无形怪兽留下的痕迹的说法好不了多少。

要克服这种困难，有几个办法。一个是改善数学和物理学之间的接触。这对于湍流看来很难——不是说它不重要。另一个则

①　即希腊西北部的克基拉岛。——译者注

是回避这问题。说不定能使奇怪吸引子间接表现自己亦未可知。

霍普夫-朗道理论的可证伪性要明显得多。你该做的只是测定运动的分频率，观察摆振是否以规定的方式累积起来。如果不累积，霍普夫-朗道理论注定完蛋。

因此，你可以从设法证明霍普夫和朗道是错的入手，而不必设法证明吕埃勒和塔肯斯是对的。历史上没有这么做。实验家们试图证明霍普夫和朗道是对的。

但你一定会想，这已经做到了吗？数十年来，霍普夫-朗道理论毕竟已得到公认。

不完全如此。开头很少几个阶段已观测到。但随着摆振的累积，得到足够精确的测量结果变得越来越难。

进一步发展需要新思想。

得克萨斯大学奥斯汀分校的一位物理学家斯温尼（Harry Swinney），开始了他研究相变（phase transition）的实验历程。在水沸腾、金属熔化或磁铁被磁化的时候，那就是相变：物态由分子层次上的重新组织而发生的宏观变化。从某种意义上说，向湍流的转变是流体中的一种相变。一些大流体动力学家，像雷诺（Osborne Reynolds）[①]和瑞利，曾持此见。但这种类比看来太不严密、太不确切，在数学上根本无用。

然而，它仍促使斯温尼思考。他过去用来研究相变中微妙现象的方法能否用于流体呢？

流体变为湍流有多种途径。设计实验的第一阶段，是挑选要用的系统。基础科学不针对诸如"求巨型喷气式飞机上襟翼的最佳形状"之类的特殊目标，它有决定何种系统为研究对象的选择余地。

---

① 雷诺（1842～1912），英国工程师和物理学家。——译者注

对基础科学中的实验室实验来说，重要的是系统应当"干净"。我的意思不是说它不应到处有黏糊的指迹，我的意思是它应当易于建立，易于运行，产生精确的结果，并且在重复运行时给出能再现的结果。

流体动力学中有一个经典实验系统，它是法国流体动力学家库埃特（M. M. Couette）[①]首创的。他想研究流体被扭曲的"切变流"，于是提出了一种筒内套筒的双圆筒装置（图72）。在外筒固定、内筒旋转的条件下，存在恒定的、可控制的切变。

你大概预计到这系统中发生的情况是流体随圆筒一圈一圈地转动，中间快，外边慢。这正是库埃特发现的现象。

1923年，英国应用数学家 G. I. 泰勒（Geoffrey Ingram Taylor）[②]进行实验时加快内筒，作出了一项惊人发现。如果速度足够高，则流体不再平稳地转动，而搅乱成成对的涡旋，就像用无关的材料制造马球内胎一

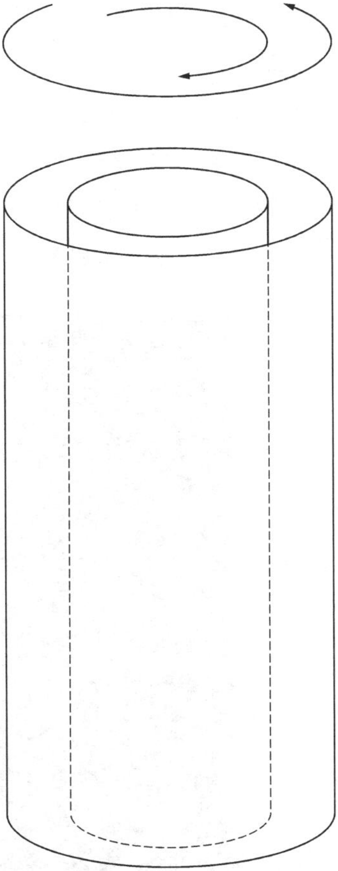

图72 泰勒-库埃特实验的装置（示意图）。两圆筒之间充满流体，两筒都旋转。为清晰起见，这里放大了圆筒之间的空隙：它一般是外筒半径的 10%～20%

① 库埃特（1858～1943）。——译者注
② G. I. 泰勒（1886～1975）。——译者注

样。事实上，这是霍普夫-朗道型不稳定性的一个极好的例子，其中产生了新的周期运动。但它仅仅是霍普夫-朗道方案的第一阶段。

接着，实验家和理论家们非常详细地研究了库埃特-泰勒系统（又名泰勒-库埃特系统，非亲法人士往往这么称它）。它可能是所有流体流动中研究得最为透彻的。他们发现了种类繁多的模式形成效应。涡旋会变成波状（图73）。波会像旋转木马上的群马

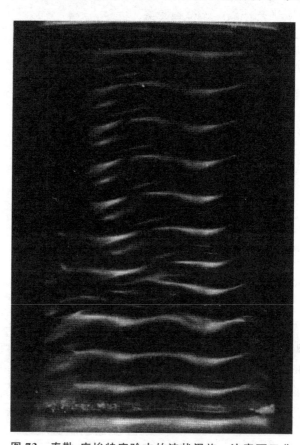

图73　泰勒-库埃特实验中的波状涡旋。注意下三分之二的错乱，其中波的数目处在变化过程之中

那样此起彼伏，产生受调制的波状涡旋。有麻花涡旋和辫子涡旋。有如同理发店旋转标志彩柱一般的螺旋模式，波状螺旋，受调波状螺旋，以及互渗螺旋。

此外，高速时系统呈湍流状。

所有这些丰富的性态，都由一个大小和形状像真空瓶那样的装置以精确可重复的方式产生。所以斯温尼和他的同事戈卢布（Jerry Gollub）决定用这一实验室典范开展他们的实验工作。

激光器照明

当时，流体动力学通常在流动流体上通过插入探头或注入染色剂进行测量。这些方法都对流动有干扰，并且不很灵敏，不太精确，可是在这一领域里从事研究工作的人们却习以为常，不思进取。斯温尼把注意力转向一种灵敏得多的装置：激光器。

今天，激光器已经家喻户晓。如果你拥有激光唱片机，你便拥有了激光器。正像每个《星球大战》（我指的是电影）①迷都知道的，激光器是用以击毙帝国卫士的武器。激光器产生一束相干光——其中所有波都同步且相长而不是相消。你所拥有的是一把很精密、很准确的火炬。

如果你倾听消防车疾驶过去时的警报声，你会注意到警报器的音高有变化，消防车一开过去音高就变低。这是多普勒效应，因 1842 年首先发现这一现象的奥地利科学家多普勒（Christian Doppler）②而得名。实际上，声波在消防车趋近时加快，在它离去时减慢。

① 《星球大战》是一部风靡世界的影片，美国 20 世纪福克斯公司 1977 年出品，曾获当年 7 项奥斯卡奖，公映后掀起世界范围的"科幻热"。另外，美国于 1983 年制定了一个俗称"星球大战"的战略防御计划，1993 年宣布放弃。——译者注
② 多普勒（1803~1853），奥地利物理学家。——译者注

这效应同样适用于光，不过这时是颜色即频率发生变化。如果你把激光照在消防车上，并把反射光的颜色与原发光的颜色相比较，你就能算出消防车开得有多快。

更中肯地说，如果你在流体中悬浮小小的铝粉片，你便可以用激光测知铝粉片运动有多快——由此推算流体的速度。这一技术通称激光多普勒测速术。

如果你有一个复杂的信号，它是不同频率的波的混合体，那么在数学上分析这信号并提取各个分量是可能的。你还能发现每一分量有多强——它对总量的贡献有多大。这一方法基本上就是傅立叶分析：把一条曲线表示成正弦与余弦曲线的和。

这一分析的结果可归结为功率谱，即显示各分频率的强度的图形（图 74）。图示 5 个观测序列（左图）和它们的功率谱（右图）。观测结果的时间标度（单位是秒）和频率标度（单位是赫，1 赫＝每秒 1 次振荡）在图下方。

例如，左上图显示一个很规则的节律，大约每 10 秒 1 次振荡。这在右边相应的功率谱中表现为接近 0.1 赫的单峰，记为 f_2。第二个观测序列不规则得多，它的功率谱有几个峰。受过训练的眼睛会看出，它们都通过把 0.03 赫和 0.1 赫附近两个基频 f_1 和 f_2 的倍数相加而得。

功率谱上这些尖峰对应于明确限定的分频率，它们比附近的频率强得多。拟周期信号的功率谱大多由很尖的尖峰组成，如图 74 上面三幅图所示。嘈杂的、"无规则的"信号具有宽带谱，它的分频率被抹去，如最下面一幅图所示。两者的混合物也是可能的，如第四幅图所示。

功率谱是观测序列的一种"频率指纹"，它可用来检测某种类型的性态的存在。

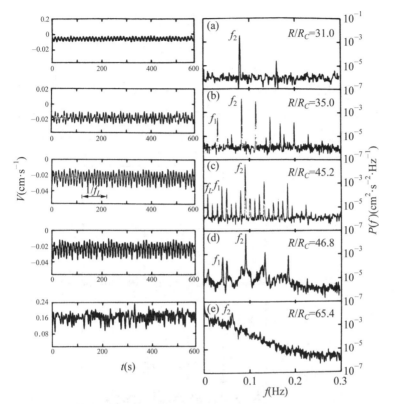

图74 常规实验中观测的时间序列,和相应的显示分频率强度变化情况的功率谱序列。尖峰表明周期或拟周期运动中明确限定的频率;宽带表明混沌

斯温尼和戈卢布用计算机从他们的激光数据中提取了流体速度的功率谱。这恰恰是你观测霍普夫和朗道预言的新频率的相继生成所必需的。

这是他们的期望。

他们寻找第一个转变,并且找到了。他们多次重复这实验,得到既很干净又很精确的数据。事实上,干净和精确得让流体动力学家们简直不敢相信。没有人愿意发表他们的结果。他们的研究经费申请被拒绝。有些人说他们的结果并不新鲜，另一些人则根本不相信。

他们大胆地继续找下一个转变——没能找到。没有干净地产生一个新频率。相反，却逐渐显出宽带频率（图 75）。"我们发现的是，它变得混沌。"

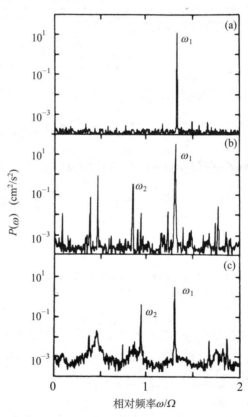

图 75 泰勒-库埃特系统的功率谱。最初只观测到一个频率 ω_1（周期振荡）。后来出现第二个频率 ω_2（以及其他代表 ω_1 和 ω_2 合成的峰）。最后看到宽带混沌

交往

科学是庞大的。知道正在进行的每一件事是不可能的。人们认识他们需要知道的事物的方式，是通过个人交往。斯温尼和戈卢布检验了霍普夫-朗道理论，发现它不令人满意。但那时他们不知道吕埃勒和塔肯斯已提出了另一种方案。

然而其他人也不知道。科学内幕消息开始起作用了。1974年，斯温尼的实验室里出现了一位比利时数学家——吕埃勒。吕埃勒有预言混沌的理论；斯温尼有混沌却没理论。剩下的就是看吕埃勒预言的和斯温尼发现的是否一致。

有间接的证据。例如，计算机计算结果表明，当奇怪吸引子出现时，可望有宽带功率谱。

至此，步子快起来了。越来越多的科学家获悉了混沌，越来越多的数学家发展着它的理论方面。一系列实验——起先由斯温尼和他的同事们、随后由其他人完成——雄辩地表明，奇怪吸引子蕴含在湍流全程之中。

这些结果只适用于湍流的开始，但至少在某些特定的实验室系统里，湍流的奇怪吸引子理论正很好地确立，霍普夫-朗道理论溺死在水中。令人啼笑皆非的是，吕埃勒和塔肯斯提出的大多数精细的数学细节原来并不相干，甚或是错的——倒不是在数学上，而是在对实验的阐释方面。但主要思想……。看来他们发现了真金。

不过还不能肯定。对观测结果可能有别的解释。需要某种更直接的东西，它会使奇怪吸引子假说在一个实验里成为可证伪的。

这就需要另一种思想。

赝可观测量

吕埃勒和塔肯斯1970年的论文与其说是一种湍流理论，不如说是这种理论的起点。主要的短缺配料，乃是拓扑学与物理学之间的联系。例如，如果存在一个你可以测定和标绘的量，并可以在结果中寻找奇怪吸引子，则理论就成为可证伪的。如果你做了这样的实验，却没找到奇怪吸引子，你就明白你错了。

实验可观测量是什么？它是依赖于所观测系统的状态的量。我们在湍流的拓扑理论中所缺少的，正是在它如何依赖于系统状态方面的知识。乍一看之下，很难看出除了建立这种联系以外，还有什么办法克服这困难。所以把吕埃勒-塔肯斯理论放在可检验基石上的一个可能的研究程序是：从流体流动的纳维-斯托克斯方程导出奇怪吸引子。这是一个需要数学方面而不是实验方面的进展的问题，至今尚未解决。洛伦兹吸引子不算数，因为含有近似。

但是还有另一条途径。假设你能设法以与被观测的是什么精确量无关的方式，从一系列观测结果重建吸引子的形状。那么有无这种联系就无关紧要了。

这是一个巧妙的手法。吕埃勒和帕卡德（Norman Packard）认为它可行，塔肯斯则找到了证明它的确行之有效的方法。

一系列实验观测以最简单的形式产生时间序列：以规则时间间隔表示所观测量的值的一列数。（时间间隔也可以不规则，但我们让讨论简单些。）例如，给定地方每天中午的温度形成一个时间序列，可能是

17.3, 19.2, 16.7, 12.4, 18.3, 15.6, 11.1, 12.5, …

摄氏度。

假设你想把这些数据拟合成奇怪吸引子。问题在于你正考虑比如说三维空间里的吸引子；可是你的观测结果只给出一个量。例如，激光多普勒测速术仅仅给你反射光的频率——在激光被反射的一个特定点处的流体速度。所以你把吸引子压扁成一维的了。可以说你看到的是它的剪影。

如果你能从其他方向观看吸引子，你就能建立完整的三维图景，好比建筑师可以通过平面图、正视图和侧视图来表达建筑物的形状。要重建三维吸引子，你要有来自三个不同方向的信息。

但在单个可观测量的时间序列里绝无找到那些额外方向的可能，不是吗？你还需要另两个可观测量。

吕埃勒认识到，可以通过移置时间值，从这同一个时间序列另外编造出两个赝可观测量（图76）。现在不是单个时间序列，而是要比较三个时间序列，其中一个是原来的，另外两个是移过一个和两个位置的副本：

序列1　17.3, 19.2, 16.7, 12.4, 18.3, 15.6, 11.1, 12.5, …

序列2　19.2, 16.7, 12.4, 18.3, 15.6, 11.1, 12.5, …

序列3　16.7, 12.4, 18.3, 15.6, 11.1, 12.5, …

依此，你得到一个数学制品：由原来的一维观测时间序列建成的三维观测时间序列。可以读一下相继纵列中的三元数。在我们这里，这些赝观测结果的第一个是三元数（17.3, 19.2, 16.7），表示三维空间内的一点，它的位置在选定原点的东方17.3单位、北方19.2单位和上方16.7单位处。下一个三元数是（19.2，

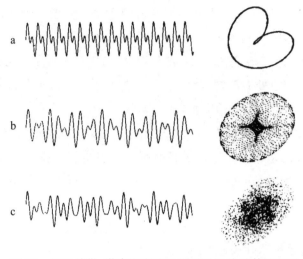

图 76 用吕埃勒-塔肯斯方法重建吸引子的计算机实验的二维图:(a)周期时间序列 $\sin t + \sin 2t$ 产生闭环;(b)二频率时间序列 $\sin t + \sin \sqrt{2}\ t$ 产生环面(的投影);(c)三频率时间序列 $\sin t + \sin \sqrt{2}\ t + \sin \sqrt{3}\ t$ 在二维图中无清晰结构。必须画出第三个坐标来展示它的拟周期性质

16.7,12.4),以此类推。随着时间的演进,这些三元数便在空间里运动。吕埃勒推测,塔肯斯证明,这些三元数运动的轨线是吸引子的形状的拓扑近似(图 77)。帕卡德则是第一个在实验中采用这一方法的人。

对于更多维的吸引子,你需要更多个这样的移置时间序列,但同一个普遍思想仍然适用。有一种从单个时间序列重建吸引子拓扑结构的计算方法——你使用哪个可观测量来计算都没关系。

实际上还有些与这方法的实效有关的别的考虑。有些可观测量优于另一些,这方法则把钟声和笛声加了上去。但这一思想十分巧妙地杜绝了在数学理论中识别任何物理变量的要求!

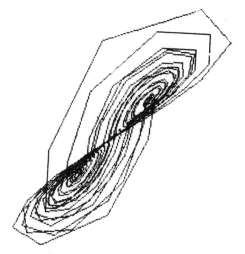

图 77　用吕埃勒-塔肯斯方法重建奇怪吸引子
(这里是洛伦兹吸引子)(请比较图 54)

奇怪的化学

化学反应会振荡。1921 年布雷（William Bray）在用碘作催化剂使过氧化氢分解为水和氧气时首次报告了这一效应。但那时化学家们确信——错误地确信——热力学定律不允许振荡。他们不是进而探究布雷的发现的底蕴，而是以他的实验方法必然有疵病为借口尽力把它解释过去。

那种态度使他们倒退将近 40 年。1958 年，俄国化学家别洛索夫（B. P. Belousov）[1]在柠檬酸、硫酸、溴酸钾和铈盐的混合物中观察到颜色的周期振荡[2]。那时普里戈金（Ilya Prigogine）[3]已经揭

①　别洛索夫（1893～1970）。他的科学业绩于 1974 年和 1982 年两次搬上苏联银幕。——译者注
②　这项先驱性成果被埋没近 20 年才受到重新发现和公认。——译者注
③　普里戈金（1917～2003），俄国-比利时物理化学家。——译者注

示了通常的热力学定律在远离热力学平衡处不成立，人们有充分准备认真对待那些结果。1963 年，扎鲍京斯基（A. M. Zhabotinskii）[1] 修改了别洛索夫的配方，用铁盐代替铈盐，产生显著的红—蓝色变化。他显示了，如果化学混合物在一薄层内扩散，就会形成圆形波和螺线波。如今，众多的振荡化学反应已为人所知；比周期性更加复杂的动力学效应是常见的。

　　作为近期工作的一个实例，我将介绍斯温尼和他的两位同事鲁（J. -C. Roux）与西莫伊（Reuben Simoyi）1983 年发表在《物理》（*Physica*）杂志上的一篇论文。它涉及的不是流体湍流，而是别洛索夫-扎鲍京斯基反应中的化学湍流——化学混沌。

　　这项实验测定溴离子浓度随时间变化的方式。对数据进行了各种形式的数学分析。他们得到了功率谱，从而确定振荡的分频率。他们通过构成第二个"赝"时间序列，重建相应的动力学吸引子（图 78，左图）。奇怪吸引子的典型几何结构清晰可见。把

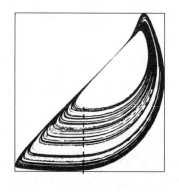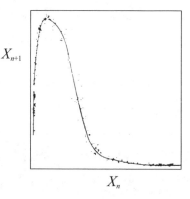

X_{n+1}

X_n

图 78　根据别洛索夫-扎鲍京斯基反应中混沌化学振荡的实验数据重建的奇怪吸引子和对虚线所示庞加莱截面的庞加莱映射

---

①　1980 年列宁奖章授予别洛索夫和扎鲍京斯基等四人。——译者注

运动每次经过图 78 左图上所画虚线时的变量标绘出来，他们得一庞加莱映射，如右图所示。在驼峰曲线附近丛集着一些点，表明内在的动力学特性尽管是混沌的，确实十分简单，与逻辑斯蒂映射很相像。

结果非常详细，并且与奇怪吸引子所有已知的数学性质一致。总之，这些图马上叫人信服。它们本可以由计算机制图终端标绘出洛伦兹吸引子的某种类似物而得。事实上，它们极像 1976 年若斯勒提出的洛伦兹吸引子的一个变种（图 79）。

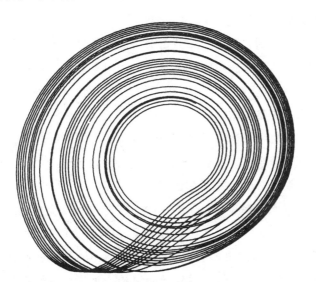

图 79　若斯勒吸引子

混沌确实存在于自然界之中。事实上我发现，大自然看来知道混沌之数学到了令人惊异的程度。并且在数学家们知道它以前很久，可能就已知道。混沌动力学思想不仅仅起作用而已——它的作用远远胜过任何人可能想望的。不知怎的，流体的连续统模型——一个我们知道在原子层次上必然出错的模型——所预言的很微妙的效应，并不因在浩瀚的原子海洋被无限可分连续统的取代中所含的近似而消失。把这当作显然的事情而不予考虑是容易的，但我以为那是痴心妄想。我们希望它是真的——并且无视一切经验，它的确如此。"凡是会出错的，都将出错。"[①]但在此，这一著名法则并不适用。这里有秘密。

但在我们可以利用它起作用这一非凡奇迹之前，不必解开这个秘密。

回到芭蕉

本章开始时，我引用了芭蕉关于液滴的诗意魅力的俳句。结束本章时，唤起液滴中的数学美是合适的。滴水的龙头往往招来管子工，而不是引起赞叹声，但我们已经看到，对滴水龙头来说，有比漏水更丰富的内容。它是混沌的缩影。

此外，龙头的混沌滴水是一个离散动力学系统，它比连续动力学系统易于观测，易于分析。不要激光器，麦克风就够了。

我们来考察小滴生成的细节。

在和缓水流情况下，龙头一般以规则的节律滴水。水在龙头口慢慢积累，形成一滴，它膨胀和臃肿起来，直到表面张力不再能克服地球引力而维持它。它的边沿开始收缩而形成细长的脖颈；然后水滴脱落，这一过程周而复始。水滴反复而有节律，这一点不奇怪。

但如果水流加大一些，会发生更加复杂的事情。随着水滴的形成，它也振荡。它没有机会稳定到一个平稳的、慢慢生长的状态。结果，它脱落的精确时刻不仅依赖于水进入水滴的量，并且

① 这句格言通称墨菲法则。——译者注

取决于水滴在振荡中的运动速度。在这些情况下，水滴会以不规则的、非周期的间隔产生。

有一个明显的类比。流体在低速时平稳流动，但速度较高时它发生向湍流的转变。低速时水滴规则地形成，但速度较高时它们变得不规则。相似的数学机制会兼管这两种现象吗？

不会。或许当流动变不规则时，原因在于像气流那样的无规则影响使水滴的生成发生变化。芭蕉对此也有一个例子：

> 芭蕉傍小窗，
> 风吹一片凉。
> 夜来敲盆雨，
> 点点入愁肠。[①]

（芭蕉树是一种芭蕉属植物，诗人格外钟爱生长在他庵外的芭蕉树，因而取它作为笔名。）这里树叶的无规则运动导致任何不规则性，不仅仅单个水滴生成的微妙动力学而已。

是确定性混沌？还是无规则性？

加利福尼亚大学圣克鲁斯分校的肖（Robert Shaw）、帕卡德和同事们用实验检验了这一思想。他们让龙头滴水到麦克风上。记录麦克风传出的信号，每一下落水滴产生一个清脆短促的"扑"声。

扑扑声滤掉了很多琐细的动态。它们并不显示小滴生长时的运动：只标志它落地的那一瞬时。它们仿佛是动态的一系列离散

---

① 引自《日本古典俳句诗选》第73页，〔日〕松尾芭蕉等著，檀可编译，赤羽龙作校，花山文艺出版社，1988年。这首诗作于1681年，题为《茅舍有感》（"茅舍"即指深川的"芭蕉庵"）。——译者注

快照。换言之，它们形成某种酷似庞加莱映射（它也是一系列快照）的东西。在数学上它们可以用同一方法处理。

圣克鲁斯的数学家们必须处理实验数据以抽象出动态。为做到这一点，他们测量了相继扑扑声之间的时间间隔。结果得到一个长达5 000次观测的间隔时间序列。然后如上所述，他们采用了塔肯斯的重建方法。他们将原序列移置1和2个单位，构成另外两个"赝"时间序列，并用计算机标绘5 000个三元数的合成序列。

用这种办法，他们得以重建滴水龙头动力学中吸引子的拓扑结构（图80）。正像他们在《科学美国人》（*Scientific American*）杂志1986年12月号上所报告的：

> 激动人心的实验结果是，在滴水龙头的非周期区内的确找到了混沌吸引子。情况可能是这样的：水滴的无规则性是由于看不到的影响，例如小振动或气流。要是真的如此，一个时间间隔与下一个之间就不会存在任何特定的关系，数据图将只显示出毫无特色的一堆黑点。标绘图中竟出现某种结构这一事实，表明无规则性具有确定性的根基。许多数据集呈现马蹄形，这是简单拉伸和折叠过程的标志。

奇怪吸引子确实是关系重大的。事实上，这数据与一个酷肖埃农吸引子的吸引子很相似。

流速较高时，实验吸引子变得十分复杂，而它的结构尚未被认识。也不知道小滴生成的物理学与这一经验模型之间的任何很直接的联系。还有许多工作要做。

滴水的龙头仅是一种湍流，相当特殊的一种，但是混沌自此在许多其他湍流流动中被发现。1989年，牛津大学的马林（Tom

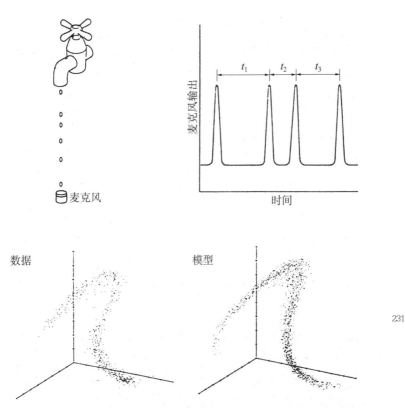

图 80 滴水龙头实验:(左上)装置,(右上)部分时间序列,(左下)
观测数据的三维图,(右下)一个简单数学模型

Mullin)以在湍动的泰勒-库埃特流中奇怪吸引子的漂亮实验观
测,登上了《自然》杂志的封面。这个特殊的实验,采用了短小的
圆筒,为了给流动施加一个强的旋转迫动,地板与内筒一起旋
转。这个装置必须以均一的温度维持在一个无振动的环境里,否
则,混沌的微妙特征会被抹去。找到混沌,并非易事。马林与位
于哈维尔的英国原子能研究院(AERE)的克利夫(Andrew
Cliffe)合作,使用一个名为 ENTWIFE 的数值包,做出的理论计

算机分析表明，这一系统很可能产生混沌。运用吕埃勒和塔肯斯的方法重建了实验数据，冒出了非常干净的奇怪吸引子。事实上，它是数学家识别出来的：它是圭尔夫的朗福德（Bill Langford）提出的（与所谓的施尔尼科夫分岔相联系的）某些方程里早就出现了——通往混沌的标准途径。于是，在这种情况下，混沌吸引子的实验重建导致了关于流体流动的数学性质的新信息，它甚至提供了关于何物导致此种混沌的线索。

因此，奇怪吸引子的混沌动态是造成至少某些湍流现象的原因，这一思想业已确立。但湍流的很多内容依然是一个谜。充分发达的湍流如果确实含有奇怪吸引子的话，可能需要维数多达成千上百万的吸引子。目前我们关于这种吸引子还说不出什么值得知道的东西。不少湍流效应似乎由边界——例如管壁——造成，而奇怪吸引子理论尚未同边界的影响联系起来。

我们不应当沉迷于混沌，把它当作湍流的唯一可能的解释。最近，俄国物理学家马斯洛夫（V. P. Maslov）在纳维-斯托克斯方程中发现了一种非唯一性的证据。纳维-斯托克斯方程实际上不能确定流动的全部细节：对于给定的初始条件，至少在某种近似意义上，它们可能有不止一个解。马斯洛夫说这效应"可以用比喻来描述。在普希金（Pushkin）①的著名童话诗《神父和他的长工巴尔达》（*The Priest and his Worker Balda*）②里，巴尔达用绳子搅动海水，召唤魔鬼。当他把绳子转得足够快时，魔鬼开始以不确定的方式狂啸，导致湍流。"

大概那无形怪兽理论，终究不那么愚蠢。

---

① 普希金（1799~1837），俄国诗人。——译者注
② 译文见《普希金童话诗》，梦海、冯春译，上海译文出版社，1979年。——译者注

第 10 章

无花果树和费根值

傻子和智者见到的不是同一棵树。

——布莱克（William Blake），《地狱的箴言》

（*Proverbs of Hell*）①

新数学方法：混沌。老问题：湍流。新工具，老任务：运用这一工具，看它是否适合这项任务，有什么比这更自然的呢？他们用了，它是适合的。

但是，科学并不总沿你最期望的方向发展。牛群可能朝遥远的地平线惊跑，但总有那么几头自行其是的小牛犊反常地窜向相反方向。那些迷途牛犊中的一头决定着重要的突破。但那是数学中的突破，后来才引发湍流理论中严重的决定性事件。它从相变

① 布莱克（1757～1827），英国诗人、水彩画家和版画家。《地狱的箴言》（1793）取自《天堂与地狱的婚姻》。——译者注

的物理学把新概念输入数学——一种称为重正化的有效方法。这转而表明，混沌的某些特征是普适的——它们不依赖于精确的方程，只取决于出现的奇怪吸引子的定性类型。从而使实施一些简单实验以检验某种混沌的出现成为可能。但为了导入——相当肤浅地导入——所有这些问题，我想重提一个早先的话题："旅行者"号探测器。

宇宙汪洋中的漂流瓶

"旅行者"号在太阳系中的"大旅行"到天王星仍未结束。像它们的"先驱者"号[①]前辈们一样，它们将继续深入星际空间。40 000 年后，它们将在恒星 AC＋793888 一光年范围内。数百万年后它们将飞越星系，或许遇上别的行星系。

怀着这些星系中的一个可能支持智慧生命的一线希望，"旅行者"号们携带着一个直径 12 英寸的镀金铜盘——唱片（图 81）。纹道中录有 115 幅照片，从人陆漂移图到超级市场，还有各种各样的声响，从阿卡德语[②]的"喂"到贝多芬第五交响曲。"航天器将被截获和唱片将被播放的唯一前提是星际空间内存在先进的具备航天能力的文明，"萨根（Carl Sagan）[③]说，"而把这个漂流瓶抛入宇宙汪洋则说明对我们这个星球上的生命很有希望的东西。"我无法断定究竟我认为这一特定的宇宙姿态是对不屈不挠的人类精神的令人欣慰的显示，还是向潜在的敌人危险地出卖我

---

① 美国行星和行星际系列探测器，从 1958 年 10 月至 1978 年 8 月共发射 13 个。——译者注

② 也叫亚述-巴比伦语，公元前 3000～公元前 1000 年通行于美索不达米亚，现已消亡。——译者注

③ 萨根（1934～1996），美国天文学家和科普作家。——译者注

图 81 技术人员在"旅行者 2"号上安放唱片

们的银道坐标，或者是一种毫无意义的炫耀。我的确怀疑，发现这一财富的外星人会从中理解到什么：尤其是古多尔（Jane Goodall）①与她的黑猩猩的合影可能令外星人误解。但现在要去追并把它拽回来是太迟了。

"旅行者"号的唱片上的第三张照片由数学定义组成。人类有一个悠久的传统，认为与外星人沟通的最佳方式是通过数学——大概因为数学表现为普适的思想媒介吧。高斯（Carl Friedrich Gauss）②曾提出，假如把毕达哥拉斯定理③的图形画在撒哈拉沙漠上，说不定火星人之类用他们的望远镜就能看到。其他方案包括发送素数序列或 π 的数字，它们的根据是假定没有一个文明和智慧的人种不会识别这些数，因而发送它们的必为智慧而文明的生物。

我觉得这些方案失之于眼界狭隘。我认为，π 在地上数学里很可能仍旧重要——但我很难确信它会像至关重要的客体那样存活 1 万年，更不必说 100 万年了。我弄不清大麦哲伦云④的绿触须数学家把什么视为基本知识。在布立什（James Blish）⑤的科学幻想小说《铜钹狂鸣》（*A Clash of Cymbals*）里，可操纵的行星系上的数学与地上数学具有表面相似性，但有陷阱："例如在这里，雷特马（Retma）把 d [它在阿姆尔菲（Amalfi）的经验里是微积分中的增量符号]不过用作常数的代号。"当心！

设想 1975 年夏，一位天文学家收到从一个可能是、也可能不

---

① 参阅古多尔（Jane van Lawick-Goodall）著《黑猩猩在召唤》，刘后一、张锋译，科学出版社，1980 年。——译者注
② 高斯（1777～1855），德国数学家。——译者注
③ 即商高定理（又称勾股定理）。——译者注
④ 以葡萄牙著名航海家麦哲伦（Ferdinand Magellan，1480～1521）命名的星云。——译者注
⑤ 布立什（1921～1975），美国科幻小说作家。——译者注

是天然的源来的可能是、也可能不是信息的东西，这是一系列二进制脉冲，翻译成十进制数是不断重复的 4.669201609…。科学界或许会因为这信号不是 3.141592653…而有些失望，因为论证 π 仅仅是一个巧合需要拓展想象力。但它会不会是别的某个有意义的数？他们会查遍他们的基本数学常数表，例如自然对数的底 e，黄金分割数，欧拉常数以及 2 的平方根：但一无所获。随着失望的增加，他们会挖掘出更鲜为人知的数，像卡塔兰①常数，或最小双曲三维流形的体积……

不，4.669 201 609 并没什么特殊意义。天文学家们一定发现了一个天然源，某颗遥远的中子星的周期振动，即来自黑洞的辐射。

然而，如果同样的信号在 1976 年就已收到的话……

别扰动——重正化！

费根鲍姆是一位物理学家。20 世纪 70 年代初他在洛斯阿拉莫斯实验室工作。他的有些同事可能对那个词——"工作"——有异议，因为谁也搞不清费根鲍姆究竟在从事于什么工作。包括费根鲍姆本人。

他对非线性系统饶有兴趣。那个时候，处理非线性的主要方法是粒子物理学的扰动法，特别是所谓的费恩曼图——因为是获得诺贝尔奖的物理学家费恩曼（Richard Feynman）②所发明而得名。还是大学生的费根鲍姆就学过怎样进行这种计算，他断定那是研究非线性的歧途，对之深感厌烦。

物理学的另一个领域处理的是相变——物质状态的变化，例如

---

① 卡塔兰（Eugène Charles Catalan, 1814～1894），比利时数学家。——译者注
② 费恩曼（1918～1988），美国物理学家。——译者注

液态变为气态。相变的数学也是非线性的。当康奈尔的威尔逊（Kenneth Wilson）①提出一个关于相变的新概念，一种称作重正化的方法时，费根鲍姆就爱上了它。威尔逊的方法基于自相似性即同一数学结构在许多层次上再现的趋势的概念。现在，湍流的经典图景正是包含这种结构：愈来愈小的涡旋的无尽级联。正像理查森有意模仿斯威夫特（Johathan Swift）②的诗作所写的：

> 大涡套小涡，
> 小涡摄食大涡的速度，
> 小涡套小小涡，
> 这样下去产生黏度。

不只是费根鲍姆一个人认为威尔逊的重正化方法可能适用于湍流。从数学和物理学看来，湍流的开始恰与相变相仿；与通常的相变概念的唯一差别在于，湍流是在流动模式上而不是在物质的物理结构上发生转变。所以有些物理学家专心致志于这一概念。然而，它可能适用的证据尚不充分，就算它适用，无人能准确地说出它怎样适用。

　　费根鲍姆同任何明智的研究科学家③一样，不想为实际湍流的全部复杂性绞尽脑汁。他却像斯梅尔那样，想知道非线性微分方程中的一般现象会是何种样子。他认为教科书中没有什么很有用的东西：那将是一桩赤手空拳的差事。于是他从他能想到的最简单的非线性方程——我们的老朋友逻辑斯蒂映射——入手。

---

① 威尔逊（1936～2013），美国物理学家。——译者注
② 斯威夫特（1667～1745），英国作家、政治家和诗人。——译者注
③ 以区别于应用科学家。——译者注

逻辑斯蒂映射业已被许多人研究过。生态学家梅早在 1971 年就致力于它，用它作为揭示非线性种群模型的古怪特性的工具。同在这一年，米特罗波利斯（Nicholas Metropolis）、P. 斯坦（Paul Stein）和 M. 斯坦（Myron Stein）发现，要说有什么不同的话，那就是逻辑斯蒂映射甚至比任何人想象的还要复杂。P. 斯坦提请费根鲍姆注意这一点，于是问题一度被打入冷宫。如果连最简单的非线性映射都不能真正理解，何论现实的非线性动力学？

可是，1975 年费根鲍姆参加了一个会议，听到斯梅尔介绍动力学系统。斯梅尔提到了逻辑斯蒂映射及其走向混沌的周期倍化级联。斯梅尔指出，某些有现实数学意义的现象可能发生在所有的周期倍化累积起来的那点处，即级联停止而混沌开始处。费根鲍姆又一次受到鼓舞，把他的问题从冷宫取出，重新热烘烘地研究起来。

没有计算机的好处

你应该记得，逻辑斯蒂映射形如

$$x \rightarrow kx \,(1-x),$$

其中 x 在 0 和 1 之间，k 是 0 和 4 之间的参量。在它的许多特性中，与我们有关的一个是周期倍化级联，前面曾提到，为表彰费根鲍姆，我把它称作无花果树。

我们已经看到无花果树随参量 k 值从 3 增大到约 3.58 而出现。对于 0 和 3 之间的 k，有唯一一个定态。$k=3$ 时出现周期 2 循环；$k=3.5$ 时周期变为 4；$k=3.56$ 时，周期又加倍为 8，以此类推。相继的加倍累积得愈来愈快；吸引子随 k 而变化的图景就像一棵树，它有无穷多愈来愈短的大树枝、小树枝、嫩枝、芽枝……，在每一阶段都一分为二。斯梅尔问，当 k 约是 3.57 时，在无花果树最小的芽枝的末端发生了什么，费根鲍姆则寻求一个解答。

他首先按部就班：计算发生各次加倍时参量 k 值的精确序列。今天你会用台式个人计算机自动做到。在那个年代，使用计算机是一个冗长的过程，要用穿孔卡分批送数据，几天后才能出结果。哪怕你出一点点错（这是很普通的），你可能得到的就不过是一张纸片，上面是——假如你运气好的话——简短的出错信息。所以费根鲍姆宁肯用惠普 HP65 型可编程计算器。

结果证明这是幸运的一着，因为计算器算得很慢，使它的操作者在结果出现时有时间琢磨它们。实际是在结果出现之前。计算从对所要求的数的一种近似开始，然后逐步改进它。现在，初始近似越好，所花的计算时间就越少。所以为了节省时间——这是你使用

计算器时的一个重要考虑，费根鲍姆开始尝试大致揣测级联中的下一个数可能是多少。不久他发现了规律。相继数之差具有恒定比率，每一差值约是下一差值的 4 倍。更准确地说，这比率约是 4.669。

数学家会把这称作几何收敛，并且很可能不做多想。但对一位物理学家，特别是具有相变知识的物理学家来说，恒定比率意味着标度率。物理学特征必在愈来愈小的标度上再现。大涡内的小涡——像湍流一样。在给定的结构里，必有同一结构的较小副本，它们的大小由标度因子决定。

费根鲍姆在无花果树的最末端发现了必然存在某种数学结构的证据，这结构在它的尺寸随一标度因子 4.669 而变时仍保持同一。这一结构正是无花果树本身的形状。定态吸引子形成树干。周期 2 吸引子形成较短的两个大树枝。从这些大树枝生长出更短的周期 4 小树枝，然后是周期 8 嫩枝，周期 16 芽枝，以此类推。

树干与大枝、大枝与小枝、小枝与嫩枝、嫩枝与芽枝之间的尺寸比随着你愈来愈靠近树顶而愈来愈接近4.669。

实际上，如果你折断大枝，你仍得到整个无花果树的近似副本（图82）。如果你折断芽枝，情形依旧。副本小一些，尺寸以趋

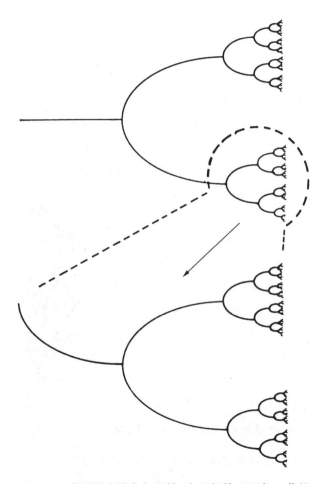

图82　无花果树中的自相似性：在理想情况下每一芽枝的形状都与原形状相同，但尺寸缩小

于 4.669 的标度比递减。你沿它走得越远，形状的相似性变得越发显著。这就是自相似性。这是你应用威尔逊的重正化方法所需要的。费根鲍姆尚不清楚该怎么干，但他知道路子对头。

蛇与熊

米特罗波利斯和两位斯坦在逻辑斯蒂映射中发现了一些使人感兴趣的模式；而且他们至少在另外一个映射即三角映射

$$x \rightarrow k \sin(x)$$

中也发现了相同的模式。费根鲍姆受此启发，重复了他的计算，但采用三角映射。他又发现了周期倍化级联（图 83）。收敛又是几何收敛：无花果树小枝的标度比趋于常数。

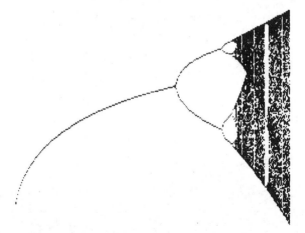

图 83　三角树：三角映射中的周期倍化级联（请比较图 65）

这实际上并不很惊人；对诸数而言毕竟有某种模式，它们必须收缩得足够快，以便把无穷多的小枝塞进有限的空间。恒定标度率可能是达到这一目标的最简单的途径。

但还是有惊人之处。标度比的值。

它又是 4.669。

这是令人惊奇的。公式全然不同的两个映射，看上去没理由产生同一个数。但计算器显示确实如此。

或许那不过是巧合而已。说不定两数在下一小数位不一样。决断的捷径乃是实行更精确的计算——现在费根鲍姆感到是学会使用计算机的时候了。"先想，后算。"这一铭言应当刻在每一位科学家的计算机终端上。

对于逻辑斯蒂映射，费根鲍姆很快得到一个更精确的标度比值：4.669 201 609 0。

他对三角映射重复计算。到小数点后 10 位，两数完全相同。

这无论如何不会是巧合。但到底是什么原因呢？格莱克在《混沌》一书中用一个类比刻画费根鲍姆的困惑：

> 想象一名史前动物学家判断有些东西比另一些重——它们都具有某个抽象属性，他称之为重量——并且他想科学地研究这一思想。他并未实际测量过重量，但他自认为对这一思想有一定程度的认识。他观察大蛇和小蛇，观察大熊和小熊，猜想这些动物的重量与它们的大小可能有某种关系。他做了一台秤，开始称蛇。使他惊讶的是，每条蛇都一样重。令他惊愕的是，每头熊也一样重。让他尤为诧异的是，熊与蛇竟一般重。它们都重 4.669 201 609 0。显然，重量出乎他的预料。

那确实是个谜。但现在费根鲍姆瞥见了他正在搜索的模式。他紧跟着它的踪迹。

不过，它不同于他所预料的踪迹。

物理学和应用数学的传统观念认为，世界上最重要的东西莫过于描述所研究系统的方程。要研究浴缸中的水流，列出方程。然后你可以把浴水倒掉，专门对付数学。和婴儿长大成人一样，你想要的一切都将从方程生长出来。

费根鲍姆遵循这由来已久的惯例，把浴水倒掉。看来婴儿被一起倒掉了。标度比不依赖于方程。无论逻辑斯蒂映射还是三角映射，并没什么区别。

不错，他发现了一个模式。

可它没有什么意义。

重正化

重正化是扎扎实实的方法，它开辟了如此众多的进攻路线。费根鲍姆一一试过。他非正式地传播他的结果，把它告诉了许多人。渐渐地，曙光开始穿透数学迷雾。在他准备发表他的思想时，他对正进行着的事情胸有成竹。威尔逊的重正化方法就在它的背后，正像他一开始所猜测的：不在它通常的专门形式里，而或许在它内在的哲学中。费根鲍姆写了两篇论文，第一篇概述所包含的数学现象，第二篇则略述何以众多不同的映射都有相同的标度比的那些原因。他的推理仍然不知怎么缺少严格证明，但有说服力，它解释了奇迹其实根本不是奇迹，而是数学结构的逻辑推论。谜的最后片段是由哥勒（Pierre Collet）、埃克芒（Jean-Pierre Eckmann）和兰福德（Oscar Lanford）弥补的，他们严格证明了费根鲍姆的方案是正确的。

基本思想极其美妙，我将试着加以描述，但我要提醒你，你只会得到这图景的一小片，你将不得不认为大部分内容是理所当然的。

我将从一个类比开始，它告诉你重正化大概是做什么的。我们回想一下，如果你能取出一个过程或物体的一小部分，把它放大，再造成某种非常类似于整体的东西，那么这个过程或物体是自相似的。这就像逻辑斯蒂映射的窗口一样。或者在湍流中，你可以用这方式把小涡旋放大成大涡旋。这里也存在标度比：你所需要的放大率。

如果你选取愈来愈小的片段，把它们都放大到和整体一般大小，所得图景在下述意义上能够稳定，即相继画面在放得愈来愈大时开始看上去几乎相同。如果这样，你会通向以一种无穷小几何结构的有限大小图景而告终的极限。这一程序称作使系统重正化。它有这样的优点：在重正化后的画面中自相似性是精确的，而不仅仅是近似的。原物体只依赖于这一无穷小几何结构的任何性质，都可以从重正化后物体的有限几何结构中读出。

因此，重正化是一种数学技巧，它的功能颇似显微镜，它移向自相似结构，消除任何近似，滤掉多余的一切。

我给你讲一个抓住主要数学特征的类比：大圆的小部分的几何结构。圆具有近似的自相似性。圆的足够小的部分，是略微弯曲的光滑曲线。如果放大，它的形状不会有很大的变化：它依旧是一条略弯的光滑曲线。然而这种自相似性不是精确的。如果你放大圆的一部分，它的曲率确有改变，尽管变化不大。

然而，直线具有精确的自相似性：如果你取一小段，把它放大，便精确地复制出原直线。

在小蚁看来，大圆是个什么形象？它近似平直。同理，我们栖居的大球在我们这些小猿看来是平坦的。对一无穷小的蚁来说，无穷大的圆看上去是什么样子？大概精确地平直吧。但请你注意"无穷"和"无穷小"这样的字眼。我们怎么给这种陈述赋予严格的意义？

通过重正化。为了使圆重正化，选取越来越短的弧，把它们都放大到一样长，比较结果。你将看到越来越直的曲线的一个序列，趋向作为极限的直线（图84）。这个极限反映了圆的"无穷小的"平展性，并把近似自相似性转化为精确自相似性。

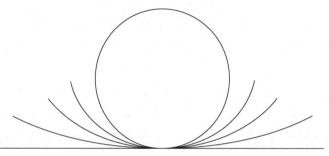

图84 对圆施行重正化,表明它"无穷小地"是一条直线

直线也具有一定程度的普适性。如果你重复重正化过程，但从椭圆开始，你再次以直线结束这一过程。当然，对任何光滑曲线都如此。不管你从何种光滑曲线开始，重正化过程都把它变成直线。就重正化过程而言，直线是一种"普适吸引子"。

相反，如果你从一个有棱角的东西开始进行重正化，使角总留在图景中，则极限曲线将是两条交成一定角度的直线。因而直线只对适当类型的初始曲线即光滑曲线是普适的。

研究相变的物理学家们发现了类似的普适性现象。某些称为临界指数的物理量倾向于取同一些值，而与精确的数学模型无关。原因在于，在重正化之下所有各式各样的模型看起来都相同；临界指数只取决于重正化后的模型。

费根鲍姆映射

费根鲍姆意识到，他可以把同一技巧应用于无花果树。无花果树的标度比类似于临界指数，所以在相变中观测到的普适性必是在不管映射可能是什么的情况下无花果树中总出现同一标度比的原因。

我们记得无花果树是一张图，它显示周期 1，2，4，8，16，…的周期循环随参量 k 的变化而相继创生。

基本思想是，周期每一次相继的加倍都是经由相同的机制发生的。周期 2^n 循环失稳，生出周期 2^{n+1} 循环。发生这情况的途径是 2^n 循环的每一点都一分为二。如果你在 2^{n+1} 循环刚出现之后凑近细看它，点对会变得模糊不清，你仍将看到老的 2^n 循环。

有一种数学技巧可让你正好选取 2^n 循环的一点，观察它如何一分为二。现在，你正在观看数学显微镜下 0 到 1 区间的一小部分。撇开这一小区间的大小不论，发生分裂的几何结构几乎是相同的。确实，如果你把数学显微镜下所看到的拍成照片，把它放大到标准尺寸，则在相继周期倍化处的相继图景看上去愈来愈像。因此，当周期的大小趋向无穷大，你接近无花果树的最末梢时，相继的照片愈益接近某个极限图景。

与重正化的类比现在清楚了。从数学上看，过程是相同的。那意味着，我们通过追问极限图景是什么——以及它对应于何种映射，可以把类比推得更远。

首先，我们可以期望无论原映射可能是什么——逻辑斯蒂映射、三角映射或任何其他只有一个峰的映射，类似的图景都适用。要点是，在所有这些情况下，极限图景的形状都相同——正像圆或椭圆被重正化后都产生直线一样。

要找到对应于普适极限图景的映射，我们首先观察到——在"圆类比"里——直线具有一个特殊性质，使它显得不寻常。直线在重正化后和原来完全相同——精确自相似。假设你能找到一个非常特殊的映射，对于它，放大显微照片的过程不趋于一极限形式，而是每一步都复制出相同的形式。就是说，它的分岔图是图82原型，是精确地自相似的。因此这一特殊映射所起的作用应当与直线所起的作用相类似。我们把它称作费根鲍姆映射。同直线一样，它在重正化过程中不变。费根鲍姆认为，不管你从什么映射开始，它在重正化之下都将趋向这一特殊映射——恰如任意光滑曲线都趋向直线一样。

就费根鲍姆映射而言，无花果树相继芽枝以恒定速率收缩是它的定义的直接推论：这恒定速率就是相继照片为重复同样形状所必须放大的比率。搞清楚费根鲍姆映射看上去应该像什么，你就能一劳永逸地计算出这个放大率。你只得到一个数，因为只有一个费根鲍姆映射。碰巧这个数是 4.669 201 609 0。好，它必须是什么。

然而，对任何别的映射，相继放大不仅仅彼此更加相像——它们与费根鲍姆映射的图景相像。所以它们的无花果树的收缩速率愈来愈接近费根鲍姆映射的速率。因此在极限处，你得到同一个比率 4.669 201 609 0。

椭圆和圆都重正化到直线，而直线可以自相似性为表征。同理，逻辑斯蒂映射和三角映射都重正化到费根鲍姆映射，而这也可以自相似性为表征。

费根鲍姆对整个过程有一个更复杂的印象。有一种动力学系统在进行着，但它用的是映射，而不是数。它是一个离散系统，给定的映射在每一步都通过俯视显微镜和取放大照片而变换到下一个映射。费根鲍姆映射就是这系统的吸引子。不论你从何种映射开始——逻辑斯蒂映射，三角映射，诸如此类，动力都使它靠拢费根鲍姆映射。所以它的那些只依赖于放大过程的后阶段的性质都变得与费根鲍姆映射的性质益发相像。

特别是你只得到一个数 4.669 201 609 0，因为在这一映射动力学系统里只有一个吸引子。费根鲍姆的魔数像 π 一样，是一个自然又基本的数学常数。如果大麦哲伦云的绿触须数学家大量进入动力学，他们可能以为它只是向其余智慧宇宙发送信号的小玩意儿。

费根值

研究相变的物理学家已习惯于这种普适性，即不同数学模型导向相同数值解答的趋势。他们无法证明它总是这样，但他们毕竟学会了利用它。如果许多模型给出同一个解答，则你可以择取无论哪个使计算最易的模型。

一旦数学家弄清楚了费解的内容，费根鲍姆便处在一个相当有利的地位。他能够证明，不同的映射永远给出同一个标度比。在他的理论的严格形式里，数 4.669 作为算子的本征值（eigenvalue）出现。本征值量度在特定方向上拉伸的程度。所以喜欢一语双关的物理学家把 4.669 戏称为费根值（Feigenvalue）。

费根值的普适性是相对的，不是绝对的。就具有像抛物线那样的峰的单峰映射而言，标度比总是 4.669。对于多峰，或者显著不同的峰形——比如说扁平峰或尖峰，则标度比不同（图85）。但那时又有另一个整个范围的映射，它们的标度比是新的数。千变万化的映射范围归并于各个普适类；每一类内的标度比总是相同的。

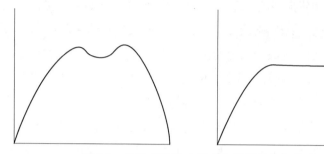

图 85　多峰或平峰映射产生不同的费根值

此外还有另一些与非线性映射的动力学有关的数，它们同样是普适的。例如，对于无花果树，当用参量 k 测定时，标度比 4.669 是嫩枝长度之比——或者更确切地说，是它们的水平投影之比。要是你详察无花果树的图景，你会注意到小枝打开得不像大枝那么快。小枝开放的速率也以一个普适常数为标度，但这回是一个不同的常数：2.502 907 875 095 7。

双刃剑

所有这一切对混沌模型的实验检验有着虽难理解但却重要的意义。许多真实系统看来要经历一系列周期倍化——等一会儿我们将碰到一个。于是自然模型便是沿逻辑斯蒂映射路线的动力学系统。根据费根鲍姆的普适性成果，可作出两个实验预言。相继加倍之间间隔的大小比应是约 4.669；小枝开放的速率应当产生约 2.502 的比率。

验证这两个预言是十分直截了当的。你进行观测，然后计算两数。因而这理论是可证伪的：如果它错了，你会另外得到例如 6.221 和 0.074 两个数。得到的数接近所预言的费根值确属惊人的巧合，除非理论基本上正确。

请注意，我们正从一个纯粹定性的模型得出定量的数值预言。不可思议！

但是奇迹带有价格标签。正是使奇迹成为可能的现象——普适性——同时意味着实验无法将普适类中的映射互相区分。三角映射将经受与逻辑斯蒂映射一样的实验检验；任何单峰映射都将如此。

假定实验真的像预言的那样，产生 4.669 和 2.502 左右的数，我们就能因此确信，这种性态真的可由一个沿着无花果树向混沌攀登的离散动力学系统描述。但是准确地哪个系统是另一回事。检验针对的是一整类方程，而不是一个特定的方程。

这一过程全然不同于传统的实验观，在后者中，单个特定模型方程的预言是与现实相比较的。

另一件事。假设你不知道费根值 4.669 是普适的。假设逻辑斯蒂映射是你知晓的唯一的单峰映射。重复进行促使费根鲍姆产生他的理论的计算，你将能够从那特定方程取得数 4.669。当实验证实它时，你会以为自己已经获得支持逻辑斯蒂映射模型的坚实依据。你不会想到，其他任何相似定性类型的模型也将精确地给出同一个数！

例如，想象在另一个宇宙里你的另一个化身使你再生为伽利略。你创造了一种理论，认为抛入空中的物体画出一条抛物线。你算出几个数，做了实验，结果符合得很好。你便足够有理地断言抛物线是正确的。你从未想到，或许许多别的理论会给出同样的数，或许你根本就没有证实抛物线。

因此，费根鲍姆的普适性发现是一柄双刃剑。它使得通过实验检验特定的一类混沌模型相对地容易；但它分辨不清这类中的不同模型。

一条出路是寻找更灵敏的检验方法：比如说检验周期倍化序列的精细结构，而不仅是它在接近于聚点即无花果树的最外缘处的性态。

而另一条出路则是认为对于某些目的（例如，在接近无花果树最外缘处的性态是什么？）而言不同模型之间的差别并没关系。不仅定性地，并且定量地。对那些目的来说，同一普适性类中的任何理论都一样奏效。

湍流空想

如我所说的，费根鲍姆开始研究的湍流，包含流体运动的极为特殊而复杂的方程组，即纳维-斯托克斯方程。可是他不研究那些方程，而醉心于研究一个简化的人为方程，即逻辑斯蒂映射。他由此作出了一个无法估价的发现：普适性。他从未把它从复杂的方程中得出来——即使它们更贴近现实。有时候现实主义会是一种痛苦。

研究微分方程的数学技巧包括把一个问题转化为表面上不同的问题的所有技巧。有变量代换，即在不改变内在模型的前提下改换方程的形式；有消除许多变量根本不加以考察的约化法。技术上难以把这些技巧应用于纳维-斯托克斯方程；但是你可以想象一下有无可能而不必去对抗那些障碍。

现在，指望任何型式的数学分析从纳维-斯托克斯方程中提取真正的逻辑斯蒂映射是一种奢求。没有普适性，逻辑斯蒂映射的分析不过是单个例子，可能并不表征任何别的东西：即是孤立的、无用的计算。但混沌的实质，即拉伸和折叠，极有可能在湍流中被发现。并且展示拉伸和折叠的最简单系统就是那些定性的类似于逻辑斯蒂映射的系统。根据普适性，所有这些系统都将产生相同的费根值。

结论：如果碰巧在纳维-斯托克斯方程内隐匿有含单峰映射的数学过程，则标度比是 4.669 的周期倍化级联必将存在。你不必提取映射来作出这一预言。所有你需要做的就是猜测这样一个映射可能在某个地方。它是一个带有偷窃胜过诚实劳动的全部优势的预言。

但无论它的道德状况怎样，它仍是一个上好的预言：你可以去做实验，看看数 4.669 是否出现。如果它出现，你便获得了在纳维-斯托克斯方程中的确潜伏有某种混沌动力学特性、奇怪吸引子、单峰映射的铁证。实验证据支持数学定理！

怪事。

顺着这些思路想下去之后，费根鲍姆提出了通往湍流的一条新路。不是霍普夫和朗道力主的附加独立摆振的累积。不是吕埃勒和塔肯斯提出的一、二、三得混沌之道。而是一条累积起一些发生得愈来愈快、攀缘无花果树、从小枝顶端采摘混沌果实的周期倍化的道路。

它彻头彻尾是高度推测性的。没有多少人愿意为流体赢得从一个简单又人为的映射向那历史悠久的偏微分方程的飞跃。人们也不喜欢费根鲍姆的理论中完全缺乏物理内容。"它是一个混沌动力学系统，哪个系统都没什么关系，就算实验行得通，它还是无助于你弄清楚哪个。"令人狼狈不堪。

然而费根鲍姆的飞跃并不是向着一个无根据的结论的推测性飞跃。它是向着一个根据确凿的结论的想象力飞跃。它是正确飞跃的机会比大多数人愿意承认的更好些。

想到比看到的更多的第一个证据来自对更现实的流体方程进行的计算机计算。有时候可通过这些计算产生周期倍化级联。当它们确实产生了，就可以算出标度比。接近 4.669 的数有显著的突现习性。

缺少的是对真实流体进行的真实的实验，它给出同一个数。

由于命运的又一播弄，即对基础科学来说很独特的暗中摸索，这种实验早就完成了。但无论费根鲍姆，还是检验过他的理论的实验家，却都不知道他们的结果有什么共同之处。

冷和静

液氦是地球上最神奇的物质之一。冷却到将近绝对零度的温度时，它能自行爬出容器，这是量子不确定性的宏观表现。在量子理论中，你不能绝对肯定液体就在容器内；氦就是通过这一量子孔洞逸出的。你在大街上找不到液氦：不是因为它逃掉了，而是因为它必须在实验室里用复杂的方法产生极低的温度（－270℃左右）才能制成。但对低温物理学家利布沙伯（Albert Libchaber）来说，液氦是老朋友了。值得费那么大劲研制液氦的原因在于它很纯，用它做实验很"干净"。

室温时，液体的原子受到热躁动的推动，无规则地胡乱冲撞。看上去平平静静的一杯水，在原子尺度上实际上是遭受风暴肆虐的沸腾的海洋。这些热效应产生"噪声"——不是指通常意义上的"噪声"，而是指实验数据的无规则扰动。你要想接近原子尺度的精度，噪声会把你的结果弄得一塌糊涂。就像试图在鸡尾酒会当中倾听夜莺的叫声：信号为周围喋喋不休的谈话声所淹没。

要消除噪声，你必须叫狂欢者住口，即减缓热躁动。换言之，就是降低温度。最低可能温度是绝对零度，即−273℃。在绝对零度时，绝无一点热噪声，甚至原子都冻结了。

但你不能用已冻成固体的流体做有关流体流动的实验。你需要一种物质，它甚至在温度接近绝对零度时依然是流体。在这方面，氦是独一无二的。它是可用来完成这些高度精确实验的唯一物质。因此，不管愿不愿意，你要想流体流动加上高精度，你就得是低温物理学家，就得用液氦进行研究。如果你对量子效应不感兴趣，而对经典效应感兴趣，氦是很随和的：它一旦升温到惬意的−269℃，就表现得同经典流体一般无二。

氦卷

1977 年，像物理学和流体动力学方面的许多研究人员一样，利布沙伯对对流（convection）发生了兴趣。他知道另一些实验家例如斯温尼和戈卢布都对霍普夫-朗道累积摆振理论有所怀疑。假如利布沙伯是一名画家，他一定会画微型画；假如他是一名工程师，他一定会造瑞士手表。他喜爱小巧、整洁、精确的东西；正是那样的属性首先把他吸引到低温物理学。其他人可能在长达 30 米的风洞里研究流体流动，利布沙伯的装置却可装进你的口袋。他使用的流体量还没一粒沙多。

利布沙伯制作了一个小巧又精确的不锈钢盒，里面盛满液氦。用由蓝宝石制成的小型仪器监测几个选定地方的流体温度。小盒的空间仅可供一两个仪器监测。然后加热盒底，使盒底温度比盒顶高几分之一度，造成一种温度逆增，使较暖流体上升，较冷流体下降。在他的小盒内，利布沙伯能创造出几乎无噪声的对流，并测定它们的性态。

许久以前，大物理学家瑞利就已研究出在这样的盒中对流刚发生时的情况。流体形成柱卷，像砍倒的树干肩并肩堆在一起那样平躺着，相邻的卷以交错方向旋转（图86）。这也是洛伦兹研究过的系统，但利布沙伯研究的是真实系统而不是近似的数学模型。

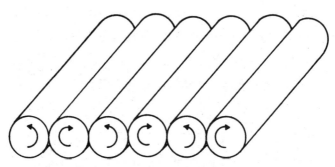

图86 流体对流中的平行卷：相邻的卷做反向旋转

利布沙伯的盒子设计得如此小巧玲珑，以致恰好有容两个卷的空间。如果盒底略微受热，则两卷发展出摆振，像一对配合默契的跳摆腹舞者那样颤动着。这又与经典预期相符。

下一步发生的事情则不然。出现新的振荡，但不像霍普夫-朗道的摆振，它的周期并非与当前的摆振无关，而是以恰好2倍于前一周期的周期振荡。温度略高一点时，尚可隐约辨出4倍，8倍，或许16倍周期的振荡。温度再高一点，－267℃时震耳欲聋的原子热噪声淹没了测量。

利布沙伯用从他的观测结果算出的功率谱（图87）检测这些

振荡。我们记得功率谱中的尖峰代表强的分频率。扫视图景序列，起先你看到单峰，然后是几个相隔较近的峰，以此类推。间距每次分为两半，表明周期——与频率成反比——每次都加倍。最后一幅功率谱显示出宽带，表明混沌的存在。

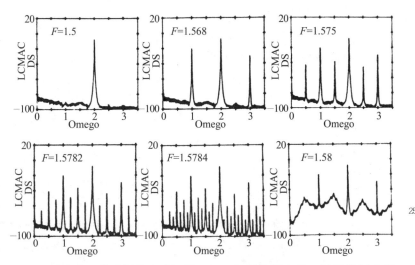

图 87 对流中无花果树的实验证据。每一组新峰都在前一组峰的正中间出现，表明周期倍化的存在。图中可见 4 个周期倍化序列，后面跟随着混沌

　　利布沙伯发现了一个周期倍化序列。一棵物理学无花果树。在他看来，它是一个新奇而费解的现象。

　　然而到 1979 年，他与费根鲍姆取得了联系。这时他才恍然大悟他的观测结果是什么，才知道那些结果有什么用处。费根鲍姆像一个魔术师，他从混沌大礼帽中抓出了普适性的兔子。利布沙伯只要对他的周期倍化序列计算标度比，看看它是否接近4.669。

　　果然如此。足够接近到可以做进一步的值得做得更精确的

实验。

再经过几年，世界各地科学家们完成的一大批实验完全证实了费根鲍姆的预言。不仅仅在湍流中，并且在所有各种物理系统中：电子学系统，光学系统，甚至生物学系统。人物，地点，文化——时机现在也成熟了。应有尽有。

混沌是事实，不是理论。

大科学从小无花果树长出。

第 11 章

实体的脉络

> 我们有
>   微菌的
>   宇宙图，
> 我们有
>   宇宙的
>   微菌图。
>
> ——霍卢布（Miroslav Holub）①,《翅》（*Wings*）

据说一位农场主雇用了一队科学家，要求他们设法提高他的日产量。（如果你以前听过这个故事，就此打住。）工作半年后，他们提交了一份报告。农场主开始阅读，开篇第一句话是："考察

---

① 霍卢布（1923～1998），捷克斯洛伐克临床医学与实验医学研究所资深科学家。——译者注

一头球形牛。"

在这一老掉牙的传说背后有一个重要的教训。我们在自然界中见到的形状和数学的传统几何形状，彼此并不总是十分相像。

有时候它们相像。1610年，伽利略说自然界的语言是数学，"它的标志是三角形、圆和其他几何图形"。他在动力学中的显赫成就解释了他的观点。但到1726年，斯威夫特在格列佛的《勒皮他游记》(*Voyage to Laputa*)中嘲笑了这种哲学："如果他们要赞美妇女或者其他动物，就用菱形、圆、平行四边形、椭圆和别的几何术语来描述。"①

这些引文在芒德勃罗(Benoît Mandelbrot)《大自然的分形几何学》(*The Fractal Geometry of Nature*)的广为引用的一段话中找到了现代的回声："云彩不是球，山峦不是锥，海岸线不是圆，树皮不光滑，闪电也不沿直线展开。"和他的前辈们不一样，芒德勃罗——约克敦高地IBM公司的一位高级研究人员，目前他还在耶鲁和哈佛大学兼职——决心做些与此有关的事。从20世纪50年代末到70年代初，他推演出一种能描述和分析物质世界结构的不规则性的新型数学，并为其中所含的新几何形式取了一个名字：分形。

20世纪70年代，混沌和分形都处在草创阶段，两者表现得风马牛不相及。但它们是数学兄弟。它们都与不规则结构斗得难解难分。在它们中间，几何想象力至关重要。不过几何学在混沌中附属于动力学，而在分形里则居统治地位。分形为我们提供了描述混沌形状的一种新语言。

① 参阅《格列佛游记》第147页，斯威夫特著，张健译，人民文学出版社，1979年。——译者注

测量的标度

物理现象通常发生在测量的某种特征标度之上。例如，宇宙的结构在数百万光年的长度标度上得到极好的描述。微生物的结构则含有接近微米的标度。我觉得，现象和测量标度之间的这种相互作用实际上是由人脑的局限性产生的假象，而不是关于自然的真正真理。我们的头脑并不能在细微层次上领会大如宇宙一般的事物。所以我们把它分解为像银河超星团那样的大标度结构，然后把它们划分为银河星团，后者又细分为星系，星系分为单独的恒星，以此类推。可是，大自然在所有标度上同时起作用。尽管如此，我们认识自然的努力必然引进测量的标度，这些标度在我们看来是"自然的"。

这一处理方法对那些只含小范围标度的现象很管用。它对大范围标度占主要地位的那些现象则不太管用。例如相变（其中几十亿个原子的一大块突然改变它总的物理特性）的机理，有把自身扩展到相当大范围标度，把微观标度与宏观标度混合在一起的趋势。这就是何以相变的数学显得非常之难的一个原因。

对付这种问题的较新技术之一业已登场：重正化。如上所述，这是一种通过重复放大整体的愈来愈小的部分，寻求自相似物体或过程的无穷小极限结构的方法。按定义，自相似物体不具有特征长度标度：它们在众多的不同测量标度上看上去差不多一样。

几何学的正统形状——三角形、圆、球、圆柱——在放大时都丧失了它们的结构。我们已看到用足够大的标度观察时，圆是怎样变成无特征的直线的。认为地球是扁平体的那些人所以这样认为，是因为对小小的人来说地球看上去就是那样子。芒德勃罗发明了"分形"这个术语来描述截然不同类型的几何物体：在大范围标度上连续展示精细结构的物体。实际上，理想的数学分形在无限标度范围上都有结构。

雪花和海岸线

海岸线是天然存在的分形的一个佳例（图 88）。在不同标度上描绘的海岸线图，全都显示出相似的湾、岬分布。每一个湾都有它自己的小湾和小岬；那些小湾和小岬又有更小的湾和岬，以此类推。同样普遍的结构可见于墨西哥湾的大弯曲处、塞纳河湾、毗邻兰兹角的潘多瓦湾、阿卡普尔科海滩上两块礁石之间的缝隙、甚或单块岩石的个别缺口。斯威夫特的打油诗（它启发了前面引述的理查森的模仿之作）虽然是分形界内的陈词滥调，但它再贴切不过了，不能省去：

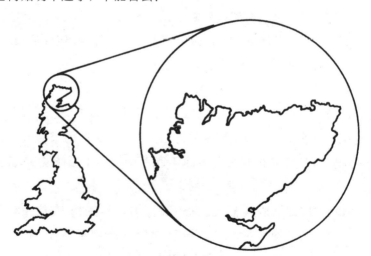

图 88　海岸线的分形结构：放大时出现新的湾和岬，并且仍然与实际海岸线很相似

于是，博物学家们发现，

跳蚤被小跳蚤啮噬，

小跳蚤被小小跳蚤叮咬，

如此这般，没完没了。

一种带有同样一些一般特征的数学曲线，是始于 1904 年的科克（Helge von Koch）[①]的"雪花曲线"（图 89）。在这里，湾和岬

图 89　一种数学分形——雪花曲线

---

① 科克（1870～1924），瑞典数学家。——译者注

是逐次缩小的等边三角形。你别想用科克雪花来模拟天然海岸线，因为自然界的海岸线不是从等边三角形刻出的。但雪花曲线的确惟妙惟肖地抓住了海岸线的一个重要特征，即标度变换性态。天然分形和数学分形不仅在所有标度上都有结构，并且在所有标度上都——合乎情理地——有同样的结构。

把一小段海岸线放大到 10 倍，看上去仍像海岸线；对一段雪花曲线亦然。我们已接触过这一概念：自相似性。在一种情形中，相似性只是统计性的：湾和岬的平均比例在标度变换之下依然如故，尽管它们的精确排列会有所变化。在另一种情形中，它则是数学上精确的。

并不是一切自然物体的标度都是如此：例如斯威夫特的跳蚤。蚤能跳 1 米左右远。假如把它放大 1 000 倍，变得庞大如象，它肯定不能跳 1 000 米远。相反，它的腿连自身的体重都承受不了。跳蚤具有自然长度标度：海岸线却不然。

一又四分之一维

大物理学家卢瑟福（Ernest Rutherford）[1]说过："定性就是定量不足。"但对分形的所有个别细节作定量测定几乎不可能。幸亏分形粗糙度的数值度量容易得到。原先它因发明并发展它的两位数学家豪斯多夫（Felix Hausdorff）[2]和别西科维奇（A. S. Besicovitch）[3]而命名为豪斯多夫-别西科维奇维。如今它通常称为分维。

我们习惯于这样的概念：线是一维的，面是二维的，体是三维的。但在分形世界里，维有更宽的含义，它不必是整数。海岸线

---

① 卢瑟福（1871～1937），英国物理学家。——译者注
② 豪斯多夫（1868～1942），德国数学家。——译者注
③ 别西科维奇（1891～1970），苏联数学家。——译者注

的分维通常在 1.15 到 1.25 之间，雪花曲线的分维则接近 1.26。所以海岸线与科克雪花同样参差不齐。

乍一看，这一概念似乎太过离奇。说某物有一又四分之一维，怎么讲得通呢？但雪花曲线显然比一条一维的光滑曲线更多折多皱——更占空间，却较二维的平面更省空间。一和二之间的维是顺理成章的。为了掌握这一概念，我们给豪斯多夫-别西科维奇维下定义，同时又与平常空间上的通常维相一致。它的精确定义较复杂，不易讲清楚，但基本思想是对任意的（非整数）d 定义一个形状的"d 维容量"。于是这形状的豪斯多夫-别西科维奇维就是使 d 维容量从无穷大向零变化的 d 值。

每一形状都有一个特定的 d 值，这时 d 维容量作这一转换。例如，就康托尔集而言，可以证明 d 是 $\log 2/\log 3$，约等于 0.630 9；对于雪花，$d = \log 4/\log 3 = 1.261 9$。

发明科克雪花和豪斯多夫-别西科维奇维，为的是展示数学的局限性，倘使认为这些人为调制品与物质世界有什么关系的话，它们的发明者们会发笑的。但大自然更加知情。

"别碰几何学"

青年芒德勃罗想成为一名数学家。他的叔叔佐列姆·芒德勃罗伊（Szolem Mandelbrojt）[1]已是数学家。他给侄子以忠告："别碰几何学。"他叔叔那个时代的数学风尚，倚重严格分析，轻视视觉意象。叔叔敦促这位年轻人研究并赶超完全抓住这要领的一件数学研究工作，即法国数学家尤利亚（Gaston Julia）[2]关于复分

---

[1] 芒德勃罗伊（1899~1983），法国数学家。——译者注
[2] 尤利亚（1893~1978）。——译者注

析——$\sqrt{-1}$的微积分——的一篇长达 300 页的论文。尤利亚表明，复数的简单映射会产生极其复杂的形状。几乎同时，尤利亚的一位竞争对手法图（Pierre Fatou）[①]也研究了同样的问题；他们两人联手包揽了整个领域。至少在 20 世纪 40 年代看来是这样。尤利亚和法图对他们的形状只画了些很粗略的图：芒德勃罗未受触动。同他之前和之后的许多年轻人一样，他对长辈的忠告置若罔闻。

1958 年他成了 IBM 的职员，从事各种外表上无关联问题的研究：语言学中的单词频率，信息传输中的误差爆炸，湍流，银河星团，证券市场的涨落，尼罗河的水位等等。但到 20 世纪 60 年代初，他开始认识到他的所有工作都有某种相互联系：不规则现象的几何结构。

1975 年芒德勃罗用一个词——"分形"——囊括他的思想。他把它用在同年出版的杰作《大自然的分形几何学》的书名里。这部书在图形意义上高度几何性，书中塞满了生动而美丽的计算机图形（图 90）。佐列姆叔叔原来不过如此。

分形的描述力立刻呈现出来。山岭、海岸线、月景乃至音乐的"分形赝品"——计算机产生的人工图案——几可乱真。但是分形理论能超越纯粹描述，给科学以更深刻、更具操作性的意义吗？它能用来预言新现象，拓宽我们对自然界的认识吗？还是它仅仅是描述性的？

另外，它在数学中的合适位置是什么？

20 世纪 70 年代中叶，混沌理论只为少数专家所知。芒德勃罗的著作并未提及混沌动力学本身。但这本书含有许多与混沌直接

---

① 法图（1878~1929），法国数学家。——译者注

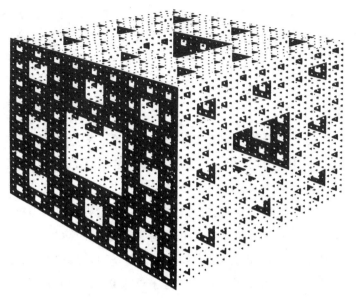

图 90　门杰(Menger)海绵,分维 log 20/log 3＝2.726 8

相关的论题,例如流体湍流和宇宙的大标度结构。或许其中最基本的分形(即康托尔集)的确是奇怪吸引子的几何结构中所显露的客体。

如今,许多事情明朗得多了。特别是,像圆和球那样的光滑形式——流形——与像分形那样的粗糙形式之间的几何差异,结果证明精确等同于经典数学的平庸吸引子与混沌的奇怪吸引子之间的差异。实际上,现在习惯把奇怪吸引子定义为分形吸引子。

并且,分维——由豪斯多夫和别西科维奇发明,却为应用科学家所忽视,直至被芒德勃罗发掘、磨光和利用的怪异分数——原来就是支配动力学种种定量特性的吸引子的一个关键性质。

因而分形在科学中现今以两种不同方式出现。它们可能作为主要的客体出现,作为研究不规则过程和形式的一种描述性工具。或者它们可能作为内在混沌动态的一种数学推论。为了说明其间的差异，以及诸概念的范围，下面我们巡视一下两种分形建模。

硅谷

分形的直接应用很多在表面物理学方面。表面是发生有趣事情的地方。凭窗远眺：我们称之为生命的君主复杂性在地球表面一薄层内行受觐礼。表面是相争政权间的边界，是异国世界互相接壤的地方。表面地形在整个科学中都处于重要地位。当抗体与病毒结合，或酶与 DNA 大分子结合时，它们所以这样，乃是由于它们对特定表面形状的某种亲和性。脊髓灰质炎病毒的表面（图91）①是分形，这便影响不同化学分子与它相互作用的方式。对工业非常重要的化学催化剂，通过促使在表面上发生反应而起作用。冶金学家关心裂面的形式，地质学家关心山脉的形式。同样的形态会在许多标度上出现：硅表面的扫描隧道显微照片看上去和大峡谷②没什么两样。

其他种种地形也很重要。矿砂极少均匀分布在岩石中。黏土具有非常复杂的松散叠置分子层结构，如果这一由纸牌搭成的分子房崩溃，貌似硬实的一块地会突然变成一潭泥淖，恰似几年前墨西哥大地震中发生的情况。宇宙的终极命运决定于内部物质的分布。

1980 年，斯特普尔顿（Harvey Stapleton）研究了含铁蛋白质分子的磁性质。如果把晶体放在磁场中，随后撤除磁场，它便以

---

① 此图用作《上帝掷骰子吗？》英文 1990 年平装本的封面。——译者注
② 指美国亚利桑那州西北部科罗拉多河的大峡谷。——译者注

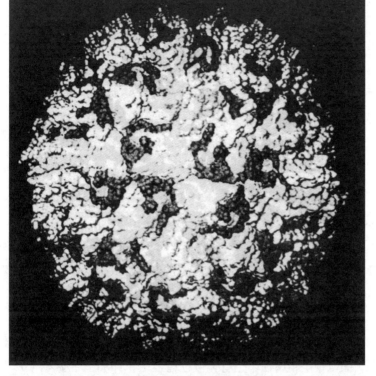

图91　计算机产生的脊髓灰质炎病毒表面的模型,显示它的粗糙而不规则的结构:分形模型比光滑表面更恰当

特定方式失去磁化。这一"弛豫速率"可以定量测定,对于晶体它总等于3。这是因为晶体是三维物体。但对蛋白质,斯特普尔顿得到像1.7这样的值。他认为这可用蛋白质的几何结构来解释。典型的蛋白质分子以极不规则的方式折叠和扭弯。扭弯类似于分形,数1.7可解释为它的分维。

最近,里斯(Douglas Rees)和刘易斯(Mitchell Lewis)证明,蛋白质表面——例如在血液中专司输送氧气的血红蛋白的表面——

是分形表面。他们对 X 射线衍射数据作计算机分析，发现蛋白质表面具有 2.4 左右的分维。这提示表面非常凹凸不平——事实上酷似一个揉紧的纸团，它的分维约 2.5。里斯和刘易斯还发现，蛋白质表面的某些区域较另一些平滑——前者的分维比后者的小。就像"维可牢"搭链一样，蛋白质在表面最为凹凸不平的地方贴得最紧。平滑区域似乎是与蛋白质结合得较松散的酶的活性部位。因此，分形几何学使生物学家得以对重要生物分子的表面结构进行定量测定，并把表面结构与生物分子的功能联系起来。

聚集和逾渗

笔者过去常住在乡下，拥有一座壁炉，能焚烧砍倒的被甲虫蛀死的榆树。我们还有一把清扫的刷子：买刷子比雇清扫工划算。我从来就不喜欢扫烟囱，因为我总想象一缕缕烟灰弥漫全部家什。

烟灰四处落脚，因为它柔软而易飞散。它所以柔软而易飞散，乃是因为它由碳粒子松散地黏结聚集而成。在金属的电解沉积（即电镀）和腐蚀中也有类似过程发生。1983 年，威顿（T. A. Witten）和桑德尔（Leonard Sander）就这种过程提出了一个有影响的模型，称作扩散置限聚集，简称 DLA。在 DLA 里，单个粒子无规则地扩散，直至碰到生长着的聚集物，然后就附着在碰撞部位（图 92）。在平坦表面上的这一过程的计算机仿真产生分维为 1.7 的松散分枝结构，好像不规则的蕨类植物。三维空间内的类似过程则产生约 2.5 维的分形串。

当黄金在表面上沉积时，它先呈串珠状，就像淋浴后浴室内剩下的水，或蜘蛛网上的露水一般。这些串的生长很好地对应于 DLA 模型。沉积在平坦表面上的黄金胶体产生约 1.75 维的串，同

图 92　在计算机上生长出来的 DLA 粒子串
[《自然》杂志第 322 卷第 791 页]

仿真值相近。在黄金沉积中还有一种值得注意的分形相变。随着添加的黄金愈来愈多，分枝串开始衔接，直到在某一明确界定的临界状态，它们都串接在一起成为一整块。这一逾渗转变意义重大，它的变种在许多不同物理系统里都存在。逾渗本身也可用分形做模型。

油和水怎么会不混合

一个十分类似的分枝过程称作黏性指进，它是已被长期研究过的对石油工业有一定意义的课题（图 93）。为了从油井中提取石油，要加压注入水。由于油和水不相混合，石油便被排挤出采油井。但是，水流经油的方式出人意料地复杂，提取的石油量不像人们预计的那么多。更好地认识这一过程，可望更有效地实施开采。

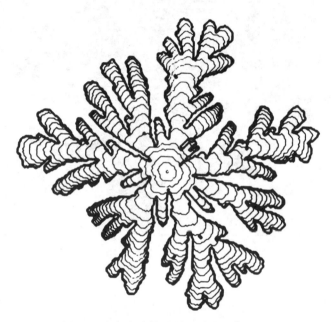

图 93　注入水中的油的黏性指进[《自然》杂志第 321 卷第 668 页]

　　研究这一问题的标准实验装置，称作黑尔-肖室（Hele-Shaw cell）：两块平板玻璃之间夹一层薄薄的油。水通过一块板中央的孔注入。起先它呈圆盘状扩展，但如果油与水的分界面变得过于平直，水就变得不稳定而隆起，长成以星状模式渗进油的"手指"。这些手指反复经历同样型式的不稳定性，使它们在指尖处变得过宽时分裂。结果是反反复复地分枝生长，和生长中的植物没什么不同。据尼特曼（J. Nittman）、斯坦利（H. Eugene Stanley）和同事们的实验，维数约是1.7。这很接近于DLA的情形，如今有越来越多的证据表明这两个过程在数学上是相关联的。

实际上，石油除了同石粒或沙粒混合在一起外，并不在大的自由空间里出现。费德（Jens Feder）等人研究了多孔介质中的黏性指进，发现分维减到1.62左右。这意味着当石油散布在多孔岩层内时，注水收效不大。这种数学分析会有助于石油公司更加行之有效地提取宝贵的石油。

宇宙和万物

"当一位年轻人在我的实验室里用'宇宙'这个词时，"卢瑟福说，"我对他说他该走了。"可是，生命、宇宙和万物的大问题有着夺人的魅力。分形学家不可能置身于局外。

天文学家过去常认为，宇宙的结构在大标度上处处同一——星系和真空的一个均质的、充分搅拌的混合物。事实上，这一信念产生过一个佯谬。1826年，奥伯斯（Wilhelm Olbers）①指出，由于恒星的直径和光输出都随恒星距离的增大而成比例地减小，夜空应该是均匀透亮的，但事实显然并非如此。对这一佯谬提出的解答往往集中于遮掩遥远星光的机理，例如星系间的尘云。按照新近的提法，夜空看上去之所以如此，是因为宇宙的历史尚未到无穷的时间，以致多数遥远的星光尚未到达我们这儿。这一理论断言，只要我们等待的时间足够长，奥伯斯将被证明是对的。他只不过超前他的时间几十亿年罢了。

---

① 奥伯斯（1758~1840），德国天文学家。——译者注

芒德勃罗在 20 世纪 60 年代提出不同看法。他认为，宇宙的结构可以是均质的，但这不意味着物质分布是均匀的——假如分布是分形分布。奥伯斯佯谬的最终解答尚属未知，但宇宙确实具有复杂的结构，这结构与其说像均匀结构，毋宁说与分形更相像（图 94）。

图 94　地球 1 000 光年以内星系的分布。它是分形分布吗？

星系的位置可以很精确地测定，但为了标绘出星系分布的三维图，还必须估算它的距离。标准方法是利用 1929 年美国天文学家哈勃（Edwin Hubble）[1]提出的一个经验假说，称为哈勃定律。天文学家能够测定恒星或星系发出的不同颜色的光，从而得到它的光谱。哈勃定律说的是，星系越远，它的光谱越向红侧移动。这完全等同于使物理学家得以用激光测定流体速度的多普勒效应：意思是宇宙正在膨胀，所以星系越远移动得越快，因而红移越大。

新的仪器和摄影感光乳剂使得测定暗淡、遥远星系的红移更容易，因而更加细致的宇宙图景正在形成。星系并不均匀分布，而是形成带有巨大空穴的海绵状网络，空穴之间交织有纺丝样星系物质。分布在所有标度上都是丛生的，测得的分维是 1.2。

盖勒（Margaret Geller）和哈西拉（John Huchra）以相当不同的方式运用分形模型来研究星系分布的统计特性。诸如由星际尘埃所造成的分形串的模糊等多种因素，歪曲了观测结果；因此问题在于发展出把这些因素考虑在内的技巧。盖勒和哈西拉从模拟星系分布的分形模型出发，因为就这模型来说，"真实"位置都是研究人员已知的。歪曲效应也是可以模拟的。然后在模拟数据上检验消除歪曲的方法，以判断怎样更好地重建原分布。

宇宙中物质的分形分布，是许多宇宙学理论家困窘的来源，因为，宇宙的大多数模型都是基于爱因斯坦的广义相对论。所有此种模型都隐含地假设，至少在足够大的尺度上，物质是平滑分布的。原因在于，广义相对论使用微分方程描述时空曲率的变化。时空曲率决定质量的分布，任何可微分的东西必须平滑地变化。然而，大约 1990 年，遥远星系的分布的最佳可得观测表明，在（比如）十亿光年尺度上，宇宙的成团可能开始弄均匀，宇宙学

---

① 哈勃（1889～1953）。——译者注

理论家开始更为舒心地舒一口气。

无独有偶。1987年，由德雷斯勒（Alan Dressler）领衔的称为"七武士"的一组天文学家发现，银河及其临近星系看上去似乎都沿着相同方向排列（相对于遥远星系的平均运动），朝向狮子座。他们提出，必定存在某种物质的难以想象巨大的集聚把它们拉向同一方向，并把这一假想的超级星团命名为"巨吸引子"。图森的美国光学天文观测台的劳尔（Tod Lauer）和巴尔的摩太空望远镜科学研究院的波斯特曼（Marc Postman）实施了他们诙谐地称为"神志健全监测"的行动，以确定那个巨吸引子确实存在。他们研究了一组三十倍于"七武士"所观测星系的星系，惊奇地发现，多数星系都朝向处女座（临近狮子座）以每秒700千米的速度运动。他们断言，巨吸引子不仅存在，而且是更为巨大物质团的组成部分。甚至在十亿光年的尺度上，宇宙是成团的。

宇宙学家承认，他们确实不了解如此巨大的构造在宇宙的150亿岁的寿命里如何得以形成。创建此种大不规则性的引力不稳定性不够长，宇宙背景辐射表明早期宇宙在大爆炸之后不久就过于平滑，无法直接产生此种不规则性。正如盖勒所言："它是一个非常非常艰巨的难题，比人们认识到我出发时难得多。答案并非即将揭晓。"

分形赝品

分形最早的"应用"之一是计算机制图（图95）。要想在计算机里储存为重建月球那坑坑洼洼的表面所需的确切数据，绝对需要巨大的存储量：这对一系列月球地形来说理由充分，但如

图 95 沃斯创作的分形赝品：标码山上行星升

果目的在于为科学幻想电视剧提供可信的背景，就没有意义了。良策是"分形赝品"，它在不管精确细节的情况下模仿所需的形式。

事实上，分形和计算机乃天作之合。编程中最强有力的技巧之一是递归，即把问题拆分为一系列自身重复的程序。（例子：要建砖墙，先砌一层砖，后在其上建砖墙。"建砖墙"的过程是通过自身定义的。实际上你还必须规定这过程何时停止。这里，它应当在墙足够高时停止。）分形也解体为自身的副本：它们是递归几何结构。就分形而言，与墙不同，递归过程永远进行下去。

几年前，卡彭特（Loren Carpenter）制作了一部关于在分形景色上飞行的计算机影片，并受雇于皮克萨，即卢卡斯影片公司的计算机制图部。分形在影片《星际旅行之二：可汗之怒》（*Star Trek Ⅱ : The Wrath of Khan*）中用于为"创世记"行星制景，在影片《杰迪之归》（*Return of the Jedi*）中用来创制"恩多"卫星的地形和"死星"的轮廓。奥本海默（Peter Oppenheimer）则在计算机上用分形分枝过程产生抽象艺术作品（图 96）和逼真、别致的树与植物（图 97）。开创这整个领域的沃斯（Richard Voss）仍旧活跃：他的最新成就是用计算机创作令人叹为观止的云彩。

上帝掷骰子吗？——混沌之新数学

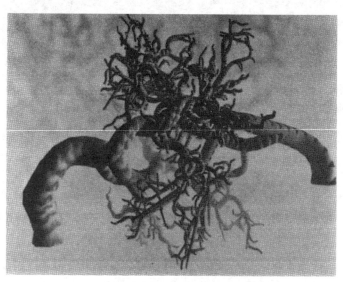

图 96 吻〔纽约理工学院（奥本海默）〕

图 97　树的分形赝品［纽约理工学院（奥本海默）］

云和雨

谈到云，……洛夫乔伊（Shaun Lovejoy）曾用"大地卫星"发来的数据分析真正的云，得出惊人的结论：云不仅是分形，而且在 7 个数量级上具有相同的分维（图 98）。这种一致性程度在自然现象中几乎前所未有，它表明云根本没有自然长度标度。这是一个奇迹。大气约 10 公里高，云是对流现象，所以人们会期望用 10 公里左右的显著的长度尺度来使它自己显示出来。它仍旧能做到，但不能在云的形状方面表现出来。

洛夫乔伊还研究了降雨，发现降雨区域的边缘是分形。并且，雨倾向于以不规则的突发形式泻下，短、长时间标度上的变动相似，所以雨的时间结构也是分形。黑斯廷斯（Harold Hastings）对酸雨作了类似的分析，意在改进对生态系统可能受到的破坏的预测。他还希望鉴定好的指示性品种，让它担任酸雨破坏的"预警器"。

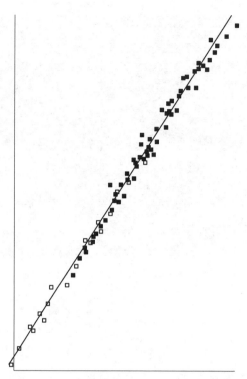

图 98 洛夫乔伊关于云的标度率特性的数据在惊人宽的标度范围内呈现恒定分维（由直线的恒定斜率表示）。横、纵坐标分别取云朵面积的对数和云朵周长的对数（实心小方块代表卫星数据，空心小方块代表雷达数据）

实质上的姐妹

　　分形在如此众多的方面显得新奇，以致人们容易错把它们视为一种与现有数学隔绝的全新世界。分形与混沌动力学间日益增长的联系表明这不是真的。分形和混沌聚首的一个地方是在湍流研究中。我们已经看到，1922 年理查森对湍流的经典研究方法是把它视为级联，其中流体运动的能量渐次传递到愈来愈小的涡旋。这种过程显然是分形。

我们还看到，湍流对混沌动力学爱好者们来说是一个诱人的课题。就像上校夫人和奥格雷迪（Jurdy O'Grady）一样，这两个湍流理论是"实质上的姐妹"①。奇怪吸引子都是分形。结构的复杂性既让分形作为物质世界的不规则几何结构的模型，也导致确定性动力学中的无规则性态。普罗卡西亚（Itamar Procaccia）对分形与湍流（包括湍流扩散）之间的联系，以及对前述洛夫乔伊观测云朵形状的结果的应用，进行了广泛的研究。我已介绍过斯温尼和他的研究小组如何从湍流对流的实验数据重建奇怪吸引子。他们还计算了奇怪吸引子的分维，以证实吸引子真的奇怪并定量测定它的奇怪度。

1986 年，斯瑞尼瓦桑（K. R. Sreenivasan）和梅勒沃（C. Meneveau）发表了一篇从分形观点研究湍流的引人注意的实验报告。他们观察被不流动流体包绕的湍流射流。射流的表面已知具有非常复杂的结构。他们设问射流的表面是不是一个自相似分形，如果是，它的分维是多少。他们的实验表明，答案是肯定的。对于在平板上发展的湍流层，测得的维数是 1.37。这提示对于三维流体中的流动，湍流与非湍流的分界面应当高一维，即 2.37 左右。"这一工作的不可抗拒的结论，"他们总结道，"是湍流的若干方面可以用分形粗略地描述，并且它们的分维可以测定。"不过他们警告，在毫无保留地宣称"湍流就是分形"这一论断之前，还有大量的工作要做。对奇怪吸引子理论也必须作出类似的警告：它们在湍流开始时很管用，而对充分发达的湍流则可能不很有用。

① 英国诗人吉卜林（Joseph Rudyard Kipling，1865～1936）有一首名为《夫人们》（*The Ladies*）的诗，其中有这样两句："上校夫人和奥格雷迪/实质上是姐妹。"指出身高贵的人与出身低微的人本质上是同一种人。——译者注

姜饼人

科学史上有不少讽刺现象。突出的例子是，法图和尤利亚的工作（它使得青年芒德勃罗因纯粹数学缺少几何内容而不愿加以研究）作为分形对主流数学的主要应用而复兴，因它的动人的图形美而广受青睐。我不说你也知道，芒德勃罗本人对这命运的意外转折负有责任。

尤利亚是庞加莱的学生，他研究了复平面的映射的迭代。今天你甚至写完这句话就立即得出结论："啊哈！离散动力学！"但在尤利亚的时代，没听说过映射的迭代与动力学有什么关系。动力学是连续的；迭代是离散的——好比糖浆与沙砾一般。

复数是形如 $z = x + y\sqrt{-1}$ 的数，其中 x 和 y 都是普通实数。这里"复"这个词的意义是"具有若干分量"而不是"复杂的"：两个实数 x 和 y 对应于一个单一的复数 z。而我们知道，两个实坐标定义平面内的一点。因此，正像我们把实数看作沿实数轴展开一样，我们可以认为复数在复平面内生存。复数有自己的一套算术、代数和分析；它们处于整个数学最重要、最优美的概念之中。它们所以存在，全仗纯粹数学的想象作用：认可 -1 被允许有平方根，扩大数的概念以包容这个大臆测。

尤利亚的理论是关于复映射的，例如 $z \rightarrow z^2 + c$，其中 c 是常数。要弄少许无害的数学花招，可把这看作逻辑斯蒂映射的复模拟。想法是，固定 c 值不变，随着这一公式的迭代，求任一给定初始值 z 发生的情况。

在最粗糙的层次上，观察到有一个显著差异。有的初始值 z 很快趋向无穷大；其余则不。想象取一画笔，给复平面的点着色。如果它们在映射的迭代之下趋向无穷大，着黑色；反之，着白色。你在描出无穷大处点的吸引盆的轮廓。尤利亚集就是它的边界。

如尤利亚和法图所见，最终的形状会难以置信的复杂。借助现代计算机，我们不难把它们画出来：它们还不可思议的优美。海马形，兔形，宇宙尘形，玩具风车形等等，花样层出不穷（图99）。

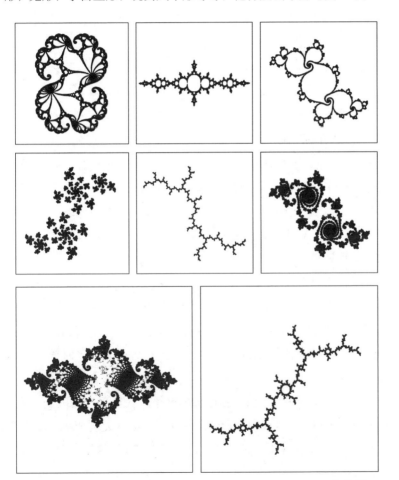

图 99　尤利亚集：简单概念产生错综复杂的美和无穷无尽的花样

为使思路清楚，我把复映射 $z \to z^2 + c$ 与我们的老朋友逻辑斯蒂映射 $x \to kx(1-x)$ 作一类比。那么，x 和 z 作用相似，k 和 c 亦然。每一个 c 有它自己的尤利亚集；这与每一个 k 有它自己的吸引子的事实相类似。（这里我把类比弯得太厉害，以致它快要折断了。尤利亚集是无穷大处点的吸引盆，即在迭代之下趋向这点的初始条件集。吸引子本身正是无穷大处的点。请原谅，要是我们忽略这一差别，日子会好过些。）

就逻辑斯蒂映射，我们发明了一种图景，它不仅能表达对给定的 k 来说吸引子是什么，并且显示吸引子如何随 k 变化。这便是分岔图，它使我们得到一个妙不可言的发现——无花果树。对给定的 c，展示尤利亚集如何随 c 在复平面内变动而变化，也有一个类似物；但我们得到的不是无花果树，而是姜饼人。更正确地说，它称作芒德勃罗集（图100）。可我们马上觉得，它看上去酷似姜饼人，身躯矮胖，脑袋滚圆；"芒德勃罗"则是"杏仁面包"[①]，它使我们无法不用这个双关语。（这是第二个德语双关语。我保证再也没有了。）

尤利亚集的形状是花样繁多的。我们把注意力放在一个单独、天然又与众不同的特征上。有的尤利亚集是铁板一块，有的则是一盘散沙。也就是说，它们或者连通，或者不连通。不连通的尤利亚集看上去像数百点灰尘；连通的则看上去像曲线或错综复杂的图样。

为了制作姜饼人，再次拿起你的画笔。在复平面内取一点 c。就所有可能的 z，迭代映射 $z \to z^2 + c$，对 c 求尤利亚集。看看它是否连通。如果连通，把 c 涂黑。如果不连通，则涂白色。对每

---

① 在德语中，Mandel 指杏仁，Brot 指面包。——译者注

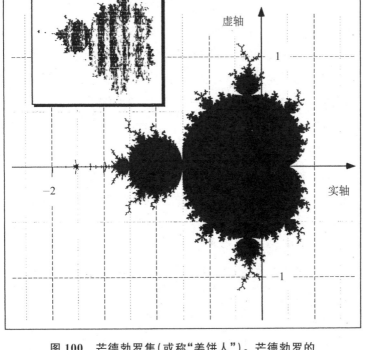

虚轴

1

−2

实轴

−1

图 100 芒德勃罗集(或称"姜饼人")。芒德勃罗的
原图复制在左上角

一个 c 都这样做。

结果以它的错综复杂和稀奇古怪的几何结构以及完全出人意
料而著称,这就是姜饼人。获得它的另一个方式是,对每一个 c,
从 $c=0$ 开始,迭代映射 $z \rightarrow z^2+c$。 若迭代不趋向无穷大,则颜
色 c 为黑;若迭代趋向无穷大,则颜色 c 为白。

领略姜饼人结构那错综复杂和美轮美奂的最好办法,是
讨、借、偷或(我建议)买一本派特根(Heinz-Otto Peitgen)
和里希特(Peter Richter)合著的《分形之美》(*The Beauty of*

Fractals）①。这是一部无与伦比的杰作，是世界上第一本数学画册。可是它那些震撼人心的图片并不是迷幻艺术的计算机仿真：它们是深邃、自然又美妙的客体（姜饼人）的快照。它名副其实地被公认为曾被发明的最复杂的数学形状。（并不是说不让人们发明更加复杂的数学形状。）你可以使计算机用 10 行左右的程序块画出它来。它赋予"复杂性"一词以全新的内涵。

芒德勃罗集最惊人的特征，是当你以越来越高的放大倍数把它放大时它那种仍保持极端复杂结构的方式（图 101）。这种深入姜饼人的历程是一种不可错过的体验；但你需要极快的计算机使这历程迅速而舒适地进行。每一次放大都展现新颖而永远使人惊奇的结构。旋涡，涡卷，海马，面团，汤菜，发芽的仙人掌，细蛇，线圈，虫状斑点，之字形闪电。

时常在姜饼人内藏得很深的地方，大概百万分之一大小（图 102），你会发现……

小姜饼人。

每一细节都完整无缺，包括具有它们自己的子姜饼人。就像逻辑斯蒂映射的分岔集具有包含自己的完整复本的窗口一样，姜饼人亦然。

大蚤，小蚤……。

大姜饼人，小姜饼人。

芒德勃罗集的这种自相似性只是它的突出特征之一。下面是另一个特征。在芒德勃罗集的边缘上选一点 c，通过把附近愈来愈小的片段放大到愈来愈大的程度来使它在 c 附近的形状重正化。

---

① 中译本《分形——美的科学》，〔德〕佩特根等著，井竹君译，章祥荪校，科学出版社，1993 年。——译者注

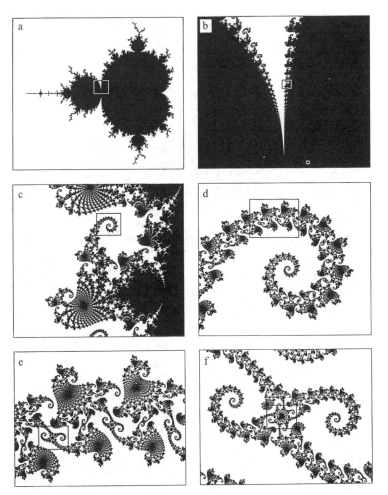

图 101　放大芒德勃罗集……

你得到什么形状?

对应于这个 c 值的尤利亚集。

在芒德勃罗集内部是所有可能的尤利亚集,每个都在无穷小标度上,它们舒适地互相合并,每个都精确地位于它自身的常数 c

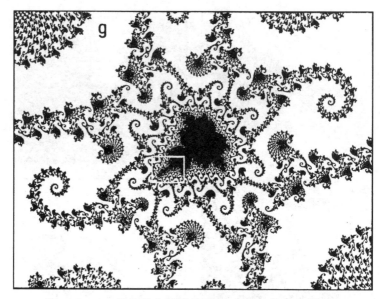

图 102 ……揭示微小的子姜饼人，每个细节都完整无缺

值之上。这在目前依然是一个猜想，但它在许多案例中已得到证明，它漂亮的必定是真的。

这只是传奇的开端。一个全新的学科——复动力学——正在形成。（这里是在"复数"、而不是"复杂"的意义上使用"复"字。尽管它是复杂的。但美丽伴随着它。）在它的应用中，有通过逐次近似解方程的数值分析法。因为逐次近似如果不是某些映射的迭代又是什么呢？它是一个古老的思想，它上溯到牛顿甚至更早。但分形和混沌向古老的骨骼中注入了新的生命。

分形牛

从雪花的简单性到芒德勃罗集的复杂性：一个自然的数学进展，可前景迥然有别。

科克雪花曲线引起数学家的注意，因为它有无限的长度，却围于有限的面积，并且它是连续的，却在任一点处都没有明确的方向。它和许多类似物在 19 与 20 世纪之交被发明出来，使得这些及其他病态现象惹人注目。存在着充填空间的曲线和在每一点处都自交的曲线。沃斯说：

> 大脑构想出了在自然界中没有对应物的怪兽。一旦发现了这些怪物（并祝贺了自己巧夺天工的创造力），数学家就把这些多半未经查验的病态异兽逐入数学动物园。他们不能想象他们的创造物对自然科学家有什么用处，或者引起什么兴趣。但是大自然不是这么容易制服的。

纯粹数学家的这些早期调制品和其他科学领域中各种外表上无关的研究成果，在芒德勃罗为自然界创造一种新型数学模型的想象中熔为一冶。几乎所有目前关于分形的著作（理论也好，应用也好），都能回溯到他 1975 年的那本书。它是数学想象力的一项壮观的训练。

分形既有科学影响，也有商业影响。巴恩斯利发现，简单的分形规则产生诸如树和蕨类等物体的非常复杂的"赝品"。其思想在于，此种物体是自相似的：它们的部分与其整体具有同样的形式，但是缩小（图 103）。描述如何把物体缩小而产生其各种自相似部件的数学变换的清单——分形规则——是其形状的"编码"表示。物体本身，可以由这些分形规则加以重建。思考这一结果的意义，巴恩斯利认识到，有可能在计算机上缩小刻画图像所需的数据量。假如你用通常的方式描述巴恩斯利的蕨类植物，作为蕨类占据的那些显示屏像素坐标的清单，那么所需要的信息量是巨

图 103　由分形规则编码蕨类植物。蕨类（左图）由其自身的四个变换复本（右图）构建；末端第四个是拼扁成一条线的蕨类。要重建蕨类，你需要的一切就是几条规则

大的。但是产生它的分形规则是简单的，只需要几个数。同理，一个简单的数学规则就捕捉了芒德勃罗集的所有复杂性。

当然，典型的图像并不由精确自相似的蕨类组成，可是当在计算机显示屏或电视机屏幕上画时，它确实由成千上万的小元素——像素——组成。巴恩斯利推断，在小团像素的层次上，任何图像中都存在大量的自相似性。（比如）一打像素的团块，可能包含类似于其母团块的三四个更小的团块。倘若如此，靠分形规则编码图像的同样的思想就适用，那么变换清单就会比它对于蕨类要大许多，看来有可能比逐个像素描述该图像要经济得多。巴恩斯利试图让各种公司发展这一思想，可是无人对那些被愚蠢高估

的分形玩意感兴趣，于是他建立了自己的公司。使这些思想行得通，颇费了一番工夫，但是如今，他成了数百万美元公司的拥有者，他的数据压缩方法广为使用。例如，微软供应的在 CD–ROM 上包含几千张彩色图像的广泛发行的 Encarta® 百科全书，其中每一张彩图都利用了巴恩斯利方法进行了压缩。因为，没有巴恩斯利方法，这部百科全书不可能放进一张 CD 之中。

不过，现在分形理论正向前发展。早期的推测在激发新的更深层研究方面是管用的。和任何发展中的研究领域一样，吸引人的早期的简单性正碰到自然界顽强的复杂性。例如，分维的恰当概念看来因不同的应用而异。一个重要的数学难题是了解所有这些不同的维数彼此如何相关联。有待认识的还很多。

分形的可应用性十分宽广，但它不是万能的。分形牛必然与球形牛一样不切实际。还应当提醒一句，并非所有的应用都抓住了分形概念的精髓。20 年前被视为从数据的双对数图导出的幂律的工作，如今出现在分维的测定上。科学有时尚，时尚跟随着玄妙词，也跟随着重大的突破。

但对分形而言，远远不是仅仅几个玄妙词而已。"明天不熟悉分形的人，将不能认为是科学上的文化人，"物理学家惠勒（John Wheeler）[①]如是说。分形展现了自然界的一种可建立数学模型的新体制。它们使我们认清一些模式，否则这些模式可能被当作无形的。它们提出新问题，并且提供新型的解答。"分形，"科普作家麦克德莫特（Jeanne McDermott）说，"抓住了实体的脉络。"

---

① 惠勒（1911～2008），美国物理学家。——译者注

第 12 章

再论土卫七

灼灼发光的海璧朗依然端坐在
他火的天体上，依然以鼻吸入从人间
不安全地向日神缭绕上升的香烟。
因为如同我们人间的不祥的征兆
令人惊惶困惑，他也这样战栗，
不是因为听到狗嗥，或凶鸟的鸣叫，
或丧钟初撞时故人鬼魂的重临，
或半夜灯盏的恶兆：但与巨神的神经
相匹的恐怖，常使海璧朗疼痛。①

———济慈（John Keats），《海璧朗》（*Hyperion*）②

---

① 引自《济慈诗选》第 253 页，〔英〕济慈著，朱维基译，上海译文出版社，1983 年。——译者注

② 济慈（1795～1821），英国诗人。海璧朗（一译许珀里翁）系希腊神话中的阿波罗神，后人用他给土星的卫星命名，即土卫七。——译者注

两条永恒的线贯穿着动力学史。一条在天上，一条在人间。泰勒斯仰视苍穹，俯临沟渠，伽利略则着眼于木星的卫星，着眼于气流下摆动不已的教堂悬灯。牛顿万有引力大统一：行星，和炮弹的弹道。天文观测有力地促使统计学诞生；而儿童的身高亦然。庞加莱在木星和土星引力阱中的尘粒的数学里首先看到他的同宿栅栏，斯梅尔对它们的认识却间接受与雷达有关的一个问题的启发。

迄今为止，我们对混沌的讨论大多在地上，实际上主要局限于实验室里。可天上才是最大标度上的混沌。卫星的运行，冥王星的长期性态，宇宙本身的结构。

在第 1 章里，我提到过土卫七（土星的一颗卫星）的奇怪性态：天体混沌。我们就从这谈起吧。

宇宙马铃薯

就天体来说，最为人们熟悉的形状是球体，或更确切地说，是扁球体：例如地球在两极要扁平百分之几。土卫七则不然，它是主轴（可以说就是长、宽和高）为 190、145 和 114 公里的椭球体。一个宇宙马铃薯（图 104）。

与开普勒和牛顿的发现相符，土卫七绕土星的轨道近似地是椭圆形的。椭圆偏离圆形的程度，用一个称作偏心率的量来计量：土卫七轨道的偏心率约是 10%。对比太阳系内的行星和卫星，这是太大了，但它不过说明轨道是略扁的圆而已。

土卫七在轨道中的位置是规则的、可预言的。你可以提前数十年列表显示它的位置，计时可以精确到几分之一秒。使土卫七在我们太阳的卫星和行星中事实上独一无二的，乃是它在轨道中的空间方位角：3 条轴所指的方向。大多数行星都像平坦斜坡上的足球那

图 104 "旅行者"号拍下的土星那颗不守规矩的卫星土卫七的 3 幅照片

样滚动地运转：土卫七看上去却更像竞技场上飞来飞去的橄榄球。假如你能冻结它的中心点的位置，观察它相对于这位置的运动方式，你会发现，它几乎无规则地在每一个可能的方向上摆动。

无论它在轨道内的位置还是它的空间方位角，都由同样一些物理定律即同一些数学方程决定。它的位置对应于那些方程的规则解；它的空间方位角则对应于不规则解。土卫七的翻筋斗并非由于无规则的外部影响，而是由于动力学混沌。

为什么土卫七是混沌的？而且，何以所有其他天体却是规则的？是那马铃薯样的形状在作怪吗？凡是马铃薯都混沌吗？

完全不是。原因更加微妙，更加复杂，并且更加有趣。土卫七的混沌运动是一个宇宙巧合。在太阳系历史的各个不同时期，其他天体都已经演变入、演变出一个动力学混沌期。可是碰巧，恰恰在人类对它发生兴趣时，土卫七正经历着这一过程。

吸血鬼幽灵

刚体的运动是欧拉最先着手解决的一个经典问题。许多重要原理出自欧拉的分析。第一，我们可假设物体的重心固定，而只研究相对于重心的运动。第二，物体的形状基本上不相干。确定运动的，是物体的惯性轴。对于每个实心体，不管它的形状或密度怎样不规则，总有一个对应的惯性椭球。这是一个幽灵般的伴侣，紧紧依附于物体，却又没有一点质量，而且顾名思义，它呈椭球形。惯性椭球每一轴的长度正比于物体绕这轴旋转时的惯量，所以较长的轴对应于较大的惯量。

物体运动的时候，幽灵亦步亦趋：它是一个 Doppelgänger[①]。

---

① 德国民间传说中活人的幽灵。——译者注

如果物体规则地旋转，幽灵也照转不误；如果物体翻滚，它也跟着翻筋斗。但现在古怪事出现了。让幽灵（吸血鬼似地）吸噬物体的物质精髓，于是我们有一个殷实的幽灵和一个仍像活躯壳那样依附于它的令人恐惧的鬼体。运动如何变化？根本不变。物体及其幽灵具有同样的惯量特性；因而它们的运动是相同的。

换言之，研究实心体运动时，你可以把你的注意力集中到均匀椭球上。土卫七形如马铃薯，这无关紧要；但马铃薯的幽灵椭球拥有 3 条不相等的轴这一事实却是至关重要的。

尽管如此，欧拉仍不能在完全普遍性的意义上对刚体解出诸方程。经典发现（分析的杰作）打算解决少数特例，例如圆对称陀螺的运动。但数学家们发现了一些普遍原理。例如，最简单型式的运动之一，是物体绕着它的一条惯性轴旋转。这种运动何时稳定？回答是：当轴是最长轴或最短轴时它稳定，而轴长居中时则不稳定。

你不难对此进行实验验证。书是一个易理解的例子，它是有 3 条不等惯性轴的物体。3 条轴都通过藏在书页里的中心点。最长惯性轴从封底中央通到封面中央。最短惯性轴从顶边中央通到底边中央。长度居中的第 3 条惯性轴，则从书脊中央通到纵边中央（图 105）。

你会注意到，最长的惯性轴就是书的最短轴，反之亦然。这没错：惯量在质量运动得最快的地方最大。如果你使书以给定速率绕它的最短物理轴旋转，则书角上的点距轴远，所以运动得较快。相反，如果你使它以同样速率绕它的最长物理轴旋转，则书上的点较接近这轴，因而运动得较慢。顺便提一句，我那幽灵隐喻倒是回避了这一问题——幽灵实际上不是惯性椭球本身，而是具有与原物体相同的惯性椭球的均匀椭球体。惯性椭球瘦的地方它

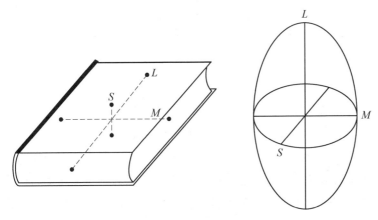

图 105 书及其惯性椭球。注意书的最短轴(S)对应于椭球的最长轴(L),反之亦然,两个中等长度轴(M)相对应

胖,胖的地方它瘦。

　　无论如何,你给自己拿一本书。分量重的(在物理意义上而不是隐喻意义上)最好:《战争与和平》(*War and Peace*)或一本大辞典。把它夹在两手掌心之间,让书脊上的书名对着你,再使它绕它的最短轴旋转。你做这事毫不费事。现在拿着书的顶边和底边,书脊沿水平方向,使它绕它的最长轴旋转。这也不费事。不过最后,捏住书脊的中间和纵边的中间,设法使它绕中轴翻转。你会发现它不好好地旋转,而开始扭歪和翻跌。这是因为绕中等长度轴的旋转是不稳定的。下次你路过乱石滩时,挑一块具有不等轴的(大致是)椭球形的鹅卵石,试着使它绕中轴旋转。你会发现很难让它停止摆振。

自旋轨道几何学

　　1984 年,麻省理工学院一位天文学家威兹德姆(Jack

Wisdom）和他的同事皮尔（Stanton Peale）与米尼亚尔（Francois Mignard），在《国际太阳系研究杂志》（*Icarus*）上发表了一篇题为《土卫七的混沌自转》的论文。他们在文章里预言土卫七应当混沌地翻转。他们的分析的简化形式大致如下。

土卫七的轨道是椭圆，但它慢慢地变化。忽略这一点，我们可以用一个不变的椭圆来作为这颗卫星的轨道运动的模型。这种近似可以接受，因为土卫七的翻转比它的轨道的变动要快得多。用一个绕最长轴旋转的适当的椭球作为土卫七本身的模型；假定这轴垂直于轨道平面。下面我们将看到原因何在。于是土卫七的翻转可用下述自旋轨道几何学来刻画。由于我们已经固定了最长惯性轴的方向，只需再加上一个角，就可以精确地知道土卫七的空间方位角。也就是说，我们有必要知道最短轴所指的方向。（与这两轴都成直角的中轴因而也得以确定。）把这个角称作自旋角。一个外加的数会告诉我们土卫七在轨道中的下落：即它的位置与轨道的某一固定点之间的夹角。为方便起见，把近点——距土星最近的点——选作这一固定点，对应的角度就是轨道角，或照更常规的说法，称作"真正的近点角"。土星施加于土卫七的万有引力依赖于这个轨道角，后者又依赖于时间；因此土星的引力可表示为一种特殊的时变引力场。

无论如何，你可对于这一切列出方程，最后得到一个含三个成分的简化数学模型。一个是自旋角，第二个是自旋角的变化率，第三个则是时间——或者等价地，轨道角。

土星的万有引力作为一种时变力而出现。假如土星的引力不随时间而变，则方程将是"一自由度系统"，可以显式地求解。那就表示根本没有混沌。但引力项的时变性把方程变成"一个半自由度系统"，其中混沌是一种可行的选择。（那额外的半个自由度是时间。一般来说，n个变量的哈密顿系统有$n/2$个自由度，因为变量通常以位置与动量成对的形式出现。这里自旋角和它的变化率组成这样的一对。时间不成对，因而有那古怪的术语。）

可把方程输入计算机，用数值方法求解。要显示计算结果，标绘一张庞加莱截面图（图106）最省事。这张图以规则的时间间隔显示自旋角和它的变化率的关系。从一个间隔到下一个间隔，代表卫星状态的点就从庞加莱截面中的一个位置跳到另一个位置。庞加莱截面并不显示介乎两者之间时这点走向何处，但我们要把规则性与混沌区分开来，是不必为此而担心的。

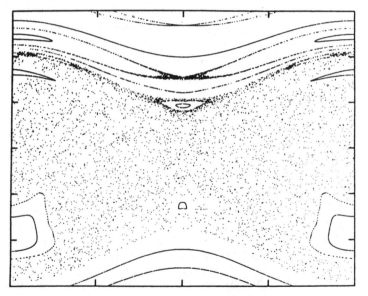

图106　土卫七的庞加莱截面。麻点区表示混沌运动：点都属于单条轨线。闭环代表规则的拟周期运动区

庞加莱截面显示出一系列闭曲线加上一个大的 X 形麻点区。曲线表示规则的周期运动或拟周期运动：代表点在每一间隔处规则地绕闭曲线之一跳跃。麻点区表示混沌运动：代表点在相继的间隔处"无规则地"跳过整个麻点区。土卫七的性态原理上可能采取这些方式中的任何一个。但它的运动能量决定着哪一个方式，混沌是胜者。

图上每一点都代表土卫七的状态。横坐标是它的自旋角，纵坐标是自旋角的变化率。在一次和下一次轨道公转之间，点从图上一个位置跳到另一位置。在拟周期运动中，这一代表点则以几乎同样大小的步伐绕闭曲线之一不停地跳。一切都是高度规则的。

在混沌运动里，它相当无规则地跳遍占据大部分图的麻点区。这全区是由单条轨线描出的，只要你观察得足够长。

你们当中目光较敏锐的会发现第二个混沌区，它小得多，形如带有长长的拖臂的细 X，就在大混沌区的上方。这是一种不同的混沌运动，因为它覆盖的区域太小，所以不很重要。

潮汐式摩擦

土星的引力场还对土卫七施以更加微妙的影响。由于引力随距离增大而减小，所以土星吸引土卫七的近端较远端更强烈。除了别的作用以外，这种"潮汐式"吸引还使土卫七环绕它的最长惯性轴而不是最短惯性轴旋转，尽管在没有土星引力的情况下两者都是稳定的。想象土卫七在水平轨道内坐在跷跷板上，板的一边翘向土星，另一边翘离土星。为明确起见，假设最接近土星的那边向水平轨道之下倾斜。（在空间里，"上"和"下"没什么分别，所以要使用这样的描述性语言，你必须说明哪个是哪个。）于是土星在较近端的引力稍大些。这使土卫七向上翘一点点，结果使自旋轴更接近竖直。经过长时期之后，潮汐式力的效应是使自旋轴与轨道平面垂直。这对所有天体来说都一样，不仅是土卫七而已。不过这过程的时间很长，因为作用于两端上的力的差是很小很小的；别的现象会阻碍这种效应。

威兹德姆描述了一种实验类比："很好地说明这一过程的方法，是抛起一个装了半瓶涂改液的瓶子，瓶子起初绕最长轴自旋。"试一试吧。（首先确信瓶盖已牢牢地拧紧。）我们记得最长物理轴——从瓶口中心到瓶底中心的对称轴——是最短惯性轴。你会发现，瓶子不会绕它的最长轴自旋（尽管全装满的瓶子会很自如地这样做，就像《战争与和平》那样）。它却是扭转着，直到它绕最短物理轴——最长惯性轴——旋转为止。瓶内液体的运动引入一种潮汐式摩擦，它的效应类似于土星作用在土卫七上的潮汐式力。

这就是模型假定自旋轴垂直于轨道平面的原因。还有其他一些假定。好在可以用更仔细的分析证明，一旦系统在混沌区内，即使模型的假定有所放松，混沌仍旧保持。然而在混沌区内，自旋轴与轨道平面正交的取向——我们已经知道那是从潮汐式效应产生的——在这一更详细的模型中变得不稳定。

• • •

那是怎么发生的

这使该图景复杂化，但我们最终仍能明白土卫七是怎样形成它目前的混沌状态的。

在很久很久以前，土卫七的自转周期（"天"）比它的轨道周期（"年"）要快得多。那时它的运动是规则的和拟周期的。历经沧桑，发自土星的潮汐式力使它的自转慢了下来，并且（正如我们做涂改液实验时所看到的）使土卫七一端立起来，结果它的自旋轴是最长惯性轴，这条轴垂直于轨道平面。然而，一旦土卫七失去把它带进混沌区的足够能量，数百万年之功便毁于区区几天。不出三四个轨道，土卫七开始在所有方向翻筋斗。

我必须提请你注意，关于土卫七混沌翻转的这一预言尚未被直接观测充分证实。但是，"旅行者"号的照片与混沌翻转一致，而与任何已知的规则状态不一致。这理论看上去成功的希望很大。有可能在较长时期内通过分析从土卫七反射回地球的光的强度来检验它：这个强度也应当不规则的变化。

土卫七是太阳系中就在目前以这种方式翻转的唯一的卫星。但同样的分析表明，所有形状不规则的卫星必然在它们演化过程的某一阶段经历一个混沌翻转时期。火星的两颗卫星火卫一和火卫二在许久以前的某个时期肯定也混沌地翻转过。海王星的小卫星海卫二亦然。

共振

对这图景来说，不仅仅是混沌，还有更多的东西。在图左下方和右下方，靠近混沌区的边缘处，你可以看见规则运动的"岛屿"。这对应于同步运动，其中土卫七总是把同一面转向土星（与月亮总把同一面转向地球一样）。土卫七最终会从混沌进入同步。别的岛屿也能看到；例如，混沌区上方的小岛屿对应于土卫七在每一轨道周期内自转 2 周。这些岛屿类似于埃农和海尔斯以及奇里科夫发现的岛屿：见第 8 章。岛屿对应于共振（resonances），其中运动的不同方面以具有某种简单数值关系例如 1∶1，2∶1，3∶2 等等的周期出现。因而土卫六（土星的另一颗卫星）的轨道周期与土卫七的接近 4∶3 共振。具体地说，土卫七走完轨道一周需 21.26 天，土卫六需 15.94 天。两者之比是 1.333 7，令人信服地接近 4∶3。

用普通语言表达，共振就是回荡的声音。在芭蕉的意象中：

> 古池幽且静，
> 沉沉碧水深。
> 青蛙忽跳入，
> 激荡是清音。①

共振的数学概念并非毫不相干——诗人听到的回荡声音是振动体（这里是水）的各部分彼此同步运动所致。

共振在哈密顿动力学里至关重要，并且往往有混沌与之相联系。要看看这是怎么发生的，我们先考察周期轨道附近哈密顿系统的经典图景。在庞加莱截面里，它只是由一系列同心圆组成（图 107）。中心点代表周期轨道；每个环绕的圆引入第二个周期，它与第一个无关，其上的运动是拟周期运动。

这一图景具有简单性的优点——但缺点是不正确。固然，对那些能看懂的人来说，有清晰的标志说明某种更微妙的事情必在进行之中。我刚才说过，额外的周期与第一个周期无关。实际上，那句话不总正确。第二个周期从一个圆连续地变化到下一个圆。考察这两个周期之比。如果它是无理数，则两周期彼此无关。但如果它是有理数，它们合成得出真正的周期运动。

---

① 引自《日本古典俳句诗选》，〔日〕松尾芭蕉等著，檀可编译，花山文艺出版社，1988 年。这首诗是日本俳句的代表作，谈到俳句必先谈这首诗。最后一行英译文作 A deep resonance。——译者注

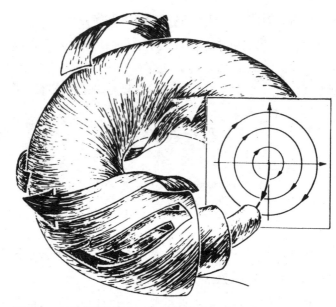

图 107　周期轨线附近庞加莱截面的经典图景。每一个圆代表具有两个不同周期的拟周期运动

它们处在共振之中。现在，有理数是稠密的：任一区间不管多么小，都含有有理数。由于庞加莱发现的那种原因，经典分析在共振附近失效。因此，在经典圆的稠密集（即共振圆）附近，你将遇到麻烦。

　　尽管有这种烦恼事，就有些很不平常的系统即所谓可积系统来说，经典图景的确管用。由于命运的无情嘲弄，可积系统是那些可用公式显式地解出的系统。所以对显式解的经典重视引导我们研究不真正有代表性的系统。但随着庞加莱和伯克霍夫的指引，我们能辨明什么是真实而又典型的图景。

　　它几乎是难以相信的复杂。几年前，物理学家贝里（Michael Berry）作出如下形象的描述：

想象从"初级"单匝细电线开始缠绕电缆。用同心塑料铠装包覆它。中断这一铠装，在围绕初级电线的螺线中找到次级铠装匝，几圈后封闭起来。在这一次级匝之上是三级、四级……绕组。接续中断的初级铠装以围绕次级铠装。不断重复下去。当这一过程完成时，将存在某些空隙。把每一空隙都用无限长的、乱七八糟的电线填满。

塑料绕组代表规则的拟周期运动。次级铠装是共振；三级铠装等等是更加微妙的多重共振。乱七八糟的电线则是混沌轨线。

这不是计算机实验：它是一条定理。一条极艰深的定理。柯尔莫果洛夫最先认识到这结果可能是正确的，于是他拟定了一个攻坚计划。阿诺德（柯尔莫果洛夫的学生，他已成为世界一流数学家之一和动力学方面的权威）作出严格的证明，在证明过程中克服了严重的技术性困难。然后莫泽推广了这些结果。他们共同的努力导致如今所谓的 KAM（Kolmogorov-Arnold-Moser 的缩写）定理。这一定理预言的规则的拟周期轨线称作 KAM 环面。第 8 章介绍的奇里科夫的工作，对 KAM 环面的存在性，从而对 KAM 定理的有效性，提出了限制。

撰写动力学系统理论的一部名著的两位美国数学家亚伯拉罕和马斯登（Jerry Marsden），把这个图景命名为 VAK（图 108）。这指的是"柯尔莫果洛夫含混吸引子"，它也是《梨俱吠陀》（*Rig-Veda*）[1]中振动女神的芳名，是用得很恰当的。

VAK 拥有芒德勃罗的分形和费根鲍姆的无花果树所拥有的同一种迷人的特性：自相似性。VAK 内的小岛乍一看就像同心

---

[1] 印度教古代经籍《吠陀》之一。——译者注

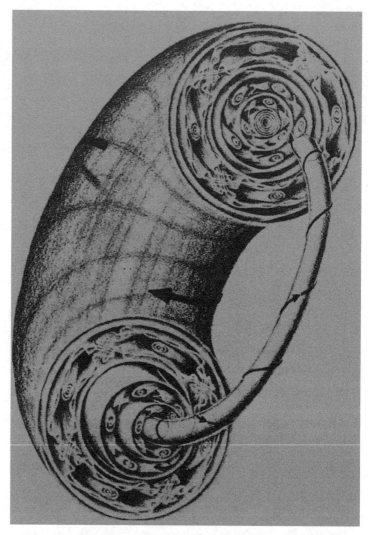

图 108　典型周期轨线附近实际出现的柯尔莫果洛夫含混吸引子。只有某些经典拟周期运动继续存在。在别的地方，混沌轨线在共振岛屿之间缠绕［亚伯拉罕和马斯登，《数学基础》（*Foundations of Mathematics*），阿迪生﹣韦斯利出版公司1978 年出版］

匹的经典图景。但那仅仅是绘图局限的结果。每一座岛屿都有与整个 VAK 本身相同的复杂性，甚至相同的定性形式。虽然这一简单的经典图景是非典型的，易致人误解，但是 VAK 的复杂的自相似结构并不是某个疯癫数学家的梦魇：它是实实在在发生的。

柯克伍德空隙和希尔达星群

在另一个天文之谜，即小行星带中的空隙里，共振起着特殊重要的作用。最大的小行星谷神星是 1802 年奥伯斯——他提出过有关的佯谬——发现的，直径约 690 公里。最小的小行星则比巨石大不了多少。小行星有好几万颗。大多数小行星都在火星与木星的轨道之间环行，尽管少数几颗与太阳接近得多。

小行星的轨道并非均匀地散布在火星和木星之间。它们的半径有群集在某些值周围而远离另一些值的倾向（图 109）。在 1860 年左右就提醒大家注意这种不均匀性的一位美国天文学家柯克伍德（Daniel Kirkwood）[①]，还注意到最突出的空隙发生的地方。假如一个天体要在这些柯克伍德空隙中的某一个内环绕太阳，它的轨道周期就会与木星的周期发生共振。结论：与木星的共振以某种方式扰动这些轨道中的所有天体，并导致某种不稳定性，从而把它们都赶到不再发生共振的距离处。木星的特殊作用是在意料之中的，因为它比别的行星重得多。

在新近的数据里，特别是在 2：1，3：1，4：1，5：2 和 7：2 共振处，空隙显而易见。可另一方面，在 3：2 共振处则有小行星

---

① 柯克伍德（1814～1895）。——译者注

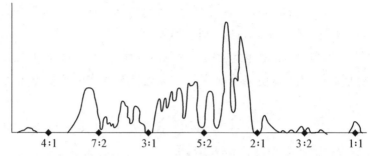

图 109 小行星在距太阳某些距离处形成星群，在另一些距离处则留有空隙。与木星的共振似乎是根源所在。图示小行星数目所占比例相对于木星周期与小行星周期之比的变化

的星群——希尔达星群[①]。

共振曾被天文学家们当作某种包罗万象的东西使用。月球总是面对地球，它的轨道周期与自转周期之间是 1：1 共振。水星绕太阳一周需 88 天，绕它自己的轴转一圈则需 59 天。88 的三分之二很接近于 59，所以水星的轨道周期与自转周期呈 2：3 共振。这些共振大概是稳定的（否则有关天体绝不会形成这样的关系）。因此，共振的稳定性"解释"了观测到的现象。

但对小行星来说，撇开 3：2 处的希尔达星群不论，却仿佛要用共振的不稳定性来解释！显然，解决这一疑难的唯一途径是探明不稳定性的机理：它大概是因不同情况而异的。而且关于 3：2 共振必存在某种不寻常的东西，它解释希尔达星群。

高偏心率峰

直到最近，无论解析方法还是数值方法都没能对这些共振中

[①] 这个星群的第一颗小行星由奥地利天文学家奥波尔策（Theoder Ritter Von Oppolzer, 1841～1886）于 1875 年发现并命名为希尔达（Hilda）。——译者注

的任一种实现足够长期的分析。但是计算方法的突飞猛进和理论上的新原理的引入，正开始带来希望之光。尤其是 3∶1 共振，如今已被相当充分地认识。

计算机计算结果表明，在与木星成 3∶1 共振的距离上环行的小行星会沿着很不规则的轨道运动。它的轨道的偏心率确实会几乎无规则地剧烈改变（图 110）。这是动力学混沌的又一个天文学例子。这种不规则性发生在按宇宙标准为短而按计算标准为长的时间标度上：约 10 000 年。

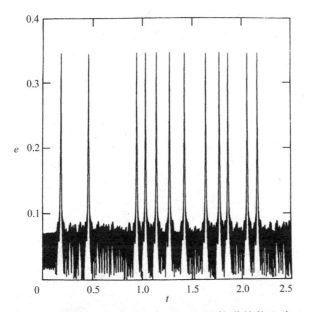

图 110　与木星成 3∶1 共振的小行星轨道的偏心率 *e*。尖峰对应于偏心率突然性大变化。横坐标时间标度 *t* 以百万年为单位

要看到实际发生的情况，需要大得多的达几百万年的时间标度。于是典型的混沌轨线展现出间或具有高偏心率"峰"而被低

偏心率周期所隔断的高偏心率爆发。这种轨道内的天体在偏心率低时将沿着大体上圆形的轨道运行，在偏心率高时则沿着细长得多的椭圆轨道运行。

　　用数值计算得到的庞加莱截面（图111）有助于解释这些结果。它显示两个截然不同的混沌带。偏心率在一个带里低，在另一个带里高。这时庞加莱截面显示轨道天体运动的逐次"快照"。这天体在这个图景的周围跳来跳去，一会儿在这个带里，一会儿在那个带里。更详细的分析表明，天体在大部分时间内绕低偏心率带环行。它偶尔落入高偏心率带内。那儿的运动十分快，所以它在那儿的时间不长。于是你看到短促的高偏心率峰。

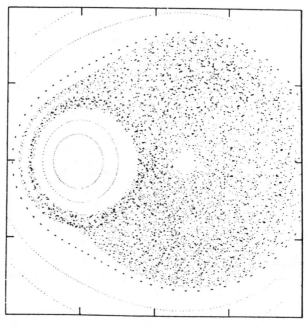

图111　与木星成3∶1共振的小行星的庞加莱截面具有两个截然不同的混沌带，解释了偏心率中的尖峰

火星清扫工

这怎么解释3：1柯克伍德空隙呢？

在爆发里，或者在峰上，小行星的偏心率增高。结果证明轨道具有0.3以上偏心率的小行星变成跨越火星的。像你猜测的那样，这意味着它的轨道跨越火星的轨道。每次跨越时，它就有机会充分接近火星，使它的轨道受到严重扰动。跨越火星轨道次数足够多的小行星最终将太接近火星，并被抛入某个全然不同的轨道。

直至认识到混沌会产生高偏心率，跨越火星才是一种讲得通的机制。人们过去指望，3：1柯克伍德空隙周围的诸多小行星会与火星保持很远的距离：没有任何理由期望偏心率突然变化。但现在有了这样的理由——混沌之数学。因此，看来似乎3：1柯克伍德空隙的存在是由于火星把它打扫干净，而不是由于木星的某种作用。木星所做的事，是创造共振使小行星变为跨越火星者；然后火星把它踢入寒冷和黑暗之中。木星创造机会；火星得分。

这个3：1混沌区的边界与小行星的实际分布之间的对比是非常好的（图112）。结果证明某些拟周期轨线和混沌轨线都导致跨越火星：这在描画边界时已被考虑进去了。

使小行星被火星打扫干净的同一机制，也能使陨星到达地球的轨道。因而与木星的3：1共振，看来是把来自小行星带的陨星输送进地球轨道，并且如果它们碰到我们这颗行星的大气就在里面烧起来的原因。很难找到整个太阳系实质统一的更富有戏剧性的例子，或混沌普遍存在的更好的例子。

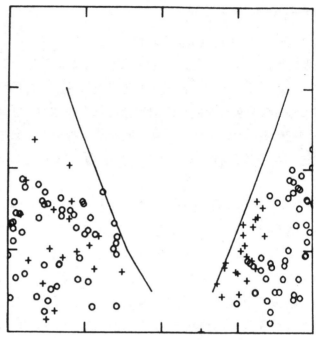

图 112　3:1 混沌区的边界:理论结果和观测结果。理论上两条线之间的区域应不含小行星。代表观测值的圈和叉证实了这一预言

数字太阳系仪

在 3:2 共振处群集在一起的希尔达星群又怎样呢?其他共振又怎样呢?

甚至一台巨型计算机都难以胜任长时间标度的天体力学计算。威兹德姆和几位同事,包括阿普尔盖特(James Applegate)、道格拉斯(Michael Douglas)、格塞尔(Yekta Gürsel)和萨斯曼(Gerald Sussman),一起断定只有一个答案。他们建造自己的计算机。它是一台非常专门化的机器,它被造出来的唯一目标就是

计算少量在牛顿万有引力作用下以大致圆形的轨道运动的天体的性态。特制的机器会乘通用计算机无效之隙：如果你只有一件事要干，你可以找捷径。

他们把这专用天文计算机取名为数字太阳系仪。太阳系仪是一种用齿轮和嵌齿模拟行星轨道运动的老式机械装置。它和 2 000 年前古希腊的安迪基提腊机构相仿。

数字太阳系仪是一台并行计算机：它同时干几件事。这不过是用来加快速度的技巧之一。一台常规计算机必须在运行程序的每一阶段从它的存储器里调送指令，而数字太阳系仪却用硬件实现它的大量计算。它的数学是永久性地编排好的。

数字太阳系仪已被用于研究未来 1.1 亿年和过去 1 亿年（总时间跨度超过 2 亿年）太阳系的运动。冥王星令天文学家们久伤脑筋。它的轨道较别的行星的要偏心得多，倾斜得多。最近，威兹德姆和萨斯曼还发现冥王星的反常性的又一个例子：他们用数字太阳系仪证明，（在他们的数学模型里）冥王星的轨道是混沌的。为证实这一点，他们以略微不同的初始位置对冥王星两次运行太阳系仪。几亿年以后，所预言的两个轨道把冥王星置于太阳的相反两边，这是蝴蝶效应的宇宙学表现。

数字太阳系仪目前正被用来观察 2 : 1 和 3 : 2 共振。对于 2 : 1 共振（空隙在小行星带中出现处），它已发现存在一个大混沌区。但对于 3 : 2 共振（希尔达星群所在处），根本不存在混沌区。

从数学角度看来，每个共振都是带有自己特色的独一无二的猛兽。3 : 2 共振没有任何理由应呈现如同 3 : 1 或 2 : 1 那样的性态，正像 3/2 这个数没有理由应等于 3 或 2 一样。显然，有效的混沌丧失是 3 : 2 共振的较突出特点之一。没有混沌，轨道就没有理由获得偏心率；没有渐增的偏心率，另一颗行星例如火星就没有理由把它们扫掉。希尔达看来已经在混沌的宇宙中找到了一个"生态龛"。

土星的环，是共振的另一个开心的围猎场。那些环充满了空隙，那些空隙要么由与土星多个卫星中的一个共振所致，要么实际上被小卫星（由于卫星在空隙中，它们是 1∶1 共振）所清扫。这种清扫过程是混沌的，它导致了一种预测方式，不仅预测新的、不可观测的卫星，而且它们的质量。（玛丽王后与韦斯特菲尔德学院的）默里（Queen Mary）和其他理论天文学家——先通过计算机仿真，后通过解析方法——表明，被卫星所清扫的空隙的宽度随卫星质量的 2/7 次幂而变化。被环游的哈勃望远镜所探测的貌似无卫星的空隙，可以合理地推断期望包含多个小卫星，空隙的尺寸可以用来计算其期望质量。好几个新的卫星，连同其预测质量，最近已经用这种方法找到。于是，我们再次看见，混沌可被用来做出完美理智的预测（它们甚至管用）。有些人认为，因为混沌是不可预言的，所以混沌理论不会是科学的。我希望他们好好考虑那些词的含义，而不只是看它们是如何拼写的。

奥斯卡国王的答案

奥斯卡国王问太阳系的长期稳定性的时候，他排除了整个的混沌话题。结果，我们发现了他的问题可以用多种方式加以解释，那种影响不光是答案，而是问题有多么明智。例如，动力学特性可能是混沌的：我们现在在全局意义上将这视为稳定的，而奥斯卡国王可能因其不规则性，将此视为不稳定的。因此，与其斤斤计较稳定性的概念，我们不如考虑一个真正戏剧性的方案。

假如我们等待足够长时间，亿万年以上，太阳系中行星的整体排布会改变吗？火星会与地球相撞吗？水星会从太阳系中射出吗？金星会以水星轨道内告终吗？

　　5年前，我们缺少在必要的时间尺度上探究这一问题的计算能力：连数字太阳系仪都太慢。但是在计算方面，没有什么会很久停滞不前，数字太阳系仪如今已然被更快的硬件、更为复杂的软件所超越。结果，我们对太阳系混沌特性的认识得到显著提高。例如，我们现在知道，并非只有冥王星遵循混沌轨道。巴黎的经度管理局（拉普拉斯工作过的地方，很奇怪）的拉斯卡（Jacques Laskar）表明，整个太阳系都是混沌的。对一名数学家而言，一旦太阳系中的一个天体是混沌的，那么整个太阳系也是混沌的，因为假如冥王星的位置怪异地改变，整个太阳系的全局状态也会怪异地改变。然而，天文学家会合理地问冥王星的怪异运动是否影响其余的天体。"要是我们忽略冥王星，太阳系的其他天体是稳定的吗？"在拉斯卡的工作发表之前，计算显示整体而言回答似乎是"是的"。

　　在天体力学的数学方程里，不仅行星和其他天体会运动，"轨道因素"——刻画轨道的形状、大小或位置的参量——也会运动。就使得数学意义成立而言，那些运动与行星的运动一样重要。在天文学时间尺度上，行星围绕太阳很快运行，此处"很快"指人类可以在几天乃至几个月期间观测到此种运动。但是轨道的位置，也在慢得多地运动——慢到第谷根本没有观测到任何改变，这对于科学发展是幸运的，否则开普勒就不会发现他的椭圆。图113显示了最重要的此种运动，称为轨道的进动。实际上，所发生的是，围绕椭圆的周期运动正被扰动进入一个拟周期轨道，即椭圆自身自转的轨道。

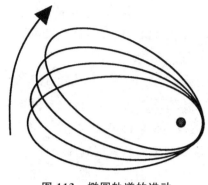

图 113　椭圆轨道的进动

拉斯卡设法消除了快的轨道运动，他只需研究轨道的慢进动。他采用牛顿方程和相对论——大约一页纸的数学公式——完成了大量的计算机化的代数运算，把一切都扩展成级数。最终的方程有 150 000 个多项式项，超过 800 页。那看上去是一个倒退的步骤，其实此种运动只是隐含在数学定律里，拉斯卡的级数展开式使之一下子更为明显。一个 800 次的展开式是要付出的小代价。最后一步，是数值研究 800 页的方程。由于快运动已被消除，这可以更为有效地做到：不是把行星的位置更新到半天的区间，拉斯卡可以搞定 500 年的区间，把计算加速 300 000 倍。计算 2 亿年的行星运动，在一台高速计算机上只需要几个小时。

拉斯卡发现，所有行星的运动，特别是内行星（水星、金星、地球和火星），都是混沌的。对于地球而言，关于其位置的 15 米初始不确定性，1 000 万年后只增长到 150 米——但是，1 亿年后，误差增长到 1.5 亿千米。

这正是地球与太阳之间的距离。

于是，对行星运动的可预测性存在着一个实际限度。在 1 000 万年的跨度内，预测是完全可能的，但是在 1 亿年的跨度内，则不然。即使我们把每一个微小的小行星都考虑在内，1.6 亿年（而不是 1 亿年）后，我们会遇到 1.5 亿千米的误差。

这绝不意味着，地球的轨道变得不规则。只是地球在其轨道内的位置是混沌的：轨道本身没有很大变化。展望未来，夏天和冬天的时刻将会变得无法预言，但是地球将仍然在金星与火星之间运行。所以，这种混沌对太阳系的一般面貌具有十分微弱的影响。另一方面，假如距离变量受制于混沌，那么行星的轨道会剧烈变化。例如，行星可能会游荡到太阳系之外。事实上，我们不久将会看到，行星与太阳的距离并未大到像轨道的偏心率（椭圆胖瘦的程度）那样要紧。正是偏心率的变化，导致距离的变化（图114）。

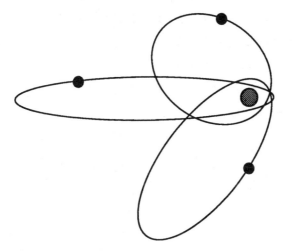

图 114　偏心率的变化，使得行星轨道的形状、大小可以预言

　　如今，我们知道如何求解太阳系在数十亿年的动力学方程。在那个时段，大的行星（木星、土星、天王星、冥王星）没有什么变化。它们的运动仍然是规则的。可是，对于内行星，则不然。地球和金星的轨道改变其偏心率，最大到 8％，但这至少要花 50亿年，也许更长时间。火星截然不同：在 50 亿年的时间里，它的偏心率会改变 20％以上，使之接近地球的轨道，具有碰撞或近乎碰撞的危险。水星的偏心率改变到足以促使水星穿过金星的轨道，密切接近之后，水星甚至会射出太阳系。

因此，最终我们对奥斯卡国王的难题有一个回答，一个他可能不喜欢的答案——尽管这个 50 亿年的时间尺度确实给我们一点点呼吸的空间。

被月球挽救？

拉斯卡团队做出的另一个发现表明，没有月球，地球可能是生命发源非常不适宜的地方。论证的思路，只是半认真的——通过在一个特殊的简化模型里弃除月球的影响，可以尝试重建地球长期运动的另类历史，没有理由给予细节以很多的信任。但它确实表明，我们那非同寻常的"双行星"可能拥有我们迄今并未认识到的生命维持优势。

这个故事的中心特征，是行星轴的倾斜。所有的行星都围绕一个轴旋转，那个轴通常相对于太阳系大致所居的平面倾斜。倾斜的角度，叫作倾角。以下行星目前的倾角，是一个奇怪的无规则律的排列：

水星	0°
金星	178°
地球	23.44°
火星	23.98°
木星	3.12°
土星	26.73°
天王星	97.86°
海王星	29.56°
冥王星	≥50°

当一个天体围绕轴旋转时，轴本身受制于称为进动的缓慢自转运动（同一个词被用于指椭圆轨道的缓慢旋转，因为涉及同样的内禀数学现象——拟周期性）。地轴通过 26 000 年一圈进动。进动的一个后果是，"极星"变化。目前，随着地球运转，北极星貌似在天空中不动，因为地轴指向它；但是公元 14000 年，不动的恒星将会是织女星。另一个后果是，昼夜平分点的进动。昼夜平分点是白天与黑夜具有相等长度的年的次数，随着喜帕恰斯（Hipparchus）大约于公元前 200 年首先发现以来，这些昼夜平分点也是缓慢变化。进动也会影响地球在轨道中的位置，相对于组成黄道带的星座。

图 115 显示了阳光照射到行星给定部分的量取决于行星的倾角。把这一效应连同行星围绕太阳周转考虑，我们看出阳光每年

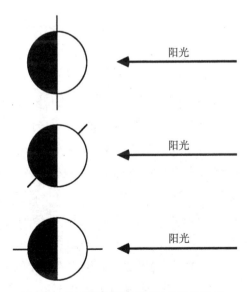

图 115　阳光照射到行星给定部分的量，取决于轴的倾角

落在给定纬度的总量，也取决于倾角。所以，倾角的改变对气候有巨大的影响。气候学家相当确信，地球倾角的微小改变就是冰河时代的主要原因之一，于是，即使地球倾角引人注目地不变，它对气候的影响仍然可以很大。

为什么地球的倾角引人注目地不变？回答是，我们有一个很棒的大月亮，它使我们保持稳定。进动由太阳和月亮的组合潮汐效应所致。大约三分之二的潮汐效应归因于月亮，三分之一归因于太阳。要是我们去除月亮，我们将把潮汐效应减小三分之二。于是，地球仍然进动，但其进动周期将会是 75 000 年，而不是 26 000 年。现在，75 000 年接近其他行星运动的周期，合成的共振翻转将会产生巨大的混沌区，大到足以使地球的取向完全失稳。地球的倾角将不再不变，而是在 0°与 90°之间变化。这个混沌区将覆盖整个相空间。

拉斯卡对各种行星的倾角，计算了这个混沌区，以及连带的共振。他的有些结论，如图 116 所示。这里，我们看到 4 幅图，横轴的倾角单位是度数，纵轴的轨道进动速率单位是弧秒每年：分别对应 4 个内行星——水星、金星、地球、火星。细线表示非混沌行为，点点的暗区是混沌区。混沌采取水平方向缓慢不规则漂移的形式，意味着倾角怪异地改变，而进动速率实际上保持不变。

地球——多亏部分由于月球的影响——具有 55″/年（弧秒每年）的进动速率和 23°的倾角，恰好位于大的非混沌区之内。基于可靠的推论，拉斯卡认为，如果月球不在，地球很可能在混沌区之内。另一方面，对于火星，其进动速率目前为 8.26″/年，倾角为 24°，恰好位于火星的混沌区之内。事实上，计算表明，火星的倾角必须在 0°与 60°之间混沌地变化。水星不再在混沌区之内，但是拉斯卡的分析表明，过去的某个时候，水星的倾角可能在 0°与

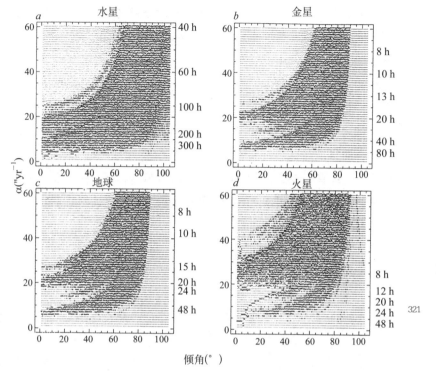

图 116 就水星、金星、地球、火星 4 个案例，倾角（沿横轴以度数为单位）与轨道的进动速率（沿纵轴以弧秒每年为单位）的关系图。每幅图右边的纵轴，是行星的自转周期（单位：小时）

100°之间混沌地变化。潮汐摩擦缓慢地驱动它进入其目前的、更加稳定的状态。

　　金星是一个非常奇怪的地方，它给天文学家带来了许多的谜团，其中之一是它的倾角178°。金星是倒立的：它的自转运动是退行，方向与大多数其他行星相反，尽管它的轨道运动与其余行星的方向相同。拉斯卡表明，金星倾角在遥远过去存在的混沌变化，可能驱动它进入这一奇特的状态。

拉斯卡指出，倾角中的混沌变化对生命是有害的——这样很可能首先阻止生命演化，即使条件都合适。假如倾角是 90°，设想一下地球的气候。北半球将始终阳光高照，酷热无比。6 个月后，北半球又阳光全无，酷寒难耐。现在，考虑一个行星的倾角不断在变化，此行星上的生命及其随后的演化是否能够发端。要是没有其姊妹行星（我们称为月亮的天体）的稳定化存在，倾角的混沌变化会使得地球这个行星无法居住。"你是宇宙之子。不光是树木和恒星，你有权在此。"拉斯卡的工作表明，恒星有权在此，我们自身的存在，以及树木的存在，使我们对宇宙巧合深存敬畏。

第 13 章

自然界的失衡

对于植物或动物的繁殖天性，除了它们的拥挤和它们在生活资料方面的相互干扰之外，是没有任何其他约束力量的。假如地面空着，没有其他植物，它可能会逐渐地播上并仅为一种植物所布满，例如，茴香；假如它空着没有其他居民，它可能在几个世代里由一个民族来填满，例如，英国人。①

——马尔萨斯（Thomas Malthus）②，

《人口原理》（*An Essay on the Principle of Population*）

曾经有那么一个人，他养了一满瓶苍蝇。

是的，世界充满了稀奇古怪的恋物癖，可这不在其列。他不

---

① 引自《人口原理》第 1 页，〔英〕马尔萨斯著，子箕、南宇、惟贤译，商务印书馆，1961 年。这段话其实是马尔萨斯引用富兰克林（Benjamin Franklin，1706～1790）《关于人类增长的观察》（1751）一文中的话。——译者注

② 马尔萨斯（1766～1834），英国经济学家和人口学家。——译者注

是那种豢养稀有宠物的偏执狂。他是一名科学家，研究受空间和食物限制的绿头苍蝇群体如何随时间变化。他姓尼科尔森（A. J. Nicholson）①；他从事的学科是生态学。近来我们常听到"生态"这个名词，通常与"绿色"政治相联系：这种生态就是我们——还有其他生灵——生于斯长于斯的环境。作为一门学科的生态学，则是以这一环境，特别是以环境内动物和植物之间的相互作用为研究对象的。

有时候，尼科尔森的容器里有将近 10 000 只绿头苍蝇。在另一些时候，则总数下降到几百只（图 117）。蝇口繁殖得超过容器的空间后，数目急剧减少；但另一方面，随着有效空间的扩大，苍蝇复又增殖。约莫 38 天以后，这循环重复；蝇口决不会完全相同，但围绕一个周期性节律而涨落。

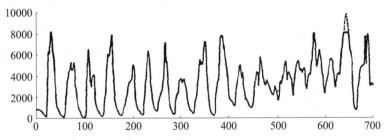

图 117　绿头苍蝇群体中的涨落。水平时间标度以天为测量单位

动物群体的节律和非节律对人类总是至关重要。不期而至的蝗灾带来饥荒和死亡。其他有害动物，诸如野兔、袋鼠和负鼠，会糟蹋农田和果园。细菌和病毒的群体——疾病的流行——也年复一年地起伏消长。现存最长的时间序列之一，是根据哈得孙湾贸

———————————

　　① 尼科尔森（1895～1969），澳大利亚昆虫学家。——译者注

易公司①的记录编制的加拿大猞猁狲和野兔的时间序列。

蝉属于同翅目或吸食性昆虫。同翅目昆虫大多短命，但有 3 种蝉不然。雌性成虫在树上钻洞产卵。几个星期后孵化。蛹落到地上，钻进泥土，开始以树根为食。它们在地底下待 17 年；有的种是 13 年。之后，它们钻出土壤，变为成虫。

成虫只能存活几周。它们看来是蛹的繁殖方式。

它们在搞什么名堂？真是一个谜。一种推测是，像 13 或 17 那样的素数回避与潜在捕食者的别的较短周期相共振。但那是猜测而已。

这些涨落有的规则，有的不规则。动力学形象仅仅是隐喻？还是"群体动力学"一词应更加照字面理解？当唯一的现象是周期性时，几乎不可能回答这问题。但随着混沌的降临，可采取更加严格的检验。我们在群体的不规则性中能观测到混沌的足迹吗？

很有可能。

鲨鱼和小虾

生态系统受某种动力驱动的思想由来已久。第一次世界大战期间，意大利数学家沃尔泰拉（Vito Volterra）②在空军研制作为武器用的飞艇。他率先提出在飞艇中用氦代替易燃的氢。战后，他把他的思想用于和平途径，建立了捕食者与被捕食者之间相互作用的数学模型。他发现了一组解释地中海的鱼群何以周期性地涨落的微分方程。

---

① 成立于 1670 年的加拿大著名公司，长期从事毛皮贸易。——译者注
② 沃尔泰拉（1860～1940）。——译者注

沃尔泰拉循环（图118）可用单纯的文字叙述巧妙地表达出来。假设少量捕食者（比如说鲨鱼）出没于含有大量被捕食者（比如说小虾）的水域。我用这些名词只是为了生动。虾群受可得到的食物的限制，此外还可因被捕食而减少。另一方面，鲨群受小虾数量的限制。起初有大量小虾，所以鲨群剧增。随着鲨鱼吞噬小虾，虾群开始减少。不久，鲨太多而虾不足，挨饿的鲨鱼死于食物匮乏，并因腐烂肿胀而漂浮在水面。它们的数量减少。捕食者相对缺乏使小虾繁殖加快，于是虾群暴增。现在这循环又可以重复了。

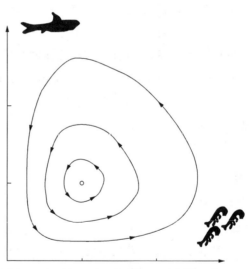

图 118　沃尔泰拉的捕食者-被捕食者循环

超光速兔

　　一向认为在没有任何约束条件的情况下，人口的增长是指数式的。如果——像通常所说的那样——平均家庭有 2.3 个孩子，增长率 2.3/2 = 1.15，则 n 代后将有 (1.15)^n 人。由于 (1.15)^5 约等于 2，所以人口每 5 代翻一番。每代按 30 年算，则人口每世纪增长 10 倍。

最早的群体增长数学模型可以在 1220 年比萨的莱奥纳尔多（Leonardo of Pisa）的工作中找到[①]。莱奥纳尔多素以"斐波那契"（Fibonacci）著称于世[②]，尽管这个名字是数学史学家利伯瑞（Guillaume Libri）在 19 世纪为他取的，并无历史根据。他的模型有几分调侃的味道，是一道谜题而不是数学生态学的一个严肃的标志；但它预见到了某些重要思想。那是关于野兔的繁殖行为的。不是在生物学意义上，而是在数字学意义上。莱奥纳尔多把一对兔子作为基本单位——一个十分自然的假设。假定开始时有一对幼兔。这些幼兔在一代后长大。每一代之后，它们生育一对幼兔，后者一代后又长大。当然，所有新的成兔也每代都生一对幼兔。假设兔子长生不死，并且它们的生殖力永不衰竭。那么 n 代后将生育出多少对兔子？

设第 n 代里有 M_n 对成兔，I_n 对幼兔。则我们从 $M_1 = 0$，$I_1 = 1$ 的第 1 代开始。增长规律是：

$$I_{n+1} = M_n,$$
$$M_{n+1} = M_n + I_n。$$

即在第 $n+1$ 代里，M_n 对成兔产生 M_n 对幼兔，后者产生 I_{n+1}；来

---

① 比萨的莱奥纳尔多（约 1170 年~约 1250 年），意大利数学家。这个模型出自他 1202 年（本书误为 1220 年）出版的《算经》（*Liber Abaci*）一书的第二版（1228 年）。——译者注

② 他的父亲被人取了一个绰号"波那契"（Bonaccio，好心人之意），于是他被称作"斐波那契"（Fi-Bonacci，波那契的儿子之意）。这是他名字来历的一种说法。——译者注

自前一代的 I_n 对幼兔成长起来，加入到已有的全部 M_n 对成兔中去，给出 M_{n+1} 的公式。

如果我们用表列出这些数，我们得

n	M_n	I_n	总对数
1	0	1	1
2	1	1	2
3	2	1	3
4	3	2	5
5	5	3	8
6	8	5	13
7	13	8	21
8	21	13	34

等等。这些就是著名的斐波那契数，每个数是前两个数的和。我们在这儿看到的是一个离散动力学系统。时间间隔是代；系统的状态是数对 (M_n, I_n)。增长规律是原动力。

这方程有一精确解。如果我们引入黄金数 $\tau = (1+\sqrt{5})/2 = 1.618\,034\cdots$，则可证明

M_n 是最接近 $\tau^n/\sqrt{5}$ 的整数，

I_n 是最接近 $\tau^{n-1}/\sqrt{5}$ 的整数。

我不想深究为何如此，你要是不信，可以用你的计算器来核算。要点在于，莱奥纳尔多模型对每代增长到 $1.618\,034$ 倍的群体是一个极好的近似。

这又是一个指数式增长。假如不遇到什么阻碍，114 代后兔子的总体积连已知的宇宙都容纳不下。在那时之前很久，地球就淹

没在膨胀得比光还快的兔球底下了!

增长的极限[①]

这当然荒唐无稽。实际上,某些外部因素将起作用,把群体限制在更合理的一些数上。例如氧的可利用率。但更加可能的因素是,缺少空间,或缺少食物,或两者都缺少。

因而莱奥纳尔多的离散动力学必须加以修正,使群体过高时被截止。用生态学行话来说,这是"依赖于密度的群体增长",因为出生率依赖于现存生物的密度——实际群体与环境所能允许的最大群体之比。

莱奥纳尔多模型不仅在时间——代——上并且在兔子的数量上都是离散的。求解在兔子数上连续(但在时间上仍旧离散)的方程要稍简单些。做法是把兔子数用它与最大群体之比 x 代替。现在,x 在 0 和 1 之间取值。它以极微小的离散步取值;但如果最大群体是比如说 10 亿,则步的大小是 0.000 000 001,你几乎注意不到。你的计算机也一样。

群体增长的最简单模型是迭代模型,就像莱奥纳尔多模型那样:给定代中的群体密度以可预言的形式依赖于前一代中的群体密度。换言之,我们有一个迭代模型,一个离散动力学系统,形如

$$x_{n+1} = F(x_n),$$

其中 x_n 是第 n 代的密度,F 是某种特定的映射。

业已提出种类繁多的映射 F,每一种都力图反映繁殖过程的某个被指称的方面。如果你以经典态度看待它们,你一定存先入

---

① 作者有意借用罗马俱乐部的著名报告《增长的极限》(1972)书名作小标题。——译者注

之见，认为每种映射都应当导致截然有别的动力学特性。所以你想方设法检验何者与数据拟合得最好，以便筛选出最佳模型，从而掌握某种与内在生物学特性有关的东西。

那就错了。文献中的大多数映射都有一个共性：定义一单峰曲线。因此，在定性层面上，它们呈现的性态都像逻辑斯蒂映射。尤其是，各个突出特征——其中最著名的非具有周期倍化级联的无花果树莫属——在所有映射里都将存在。"费根值"4.669 又将出现在所有它们中间。周期异于 2^n 的周期性循环也将一样。混沌亦然。

这并不是说种种不同的模型在定量层面上无法分辨；但是你不得不认识到，在实验生态学里难以获得确实好的数据。所以你遇到了严重问题。可能最好的态度是，承认实验证据虽然不太好却检测一整类模型而不是任一个个别模型。

无论如何，所有这些的结局是，甚至在受限制的环境里最简单的群体增长模型都会产生周期性和混沌。正如我们所看到的，周期性在真实群体中是司空见惯的。无规则涨落也如此，从而提出一个绝妙的问题：它有多少成分是由于外部影响，又有多少是真正的确定性混沌？

条件组合

认识到其中奥秘的人看来首先是梅，他在《自然》杂志上发表的论文——充满热情地恳请大家对简单模型的复杂性态多加注意——前已提及。最近，梅在《皇家学会会议录》1987 年第 413A 卷上，就人们何以这么长时间才发现实质上用台式计算器乃至铅笔和纸张就应当显而易见的东西，发表了如下见解。

上帝掷骰子吗？
——混沌之新数学

已知在许多领域里自然出现的简单方程都产生如此惊人的动力学特性，追究为什么混沌经过这么长时间才以它在过去 10 年左右所具有的方式走上中央舞台，是有意义的。我认为部分原因在于，混沌的重要性受到广泛重视，必得等到注视着一些简单得足以使普遍性被发现的系统的人们，在心中想着实际应用的情况下，并且在计算机使得数值研究易行的时候，它才被发现。

这一评论回应了我先前的论断，即要使一种新思想深入人心，必须将各种条件——时间、地点、人物、文化——组合起来。正如梅接下去说的，这些条件中有的许久以前就已具备。但不是都具备。结果，这一学科从未得到被当作一门学科的足够的认同感。分形也一样：虽然这个谜的各个不同部分已经存在了好几代的时间，但仍需要芒德勃罗的特殊才干把它们捏合到一起，并使人们相信最终的图景是值得拥有的。

事实上，早在 20 世纪 50 年代，几位群体生物学家在一定意义上就意识到了混沌。例如，莫兰（P. A. P. Moran）在 1950 年研究过昆虫，里克（W. E. Ricker）在 1954 年研究过鱼群。他们发现了稳定解、周期性，乃至混沌。但那时兴趣在稳定解；混沌——只是通过在台式计算器上辛勤工作才观测到——既无法理解，又不受信赖。

但是到 1970 年，必需的要素组合实现了。从那时起，不可能不注意到数值仿真中出现的混沌。任何在计算机上进行过迭代映射——一个极易编程序的问题——的人都会发现，最大的困难往往不在于找到混沌，而在于避开混沌。

当然，你刻意寻找它时除外。

细菌无处不在，可没有显微镜，你便永远视而不见。星系无处不在，可没有望远镜，它们就像模糊不清的星星。亚原子粒子不仅无处不在，并且无物不有。但尽管如此，要用价值数百万美元的加速器才能显示它们的存在。在科学史上，新工具的发明总是马上带来进步。这里，决定性工具是计算机。但单单有工具还不够。需要科学家的才智去认识到他的新工具所展示的东西是重要的。弄明白为什么这工具展示它所展示的东西，尤需才智。

大谈绿头蝇[①]

下面我们更详细地考察尼科尔森的绿头苍蝇数据。

尼科尔森用均匀而有限的蛋白质食物饲养他的苍蝇。当蝇口高时，没有足够的食物供苍蝇适当地繁殖。产卵不多，蝇口锐减。结果下代苍蝇拥有大量食物，所以蝇口又回升。

前面我指出过，捕食者与被捕食者的相互作用会产生循环性态。同样的理由使我们预见到尼科尔森的蝇口的周期性振荡。经过 2 年时间，的确发现实验数据的主要特征是周期为 38 天左右的相当规则的振荡。

但不仅如此而已。

许多峰是双峰，是 M 形峰，而不是 A 形峰。这提示在基本周期之上叠加有额外的高频运动。

峰高以相当规则的方式，以每 3 个峰重复一次的模式调制。中峰尾随小峰，大峰又跟随中峰，其后这循环重复出现。

此外，前 450 天左右之后，振荡变得极不规则。

---

① 本小标题为文字游戏，由 blow-by-blow account（极为详细的叙述）改为 blow-by-blowfly account。 blowfly，绿头苍蝇。——译者注

上帝掷骰子吗？
——混沌之新数学

如果你以为——过去一般观点往往如此——规则的循环乃是自然群体所做的最为复杂的事情，让它自行其是，那你就不得不寻求外部因素以解释尼科尔森的数据。食物供给真是恒定的吗？有无带病体出现？计数的精确程度怎样？

但我们现在知道，绿头苍蝇数据中观测到的所有效应都是非线性离散动力学里共有的。周期性，拟周期性，混沌。

许多生物学现象都含有延时。例如，带病体要经历一段潜伏期。所以从一个人受感染到开始出现症状，其间可能存在较长的延迟。（水痘是 14 至 15 天，艾滋病是 5 至 10 年。）生育循环包括妊娠期。被剥夺食物供应的动物，首先调动它内蓄的过剩脂肪以维持生命，此后才发生严重的饥饿。

梅指出，一个包含延时效应的很简单的模型可用来模拟蝇口的 38 天激增—锐减周期（图 119）。光滑的理论曲线与参差不齐的实验数据合理地相吻合。

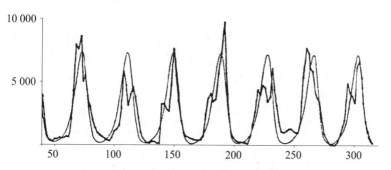

图 119　绿头苍蝇数据中基本振荡的延时模型

奥斯特（George Oster）进一步进行了分析。在他的模型里，有两个主要因素影响群体的规模。第一个包含一段延迟：它是"妊娠期"——受精卵发育成为能生育的成虫的那段时间。另一个则是成虫繁殖率对食物供给的非线性依赖关系。这模型产生的结果（图120）含有定态、不同周期例如3和6的周期态以及充分发展的混沌。

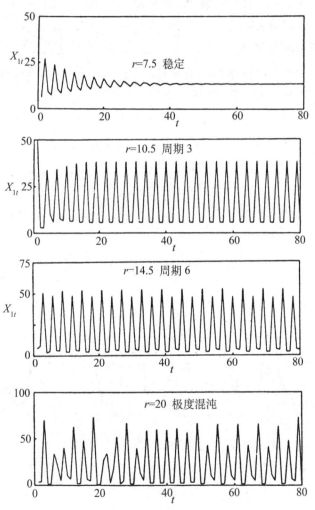

图 120　奥斯特群体循环模型中的多重周期及混沌

在动力学上模拟延时的一个办法，是使用二龄级模型。事实上莱奥纳尔多的兔子模型正是这样：两个龄级是幼兔对和成兔对。由于幼兔对在第一代不繁殖，所以出现延迟。幼兔对要花时间变为成兔对。但在莱奥纳尔多模型里，增长率是线性的，兔口高时上不封顶，所以他的兔子呈指数繁殖。奥斯特模型则含有非线性截止。

这模型能产生叠加在基本周期之上的产卵的周期性爆发，使群体里出现 M 形双峰。它还能使峰高受到调制；它会产生混沌。奥斯特接着得到与数据的定量一致，不仅仅是定性一致。因此，尼科尔森观测到的全部动力学特性，可能不过是单个确定性规律的结果。不需要别的什么不明不白的效应。

甲虫动力学

如果你想在真实的生态系统里确定混沌的存在，明显的方法是到某个选定的生态系统旁边安营扎寨，观测种群的数目，实施吕埃勒-塔肯斯重建，并且——目睹！——找到一个奇怪吸引子。遗憾的是，这不是一个明智的程序。在牧场、森林或者野外的任何地方测量"田野数据"，是没有希望的，因为，此种系统不断受到外部影响的干扰。你正在观察狐狸和兔子，却来了一只熊、一群猎狐犬或中学生野餐。事实上，观测者的出现就可以影响生态系统的行为。你可别指望混沌理论适用于此种系统，就像你指望地球物理学定律适用于端茶小姐的手推车击中你的地震仪。在物理科学中，你可以通过完成仔细受控的实验室实验，设计使端茶小姐安全地远离敏感的实验装置，力图避免此种外部影响。可是这种技巧在生态学里不是那么有效。实验室生态系统比物理装置要更不精确，假如仅仅因为《哈佛动物行为法》，该法指出："在仔细受控的实验室条件下，实验动物将会做它们非常满意的事情。"

1995 年，亚利桑那大学的库欣（J. M. Cushing）决定通过确信他们不做它们非常满意的事情，应对这一难题。他的方法有时候有一点戏剧性，他们在尚未被动物权利组织所吸引更多同情的一种动物——面粉甲虫赤拟谷盗——身上实施实验。这些小甲虫是面粉贸易的害虫，因为它们钻进面粉，使得面粉不可食用——或者至少不适于人类消耗，这并不是一回事。库欣的团队建立了一个理论模型，模型的变量是幼虫、蛹和成虫的种群数量，模型的参量是死亡率，即食卵的速率（你知道的，我不清楚面粉甲虫应得权利），诸如此类。但是，实验者们不是在实验室里仅仅把整个对象放在容器中，而是采取步骤，确保参量保持不变。例如，假如死亡率变高，它们就提高甲虫的供应量；假如死亡率过低，就把合适数量的甲虫移除。（你要是担心，这可以很人性地做到：只需在乡村的好的面粉袋里把甲虫掏出，令其退休即可。）食卵行为同上。

动力学系统理论会使你预期，对那个系统稍微花些工夫，就可以稳定到其吸引子上，或者如库欣在犹他大学的会议上指出的，"甲虫做傻事情，总会有一个开端。"然而，一旦傻事情取消了，实验室系统与模型方程的预言彼此可以非常类似。存在着真实的模型，其中种群没有反复趋向近零水平就可以呈现混沌，此种真实的实验似乎就合适的参量范围以相似的方式行事。定态和周期 3 循环都已被观测到。最终的结果尚未出来，但甲虫动力学仿佛也可以是混沌的。

混沌的可能性，对生态学家如何进行他们的工作产生了很大影响。

直至最近，生态学家（至少隐含地）假定，种群的自然状态是稳定的，但是实际上这一合意的事态——"自然之平衡"——因密度依赖效应和环境噪声而不安定。实验者的问题在于，从噪声数据中抽取内禀的定态或周期态。但是如果产生定态和周期性的同一个简单动力学也可以产生混沌，那么内禀状态本身就是混沌的，抽取内禀结构的问题就变得更加微妙了。

过去，生态学家倾向于考察平均量，追问平均值如何彼此相关。这有点像针对气体的热力学方法：注重诸如温度、压力等平均值。它对气体很管用，对种群则不然。也许因为，种群包含比气体分子少得多的对象。环境噪声（捕食者、气候、合适食物可得或不可得）确实对个体产生作用。种群中的变化，也出现在个体水平。而且，种群动态本身可以按照局部效应剧烈地变化。

哈塞尔（M. P. Hassell）和梅研究了一种花园害虫（白蚁）在荚莲属植物上的分布。他们的数据使他们断言，三层机制在起作用。首先，白蚁的分布是缀块性的。其次，每个缀块内的密度可以变化，所以密度依赖动力学效应因缀块而异。第三，环境噪声可以对每一缀块产生不同影响。

要分析此种系统，重要的是先做动力学、再平均结果，而不是先取平均、再做动力学。例如，如果你选择一打缀块，各自具有不同的种群密度，看平均种群规模如何代代变化，你别指望看见对平均密度的均一种群会产生同样的模式。这是因为，动态是非线性的，非线性不尊重平均。

作为一个类比，考察一辆汽车以 20 公里/小时的速度行驶 30 公里，然后以 60 公里/小时的速度返回。平均速度是多少？你要是把两个速度加起来，减半，会得到 40 公里/小时。错了。汽车去程一个半小时，返程半个小时，总共 2 小时。所以，平均速度是（30＋30）/2＝30 公里/小时。相加减半得不出正确的平均值的原因在于，速度与时间成反比，这是一个非线性关系。换言之，你必须恰如其分地求平均。

因此，混沌动力学对数据的解释和分析提出了全新的难题。但是，比起永远生活在一个愚人国里，具有一个清晰的问题（不管多难）总是好的。

生命之网

理论生态学家终于开始接受混沌和相关的非线性现象的思想，可是许多环保主义者、自然爱好者、政治家和管理人员似乎仍然陷于40年前就过时的思维方式。1995年，环境批评家布迪安斯基（Stephen Budiansky）如是说：

打开任何一本生态学普及读物，或者来自环境组织的申请资助信，你看不了多久，就会遇到"自然平衡"之类的字眼。要是这些词不出现，与其相当的词也会出现：在一个精致的"生命之网"里关联的所有物种容易被人打破的观念；捕食者与被捕食者，如果不受干扰，会彼此完美调节；森林，一旦从伐木工的贪婪挽救回来，会重新开始其无尽的旅程，趋向于一个趋老增长的稳定"高潮"群体……

许多自然爱好者……当被告知实际生态学家几十年来就不把此种思想当回事，他们大吃一惊。在19与20世纪之交盛行的思想，植物形成"群体"，它们必然靠相互依赖的紧密联系而维系，这些群体在一系列阶段中发育、成长，此种思想已经行将就木。事实上，20世纪50年代以来，生态学家将其视为与童话无异。

此种童话的吸引力的一个原因，是对稳定性特性的误解。显然，可见的生态系统在一定意义上必须是稳定的，否则它将不能继续存在（此即"可见的"含义）。直至最近，稳定性的范式仍然是定态。结果，我们发现许多人在告诫，由于生态系统是一个相互作用的复杂之网，此网的任一部分损失都将破坏其稳定性——因为（"显然"）它将影响那个定态。

这一论证在许多方面是错误的（这不意味着它的结论总是错误的）。甚至定态也会运动，而不是瓦解。混沌出现时，没有什么是特别明显的。混沌理论并未告诉我们生命之网的缺失部分将会破坏其稳定性，它未告诉我们将不会破坏其稳定性。混沌理论告诉我们，这整个推论思路是一种过分简化，我们应该找到更好的方式思考生态系统的稳定性。吸引子的概念，提供了一个自然、有用的图像；它告诫我们可能出现的"稳定"行为的可能类型的范围，提供了思考它们、研究其存在的工具。例如，移除生态系统的一个部分可能会改变其吸引子一点点，倘若如此，它将保持稳定（在任何吸引子都是稳定的意义上——保持相同的行为"脉络"，而不一定是相同的时间序列），从而保持可见。它也会使得吸引子消失，或剧烈改变。你不能通过考察你使其改变的大小告诉我们；它取决于其动力学特性是否接近一个"分岔点"，即它是否对参量的变化非常敏感。如果吸引子略微改变，它可能变得贫瘠；另一方面，它实际上可能以富足告终。例如，东非大裂谷中湖泊的丰富多样的生态，已经被引入尼罗河鲈鱼（一种广谱捕食者）所严重破坏。如果你从此生态网中移除那个特定的生物，你会开始恢复目前消失在尼罗河鲈鱼之口的多样性。"啊哈，尼罗河鲈鱼是人引入的。"不错，但是此种一般观点仍然成立：如果一种特定生物的出现比其不出现造成一个生态系统多样性减小，那么移除它将会增加多样性，而不是减小多样性。

大多数人需要简单的答案，大多数政治家和压力团体需要简单的口号。生态系统对那些人而言，太复杂了。混沌理论不解决由此种复杂性提出的问题，但它确实使我们知道它们存在。例如，世界上大多数渔场的管理都很糟糕，到处是鱼，鱼槽严重腐蚀。整个产业濒临灾难的边缘：1992年，加拿大政府明令禁止（可能为期十年）在大浅滩捕鳕鱼，因为成年鳕鱼所剩无几。鳕鱼储量消失的原因，是渔民超出配额，配额出于政治原因设置过高，但是另一个原因是政府官员相信：① 教科书中的简单生态模型，② 他们文件里的鱼产量的数字。遗憾的是，许多的此类模型都是胡说，大多数数字都过时了——往往过时了好多年。我们知道，仅仅给反馈环引入一个延迟，就会迫使系统离开稳定的定态，进入混沌，诸如此类的事情似乎在渔场管理中发生了。更好的模型和更新鲜的数据，是一个良好的开始。

生态系统的管理和调节，是一个真正难的议题。（你希望政府密探告诉你，在你的花园里种植什么？你可以拥有多少宠物？）例如，混沌吸引子的稳定性，可以被引用为人类干预确实不能破坏一个生态系统这一思想的确证。布迪安斯基在这一方向上有其自身的论证：

> 巴西的大西洋海岸森林将近90％已经被清除，但是所有物种的预计损失不是一半，物种的实际记录损失是零。动物学家的广泛调查表明，没有一个已知的物种可以被宣布灭绝。实际上，据信20年前就已灭绝的好几种鸟和蝴蝶，最近又被重新发现了。

我认为，我将遵循他的思路，即使我不大赞成。此种陈述没有什么毛病，但我不喜欢他明显期望我们得出的意思。受威胁的物种——在某个地方——的生存很好，但它并不意味着我们应该继续毫不留情地清除森林。腔棘鱼被认为在几百万年前就已灭绝，被重新发现平安无事，由于不加鉴别的捕鱼方法，如今又濒临灭绝。假如我是一只腔棘鱼，我不会因以下事实大受感动：我的物种以前被错误地宣布灭绝。我更为担心的是，这次围绕这一裁定将被证明是正确的。

显然，假如人人都接受由于混沌理论——或者任何其他的生态学理论——这么说栖息地的大规模破坏是安全的，许多企业会很开心。但是，混沌理论告诉我们的一切是，生态系统对干预的反应是一个比我们习惯于想象的艰巨得多的问题。在我们可以决定任何特定的活动是否"安全"之前，我们必须对生态系统动力学了解更多。同时，我们处于一个尴尬的伦理学困境，而不是一个科学困境。仅仅因为它对少数商人赚钱，就对环境造成不可逆的破坏，是明智的吗？我们必须认识到口号的危险。"多样性"不仅仅是物种数目呈现的问题；同样重要的是，哪些物种呈现，哪些物种中有多少成员存在，它们在哪些领地自由活动。事实上，你要是在几乎任何地方，随便挖开几平方米的土地，为其中的每一个物种登记在册，都会发现有一半是科学不知道的。新的物种可能是细小的微生物、新型的螨虫，等等，而不是新的大猫或侏儒犀牛，但是多样性肯定比基于你所知道物种所想象的大得多。这一切都很好，但是当然，它几乎与环境破坏（关于丧失已知的物种，或者减少物种的数目，不仅仅是把你知道的物种数目加起来）问题完全无关。地理扩散也是要紧的：你可以在沙漠中央圈一小块具有丰富多样的生态系统的地，但是它在丰润的热

第13章 自然界的失衡

带雨林中就不会一样了。

　　部分多亏混沌的发现，部分多亏其他的同样重要的影响，理论生态学家和田野生态学家正在开始与这些难题有效地斗争。同时，假如我们其余人停止根据一个过分简单的精神图景得出未受确证的结论，那就更好。并且，你可以如同执着于金钱的愚钝的一维简单性那样，专心致志于生命那难以置信的多维复杂性。

流行病学中的混沌

　　细菌和病毒都是活的生物，它们的群体涨落方式相当重要。在麻疹流行时，麻疹病毒的群体最终决定感染的范围和严重程度。所以群体动力学对流行病学有直接的应用。例如，上一节中的评论实质上原封不动地适用于艾滋病的流行病学，你不会不知道艾滋病是一种据认为是由人体免疫缺陷病毒（HIV）引起的既不光彩又致命的疾病综合征。HIV 的散布也是十分缓块的，与性行为等因素有关，因此基于平均潜伏期和平均性行为的艾滋病研究必然使人误入歧途。这是一个值得调查的问题，因为这种病的控制——乃至治疗——强烈依赖于拥有准确反映艾滋病如何传播的好模型。

　　在本节末尾，我将回到艾滋病。疾病流行病学中的混沌的第一个证据，产生于更为常见疾病的关联。在湍流的情况下，从实验数据抽取混沌动力学特性的问题出现较早。我提到过吕埃勒和塔肯斯的方法，他们编造足够多的"赝"时间序列以重建吸引子的拓扑结构。然而，这方法原则上适用于任何时间序列，而不仅仅适用于在物理学家的实验室里得到的时间序列。从医学记录中可获得大量的流行病学时间序列。

谢弗（W. M. Schaffer）和科特（M. Kot）把重建吸引子的吕埃勒-塔肯斯方法应用于疾病。他们采用纽约和巴尔的摩两地在大规模种痘前的日子里获得的流行性腮腺炎、麻疹和水痘的数据（图121）。对每一种疾病，有一个记录每月病例数的时间序列。他们的结果表明，在每一病例中似乎都存在一个二维吸引子（图122）。它有一个强烈提示混沌存在的一维庞加莱截面。事实上，这动态看来受与逻辑斯蒂映射定性相似的单峰映射控制。奥尔森（L. F. Olsen）和迪恩（H. Degn）独立作出对哥本哈根麻疹数据的分析，得出几乎相同的单峰映象，表明诸结果并非只是巧合。回到较大生物的群体时，谢弗也已提出，取自哈得孙湾公司的著名的猞猁狲-野兔数据（由毛皮猎人的交易记录给出）以几乎相同的方式展现出混沌。

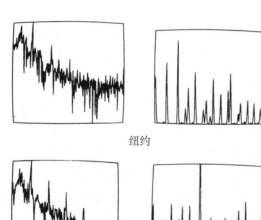

纽约

巴尔的摩

图121 纽约和巴尔的摩的麻疹数据。左边是原始数据,右边是功率谱

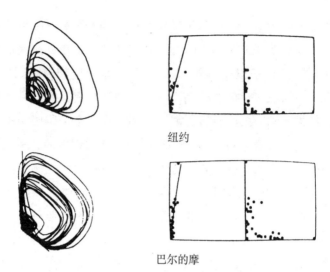

纽约

巴尔的摩

图 122　就图 121 的麻疹数据重建的奇怪吸引子(左)和庞加莱映象(右)

　　研究流行病传播的常规方法,基于对所含生理和传输过程建立特定的模型。以混沌为途径的研究方法,通过把重点放在经验观测结果上,尝试直接从中抽取潜在动态,弥补了上述方法的不足。它的主要缺点,是需要相当长的时间序列,而这样的时间序列得之不易。两种方法并举,优于只用一种方法。

　　利用数据分析的精致新方法,随后的研究并未能够在纽约的麻疹数据里明确无疑地探测到混沌:那些指标在低维混沌与随机性之间的边界上逗人地徘徊。然而,按照梅的说法,"那些测试……表明,麻疹数据由低维混沌吸引子所很好描述。"探测混沌之困难,部分在于数据的特性,收集那些数据时并未考虑敏感的混沌现象。困难与非线性系统中的平均相联系的上文提及的那些事情相关。麻疹数据,在纽约市的不同区域的记录所累积的,就像平均值。加和,遭遇了与平均值同样的问题,因为平均值不过是总和除以病例数。现在，我们不能根据此种数据讲出其空间分布是块状的还是平滑的；我们被迫试图检测数据被累积之后（而不是之前）的动力学特性。遗憾的是——对于流行病学中的混沌的研究，而不是对于疾病的患者——疫苗接种如今如此广泛，无法收集更为精致的数据：它们没有麻疹那样足够的病例。

　　如果我们不考虑纽约的麻疹数据，而是考虑英格兰和威尔士的数据（图 123），空间结构的影响清晰显现。当用与纽约数据完全相同的方法分析这些数据时，它表明，它们不用低维混沌，而是用简单的 2 年周期循环加上（相当多）统计噪声可以很好地建模。当然，这可能表明，英国的麻疹动力学不同于美国的，以至于在基本相同的动力学系统里环境参量的差异导致了不同的行为。我们知道，这种变化——分岔——在非线性系统中稀松平常。然而，霍尔顿（David Holton）和梅注意到，假如数据是逐个城市分离的，一种截然不同的解释出现了。数据涵盖了 1948～1966年，由 7 个城市的记录所累计。5 个较大城市——伦敦、伯明翰、利物浦、曼彻斯特、设菲尔德——的分离数据非常类似于纽约的数

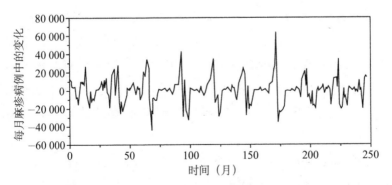

图 123　英格兰和威尔士 1948～1966 年麻疹病例的时间序列。纵坐标给出与以前观测相比较的麻疹病例数中的差异

据，可以很好地建模为混沌。2 个较小城市——布里斯托尔和纽卡斯尔——则不同：假如是混沌的，它们需要高维的吸引子。于是，分离数据的分析得出与累计数据不同的结论——一个非常重要的观点。令人惊奇的还有，尽管可能是巧合，布里斯托尔和纽卡斯尔的人口低于麻疹可以保持流行的阈值，始终以一种合理的水平出现。另外 5 个城市，则高于那个阈值。所以，动力学特性在不同的城市可能涉及不同的参量值，从而受制于与在错误的分析阶段取平均值相联系的一切危险。这给流行病学家提供了一个有用的实践洞见：如果他们在认识疾病扩散的非线性动力学方面取得进步，他们将有必要重新思考他们数据收集、呈现、分析的方法。

HIV 动力学与艾滋病

那些告诫与艾滋病的研究特别相关，艾滋病是一种具有非常不寻常特性的疾病，其特性一点也不适合传统的流行病学模型。特别是，它具有与相对高的感染率（此为不同寻常）相关联的相当长的潜伏期。早期的建模尝试做出了标准的假定：受感染的个体遇到恒常的感染水平，从他们第一次获得 HIV 的时刻开始，继续不变，直至开始呈现成熟的艾滋病症状（此后不久，他们死亡）。然而，在七八年的平均潜伏期期间，患者身上 HIV 的发病率实际上显著地起伏，如同可以从其 HIV 专一抗体的水平推断的那样。不必惊讶，传统的流行病学模型不能应对艾滋病的特殊性。

霍尔顿和梅建立了一个模型，反映了艾滋病各种特征的目前的医疗观点，但是并未假定一个恒常的感染水平。以下的讨论是十分简化的，有意避免某些更为精致的生物学术语：我把它概括给你此种模型如何建立的一种感觉。HIV 病毒感染细胞称为淋巴细胞，是人体免疫系统的一部分。淋巴细胞要么受感染、激活，要么未受感染。（激活细胞容易受 HIV 感染，但尚未受到感染。）人体以恒常的速率产生新的未受感染的淋巴细胞；这些细胞要么死亡，要么激活。激活细胞的群体数，以两种方式增长：未受感染淋巴细胞的激活；称为"克隆扩增"的过程。激活淋巴细胞受到 HIV 感染时，群体数减少。感染淋巴细胞要么依然如故，要么死亡。HIV 病毒在感染淋巴细胞内部复制，颠覆细胞自身的遗传系统，当病毒粒子从感染淋巴细胞释放时，HIV 病毒群体数增长。HIV 病毒，要么死亡，被激活淋巴细胞所吸收；要么被免疫系统中仍然维持其正常工作的未受感染淋巴细胞所破坏。

明白了吗？要点在于，你可以把我的口语叙述，编码成四个微分方程，描述三类淋巴细胞和病毒的群体数将会如何改变。那些方程包含各种数值参量，表示感染率、生长率、死亡率。你可以通过数学分析和计算机仿真来研究那些方程，看看取决于那些参量值，它们预测什么行为。

结果表明，当 HIV 被引入另外的"干净"免疫系统时，取决于参量值，三种不同的事情会发生：

- HIV 病毒将不在其宿主身上建立自身。

- HIV 病毒将建立自身，但是以系统稳定到定态的方式，其中，激活淋巴细胞的数目保持恒常。

- HIV 病毒将不仅建立自身：它将开始调节激活淋巴细胞的群体数。

在第三种（大多数有趣的）情况下，结果是 HIV 在长时期的低群体数，会产生混沌的突然爆发，其中，群体数很快爬升，然后回落（图 124）。

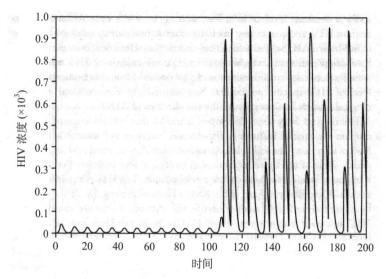

图 124　按照霍尔顿-梅模型,作为时间函数的血液中 HIV 病毒浓度的变化

HIV 病毒不会直接导致死亡。它破坏免疫系统,使得免疫系统不能对付某种其他疾病因子的"机会主义感染"。当 HIV 群体数高时,机会主义感染很容易被确立,以致该模型预测继一个长的潜伏期之后,HIV 群体数急剧上升,机会主义感染发生。这正是实际通常发生的。

霍尔顿和梅强调,他们的模型乃是此种真实疾病的简化漫画。然而,它拥有正确的定性特征,并且表明,HIV/AIDS 的外部流行病学性质由外部动力学引起,即一种特定类型的混沌。然而,外部动力学源自完全世俗的、合理的来源——支配方程中的一点点非线性。既然一个简单的自然的非线性模型可以产生艾滋病的某个更为令人迷惑的特征,那么看来试图微调它才是合理的。正如霍尔顿和梅所言:"有希望的是,这些漫画可以被系统地调整,揭示接近实际的行为。"

心搏骤停！

流行病学不是混沌唯一的潜在重要医学应用。混沌动力学已发展到用来建立细胞癌变时那失控行为的模型，用来分析脑电波，用来研究遗传学。心搏不规则性的研究也得到充分开展（图125），下面我将专门讲述。这工作是蒙特利尔麦吉尔大学的格拉斯（Leon Glass）和他的同事们一起做出的[1]。

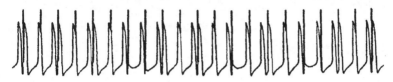

图 125　文克巴赫[2]现象：心搏的不规则涨落。注意在宽峰和窄峰之间的间隔里没有规则的模式

正常人的心脏每分钟搏动 50 到 100 次，日复一日，年复一年，终生不停。然而，在心搏中会出现种种不同的不规则性。有的甚至是致命的——例如纤维性颤动，这时不同的心肌彼此不合节律地收缩。显然，了解心搏的动力学性质是重要的。

心搏的数学模型要回溯到 20 世纪 20 年代莫比兹（W. Mobitz）、范德玻尔和范德马克（J. van der Mark）的工作。范德玻尔的模型与他就电子管的振荡建立的方程密切相关，这些方程作为极限环的一例已在前面提到过。范德玻尔和范德马克甚至碰到过混沌；但在那个时代，无人认为它很重要。因此——尽管未被广泛地认识——非线性动力学从它的襁褓时期就与生理过程结下

---

① 详见格拉斯和麦基著《从摆钟到混沌——生命的节律》，潘涛等译，上海远东出版社，1994 年。——译者注

② 文克巴赫（Karel Frederik Wenckebach, 1864～1940），荷兰医生。——译者注

了不解之缘。非线性动力学的进展能提供探究心搏的新方法，就不足为奇了。

混沌动力学特性是否是人体心脏中不规则性的元凶，是引起激烈争论的。在某种意义上说，这种动力学特性并非必然达到夺命的那种复杂程度：拟周期性，甚或振幅过大的周期性振荡，都完全会产生这样的后果。或者定态——可怕的定态，实际上是我们所有人结束生命的地方。得到有关致命的心搏不规则性的观测数据也是不容易的：十分自然，医生宁可千方百计挽救病人的生命，而不愿测定他或她如何死去的细节。

踢发转子

一类重要的心律失常包含称作并行收缩心律的两种规则周期效应的相互作用。抓住宽泛动力学特性的一个简单数学模型，是受迫振荡器。固有振荡器受到周期性变化的外部扰动的刺激：令人感兴趣的问题在于两种振荡方式的相互作用。我们已经看到，凭借斯梅尔马蹄，受迫范德玻尔振荡器会走向混沌。因此，并行收缩心律也会这样，不是不可能的。

研究混沌的物理学家和数学家们都有他们自己偏爱的受迫振荡器。如同斯梅尔马蹄一样，它是仍然保持着主要特征的动力学的最赤裸裸的形式。它称作踢发转子。它更像受迫振荡器的频闪快照，即离散的庞加莱截面。系统的状态用圆上的一点来定义。在每一离散的时间步上，这个点所在处的角度按照固定的规则改变；但另外加上周期性变动的扰动。例如，如果在时刻 t 的角度是 x，则在时刻 $t+1$ 的角度可能是 $x+1+\sin t$。这里，$x \to x+1$ 是振荡器的固有运动，$\sin t$ 代表迫动的效应。更一般地，我们可

考察 $x+k+A\sin t$，其中常数 k 让我们调节固有振荡器相对于迫动频率的频率；A 让我们调节迫动的幅度。

甚至在混沌开始之前，这样的系统里就发生了很有趣的事情。它们锁相，即迫动频率与振荡的固有频率以某种简单的数字比率达到"同步"。例如，3 个周期的迫动振荡可能等同于 4 个周期的固有振荡，即 3∶4 锁相。天文学家会说它们共振：基本上是一回事。

当 A 等于零，即未施加迫动时，动力学特性容易弄清楚。如果每一时间步刚好把 k 加到 x 值上，则 n 时间步后 x 变为 $x+nk$。如果 x 是 360° 的有理数倍，则动力学特性成为周期性的；如果是无理数倍，则不是周期性的。

当 A 不是零时，迫动造成的非线性有使周期解甚至在 k 偏离给定有理数值一点点时仍旧保持的作用。这导致因苏联数学家阿诺德而命名为阿诺德舌头的锁相性态区。这些可看作图 126 下方的变形三角区。

阿诺德最近讲述了一个动人的故事，它表明了数学家们过去对生理学常抱有的看法。阿诺德是逝世于 1987 年的苏联数学界领袖人物柯尔莫果洛夫的学生。阿诺德谈到柯尔莫果洛夫时说，"他与我遇到的其他教授不同，完全尊重学生的个性。我记得只有一次，他干预了我的工作：1959 年，他叫我把关于圆的自映射的论文中关于对心搏的应用的一节删去，并说：'那不是一个应当研究的经典问题。'25 年后，格拉斯发表了这理论应用于心搏的成果，而我不得不集中力量去研究同一理论的天体力学应用。"

使这个故事具有讽刺性转折的是，柯尔莫果洛夫对数学采取极为宽宏的态度，并且他本人就从事过数学应用于生物学的研究工作。

王后屈尊

现在，我必须（或至少表面上）离开正题，因为锁相需要新的数学工具。嗯，那些工具所以新，是因为以前它们未被用于这一目的。事实上，它们以前从未被用于任何非常实际的目的，尽管它们居于数学中最美妙的思想之列。我指的是数论。

"数学，"高斯说，"是科学的王后，算术则是数学的王后。"他所说的算术就是数论，不是 $2+2=4$，认为王后们不愿弄脏她们那洁白的双手的想法，他不是完全没有。数论的公开主题——普通整数的模式和疑难——并不马上招致对科学的应用。"这门学科本身是一个特别吸引人、特别雅致的学科，但它的结论没什么实际意义，"1896 年鲍尔（W. W. Rouse Ball）①如是说。按照把数学分为"纯粹"数学和"应用"数学的通常分法，数论或许是你所能获得的最纯粹的了：它与传统的应用科目例如动力学相比，有如南辕北辙。

再也没有了。

数论以可观的细节解释锁相那优美而复杂的模式。例如，锁相区出现的顺序可用称为法雷②序列的妙招得到。法雷序列由介于 0 和 1 之间的所有有理数 p/q 从小到大排列而成，其中 q 不超过给定的大小。例如，当 q 不超过 5 时，我们有法雷序列

0/1　1/5　1/4　1/3　2/5　1/2　3/5　2/3　3/4　4/5　1/1。

这并不是混沌动力学中唯一出现数论的地方。不久以前尚被认为最无用的数学分支——就实际应用而言——突然在动力学系统理论中获得了新的重要性。珀西瓦尔（Ian Percival）和维瓦尔迪

---

① 鲍尔（1850～1925），英国数学家。——译者注
② 法雷（John Farey, 1766～1826），英国数学家。——译者注

（Franco Vivaldi）发表了一篇文章，讲的是把经典数论巧妙地应用于环面的混沌映射。我听到一位活跃于混沌动力学领域的数理物理学家斯维丹·诺维奇（Predrag Cvitanovic）说，"我主要参考哈代[1]和赖特[2]的著作，"那是经典数论的圣经[3]。

鸡心

锁相讲到这儿为止。现在讲混沌。

在受迫振荡器中，混沌就是这些锁相频率一系列变化的极致。所以为了研究心脏中的拟周期性和混沌，格拉斯和他的同事们提出一个踢发转子模型，他们认为这一模型特别适合于心搏，并分析它怎样锁相。

不仅如此：他们还用实验检验了他们的模型（图 126）。当然不是在人体心脏上做实验。他们用的是从鸡胚心脏得到的一团细胞。这种细胞能够自发跳动，它们相当于固有振荡器。实际做法是，分离鸡心心室细胞，让细胞在培养基里重新聚集。所得细胞聚团很小——纵横约 200 微米，每分钟跳动 60 到 120 次。

然后把玻璃微电极插入跳动着的细胞团，以便施加相当于迫动的周期性小电震。实际上，微型鸡心获得同等微型的起搏点。改变电脉冲的频率和振幅，可产生各种类型的锁相，以及混沌。

在实验里可以分辨错综复杂的锁相模式，因为它很有结构。相反，混沌却是混沌的。如果实验非常详细地检测出混沌前的锁相，并且在同一模型预言混沌的地方也呈现出不规则性态，那么这便是混沌存在于现实世界中的坚实——尽管是间接的——证据。

---

[1]　哈代（Godfrey Harold Hardy, 1877～1947），英国数学家。——译者注
[2]　赖特（E. M. Wright, 1906～2005），英国数学家。——译者注
[3]　指他们合著的《数论》（*Theory of Numbers*, 1938）一书。——译者注

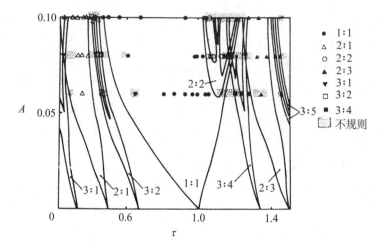

图 126 心搏的踢发转子模型的理论和实验结果

你可以凭混沌的同伴来辨识它。

格拉斯的实验结果与他那踢发转子理论模型符合得极好，表明可以使鸡心细胞聚团混沌地搏动。

医学数学

显而易见，200 微米的鸡心细胞聚团不等同于真实的心脏，人为的电起搏点也不等同于心脏的固有起搏点。指出了这一点，可以知道动力学理论与生理学实验符合得如何好是值得注意的。很难说混沌动力学与真实心搏完全没有关系。

活的生物体呈现丰富多彩的行为。有些生物体如此复杂，很难想象数学能对它作出任何显示。我觉得难以设想一种母爱的数学理论，并且我怀疑，要是某个误入歧途的天才能找得到这么一种理论的话，这个世界会成为更美好的地方。但另外一些生物体则相对简单。心脏的动力学肯定比情感反应的心理动力学更可研究。

许多器官像机器的特殊部件那样运行。诚然，精致的机器在所有方面都远远超出我们的制作或模仿能力。但我们已经能够制造性能优良的人工心脏，当人们自己的天然心脏失效时它们足以延续他们的生命。谈到"机器"形象：现在差不多是抛弃我们那维多利亚成见①（即机器十分简单且可预言）的时候了。如果说混沌动力学教了我们什么的话，那么有一点肯定是，简单的系统会干出某些相当精致的事情。

全世界的科学家正开始认识到，动力学系统的数学越过了理论和应用之间那难以逾越的鸿沟。数学家们正在研究出一些概念和方法，以面对非线性动力学的现实。这开辟了洞悉现实世界中许多动力学效应的本质的前景。人体的生理机构——心脏、肺脏、肝脏、肾脏、甲状腺、膝关节，以及不太明显的人体部件——正开始具有数学意义。

了解机能失常，不等于治愈机能失常；但正像每个汽车修理工所知的那样，如果你不了解它是怎么回事，是很难把它修好的。如今，动力学系统理论已在医学知识的发展中发挥了重要作用。正如格拉斯谈到心脏的活动时所言："全面的认识将只有从非线性数学与实验生理学和临床心脏病学的结合中取得。"

---

① 英国维多利亚时代（1837～1901）产生的信念。当时机械装置已被广泛使用，今天的机器已不像维多利亚机器那样简单，但人们还是倾向于认为"机器"意味着某种简单东西。——译者注

第 14 章

超越蝴蝶

预言是非常难的，尤其是预言未来。

——玻尔（Niels Bohr）

机遇的概念，为人类所知已经有几千年，它已融入我们的文化。机遇产生了数十亿美元的产业，从赌博到宗教：赌博开发我们对机遇（和金钱）的迷恋，宗教是我们在一个敌对世界（其中机遇效应有时候是赤裸裸个人的）行事的一种保护机制。一种有效的机遇演算——概率论——已经建立了至少三百年。它教导我们，机遇有其自身的模式，不仅适用于个体例子的模式，而且适用于重复实验的"集群"：只有使之平均方能感觉到的统计规律。我们建立了概率论的应用分支，称为统计学，它让我们利用诸如人寿保险、质量管理等领域中的那些模式。

混沌是一个相对的新来者，其前史不过百把年，它以其自身的身份脱颖而出成为一个协调的学科只有三十年。混沌与机遇的关系，有点复杂而且往往十分混乱。混沌也有其自身的深层模式，但与主要不是统计性的机遇模式不同，其模式往往适用于个体。"混沌的"并不是"随机的"时髦新名字，根本不是。混沌是不同类型的怪兽。混沌有时乔装成机遇，但其实混沌与机遇是分开的两极。

由于混沌的内禀规则性不显示在表面，科学家被迫建立新的数学工具来检测混沌效应，区分混沌效应与随机效应。这便导致了具有众多跨越科学领域的应用的繁盛研究领域，包括恒星的振动，生态系统中的群体动力学，流行病学的起伏，金属丝材料性质的可变性。我们将考察这些新工具的应用；与此同时，我们将更深刻地认识机遇与混沌之间的相似性，以及那些至关重要的差异。此外，我们将发现，混沌不一定总是不可预言的。正如玻尔所言，他将"预言"与"预言未来"区别开时，一切都取决于你要作出哪种类型的预言。

什么是随机性？

首先，我们最好仔细考察我们所谓"随机"的含义。混沌教导我们，我们必须仔细分辨，数学系统（其中我们假定完美、无限精度的知识）发生的事情，与实际（我们的知识是不完美、不精确的）发生的事情。"随机"一词的含义，很大程度上取决于这种区别。

动力学系统，是其状态按照某些规则或程序（我称之为动态）随时间改变的系统。动态，是从目前状态得出"下一个"状态的规则。考虑随机性的关键在于，设想某个系统处于某个特定状态，让它运行，不管那个特定系统如何。然后，设想把它精确地回到初始状态，再次运行整个实验。如果你总是精确地得到同样的结果，那么系统是确定性的；如果不是，则系统是随机的。请注意：为了显示某系统是确定性的，我们实际上不必预言它将如何：我们只需搞清楚在这两种情形下，它将做同样的事。

例如，假设该系统是炮弹，在受控、可重复的条件下，从悬崖边释放。假设，动态是按照牛顿定律的引力作用。你释放了炮弹，炮弹下落，越落越快。显然，只要你在同样条件下重复同样的实验，炮弹会发生完全同样的事，因为牛顿定律唯一地预言了未来的运动。所以，这个系统是确定性的。

相反，假设该系统是一副牌，动态是洗牌，然后取最上面的牌。设想目前最上面的牌是黑桃尖，洗牌后，最上面的牌变成了方块 7。那是否意味着，凡是最上面的牌是黑桃尖，下一个最上面的牌一定是方块 7？当然不是。所以，这个系统是随机的。

我们思考现实世界时，这个区别可不是如此一目了然的。事实上，很难设想那样的环境，你可以十分肯定，现实世界"是"随机的而不是确定性的，反之亦然。此种区别是关于表象的，而不是深层的实在——表面上随机的宇宙遵循一个确定性神灵（他选择骰子如何滚动）的每一个奇思异想；最近十亿年都遵循完美数学定律的宇宙，会突然开始掷真正随机的骰子。所以，区别是围绕我们如何模拟该系统，何种观点最有用，而不是围绕该系统本身的内禀特性。

用模拟的术语讲，随机性与确定性的区别是足够清楚的。一副牌的随机性，来源于我们不能预设从当前状态得出下一状态的唯一规则。洗一副牌，有许许多多不同的方式。炮弹的确定性，是两件事情的组合：充分预定的行为规则，充分界定的初始条件。请注意：在这两个系统中，我们在非常短的时间尺度上考虑问题：要紧的是下一状态，或者换言之，假如时间是连续流动的，它就是向未来的下一微小时刻的状态。我们不必考察长期行为，以区别随机性与确定性。

科学家提出了现实世界的许多模型：有些是确定性的，有些不是。在钟表般的牛顿模型中，没有什么是真正随机的。如果你由相同的初始条件两次运行一个确定性模型，都会得到同样的结果。然而，我们目前有一个不同的宇宙模型——量子力学模型。在量子力学中，至少是目前表述的量子力学模型，存在真正的随机性。正如"洗牌"规则允许许多不同的结局，量子力学规则也允许一个粒子处于许多不同的状态。我们观察粒子的状态时，赋予它一个特定的值，就如翻开这副牌最上面的牌显示了一张特定的牌。但是，当量子系统听其自然，不被观测时，它对可能的未来有随机的选择。因此，无论我们把宇宙总体上视为是否随机的都取决于我们目前信奉的何种品牌的物理学，既然我们不能由相同的初始条件运行整个宇宙两次，整个讨论就变成了鸡毛蒜皮的争论。

　　然而，与其问"整个宇宙确实是随机的吗？"不如问一个不太雄心勃勃、却更为有用的问题。给定现实世界某个特定的子系统，它被确定性数学系统还是随机系统所模拟得最好？现在，我们可以做出真正的区别。从一开始就显然，任何现实世界系统都可能受到我们知识或控制以外的因素的突然影响。假如一只鸟撞上了下落的炮弹，那么炮弹的轨迹将偏离我们的预期。我们也可以把那只鸟纳入数学，但是猫也许在鸟撞上炮弹之前捕获或未捕获那只鸟怎么办？我们最多能做的，乃是选择一个我们认为了解的子系统，并且忽略不计意外的外部影响。由于我们对系统的知识必然受限于测量误差，我们不能保证以精确相同的初始状态回到它。我们所能做的是，让它回到与以前的初始状态在实验上无法分辨的状态。我们可以重复炮弹实验，仿佛同样的炮弹以同样的速度在同样的位置。但是，我们不能控制炮弹内的每一个原子，让它以无限的精度产生相同的初始状态。事实上，只要我们触及炮弹，有的原子碰擦，有的使之传递到表面，所以，炮弹每一次肯定是不同的。

于是现在，只要我们记得唯有短的时间尺度是重要的，我们可以表述确定性混沌与真实随机性之间的实际版本的区别。宇宙的一个现实子系统，如果忽略意外的外部效应，只要你让它回归看上去同样的初始状态，对某些非零的时间段它都做出同样的事情，那么，该子系统看上去是确定性的。如果无法分辨的初始状态可以立刻导致完全不同的结局，那么，它就是随机的。

使用真实的炮弹、真实的悬崖、真实的引力，炮弹系统仍然看上去是完全确定性的。此实验是"可重复的"，它使得牛顿运动定律在其适当的应用范围内如此有效。相反，真实的洗牌实验看上去是随机的。放射性原子的衰变亦然。洗牌的随机性，当然是由我们缺少用于洗牌的精确程序的知识所造成。但那是在选定系统之外的，故在我们的实际意义上它不是可承认的。假如我们改变该系统，把关于洗牌规则的信息包括进来，例如由伪随机数的某个计算机编码所给出的规则，以给定的"种子值"开始，那么，该系统看上去是确定性的。两个运行同样"随机洗牌"程序的计算机，实际上产生同样序列的头张牌。

我们也可以用不同方式考察扑克牌系统。假设扑克牌的选择由伪随机数的头几位数字所决定，那就是人们如何写出那种程序的典型。那么，我们不知道系统在任何时刻的"完全"状态，只有几个数字告诉我们目前的头张牌。现在，甚至具备不变的伪随机数发生器，黑桃尖后面的下一张牌将是不可预言的，于是我们的模型又变成随机的。随机性导致缺乏关于某个宽泛系统的信息，此系统包括我们认为我们正在考察的系统。我们要是知道哪些"隐变量"在起作用，就会停止想象该系统是随机的。

假设我们在观测一个现实系统，我们认为它看上去是随机的。这可能发生，有两个突出的原因：要么我们不再观测关于它的足够信息，要么它真正是不可简化地随机的。很难决定这些可能性。如果我们知道使之衰变的外部规则（洗牌规则），或者知道关于"整副牌"的某些额外"内禀"动态，放射性原子的衰变会变成确定性的吗？很好，可是眼下我们不知道，也许我们永远不会知道，因为也许根本不存在这样的内禀动态。（见第 16 章关于这个论题的臆想。）

重复一下，我们在做现实世界与某个特定模型的比较观察，只有此模型可以安全地说是随机的或确定性的。如果它是这个或另一个，那么现实世界亦然，只要我们模型捕捉的它的这些方面是关涉的。

机遇与混沌

搞清楚了我们——或者无论如何我——所指的"随机"与"确定性"的含义，我们可以转向机遇与混沌的关系。这不是一个具有单个妙语的简单故事。潜在混淆的主要来源，在于混沌的多面特性：以不同的视角看，混沌呈现不同的面貌。

表面上，混沌系统的行为颇像随机系统。想象地球天气系统的计算机模型，它们是混沌的，于是遭遇蝴蝶效应。从某个选定的初始状态出发运行这个计算机模型，你得到一个月后一个愉快的晴天。从某个选定的状态加上蝴蝶翅膀的一扇出发，运行同样的计算机模型，肯定是在任何可想象的实际实验中一个不可分辨的状态，现在你得到暴风雪。这不是随机系统的行为吗？是的，但是时间尺度是错的。"随机性"在大的时间尺度上产生——这里是几个月。确定性或随机性的分别，发生在短的时间尺度上。的确，它应该是即刻的。一天以后，扇动的翅膀可能改变局部压力十分之一毫巴。一秒以后，它会改变局部压力一百亿分之一毫巴。在计算机模型里，那就是所发生的。误差随时间而增长，我们可以用李雅普诺夫指数来定量化那个时间。于是，我们可以放心地说，在短的时间尺度上，天气的计算机模型不是随机的：它是确定性的（但是混沌的）。

要添加混淆的范围，混沌系统在某些方面确实像随机系统行事。还记得第 6 章的"缠绕映射"，用"乘以 10 然后去掉小数点前面的东西"这样的动力学规则，把其初始条件的相继小数点位置挪动吗？关于此规则，没有什么随机的——呈现任何特定数时，它总是导致同样的结果。但即使该规则是确定性的，它产生的行为却不一定是。原因在于，行为不单单取决于规则：它还取决于初始条件。假如初始条件具有数字的规则模式，诸如 0.3333333…，那么行为（如小数点后第一位所测量的）也是规则的：3，3，3，3，3，3，3。然而，假如初始条件由随机掷骰子决定，比如 0.116 254 1…，那么其行为将同样呈现是随机的：1，1，6，2，5，4，1。

在上述意义上，"乘以 10"动力学系统呈现了绝对真正的随机行为——就像在第一位产生 1，1，6，2，5，4，1 那样随机。然而，至少有两个原因，说该系统"是"随机的，是一种总体扭曲。第一个原因，我们考察的测量，即小数点后第一位，并非系统状态的完全描述。更为精确的表示是 0.333 333 3，0.333 333，0.333 33，0.333 3，0.333，0.33，0.3；或者，以随机的例子 0.116 254 1，0.162 541，0.625 41，0.254 1，0.541，0.41，0.1。要是你总揽全局，第二个序列不能完全视为随机的。第二个原因，正是初始条件提供了随机性的来源；系统只不过使得这一随机性可见而

上帝掷骰子吗？
——混沌之新数学

已。你可能会说，混沌是抽出、显示内禀于初始条件中的随机性的机制，即物理学家福特（Joseph Ford）鼓吹了多年，成为混沌的信息处理能力的一般理论组成部分的思想。

然而，动力学系统不光是对单个初始条件的回应：它是对所有初始条件的回应。我们只是倾向于观察某一时刻对一个初始条件的回应。我们开始那样思考时，不久就会分辨潜伏在混沌中的规则模式。

最基本的是，其初始条件有一点点不同的系统（一度）遵循近似相似的路径。多亏蝴蝶效应，这种相似性最终崩溃，但不是直截了当的。假如初始条件是 0.333 333 4，那么其行为是 3，3，3，3，3，目前尚可，4，就再也不会持续了。以精确的同样方式，假如初始条件是 0.116 254 2，而不是 0.116 254 1，这两个行为在头六步也看上去非常相似，只是在第七步有显著差异。事实上，要是比较精确值（而不是我们对第一位的"观察"），我们可以看到分歧如何产生。第一个初始条件发生

0.116 254 1，0.162 541，0.625 41，0.254 1，0.541，0.41，0.1，

第二个初始条件发生

0.116 254 2，0.162 542，0.625 42，0.254 2，0.542，0.42，0.2。

两者对应数值之差为

0.000 000 1，0.000 001，0.000 01，0.000 1，0.001，0.01，0.1，

每一个都是前一个差值的 10 倍。于是，我们确实可以看到误差是如何增长的。我们可以看到蝴蝶扇动翅膀如何逐级演变成越来越大的偏差。

微小误差——我将使用"误差"一词代表初始条件中的任何小

差异，无论它是不是错误——的这种规则增长，是对混沌的最简单测试之一。专业人员称之为系统的李雅普诺夫指数，以著名俄罗斯数学家李雅普诺夫的名字命名，他在 1900 年代初期发明了动力学系统理论的许多基本概念。在这里，李雅普诺夫指数是 10，意味着误差在每一步都以 10 倍增长。（当然，严格地说，李雅普诺夫指数是 log 10，大约是 2.302 6，因为增长率是 e 为底的李雅普诺夫指数的幂次，而不是该指数本身。但那是技术上的完美。为了避免混淆，我将谈论"增长率"，在此确实是 10。）

当然，微小误差的增长率不总是常数：这里增长每一步恰好是 10 倍的原因在于，其动力学特性每一步都乘以 10。假如动力学特性更为可变，有些数乘以 9，有些数乘以 11，那么，你会得到更加复杂的误差增长模式。但是，平均而言，对于非常小的初始误差，它会以 9 和 11 之间的某个速率增长。事实上，李雅普诺夫证明了，每一个确定性动力学系统都有一个明确界定的误差增长率，只要误差被认为是足够小。

李雅普诺夫增长率为混沌提供了一个定量的检验。假如李雅普诺夫增长率大于 1，那么初始误差（无论多么小）呈指数增长。这就是蝴蝶效应在起作用，故此种系统是混沌的。然而，假如李雅普诺夫指数小于 1，则误差灭失，该系统不是混沌的。如果你知道你有一个确定性系统要开始，你可以做出极其精确的观测，需要由实验计算增长率，那就太妙了。假如你不知道，或者不会做出观测，它就没有什么用了。然而，我们看到，确定性系统的行为不同于随机系统的，那种差异的某些特征导致目前混沌程度的定量测量。李雅普诺夫指数只是混沌的一种诊断。另一种是吸引子的分形维数（见第 11 章）。稳态吸引子具有分维 0，周期环是 1，由与周期运动无关的 n 次叠加形成的环面吸引子具有分维 n。

这些都是整数。所以，你要是可以测量一个系统的吸引子的分维，得到 1.356 或 2.952 之类的数，那么，那就是混沌的额外部分证据。我们如何测量分维呢？有两个主要步骤。一个是，用第 9 章的吕埃勒-塔肯斯方法或此后出现的许多变种，重建吸引子的定性形式。另一个是，完成关于重建吸引子的计算机分析，计算它的分维。做到这一点，有许多方法，最简单的是"数格子法"，计算有多少比例不同大小的格子被吸引子所占据。随着格子尺寸的减小，这一比例以受分维决定的方式变化。于是，相空间重建的数学，确保重建吸引子的分维等于原吸引子的分维——只要存在一个原吸引子，意思是你的系统从确定性动力学系统必然可描述的出发。

关于这一过程，不要太天真是至关重要的。你可以取任何系列的测量，比如你最近 12 个月购物清单的价格，把他们代入吕埃勒-塔肯斯程序，然后数格子。你会得到某个数，比如 5.277。这并不能促使你假定，你的购物清单是混沌的，且靠 5.277 维的奇怪吸引子生活。为什么不呢？首先，由于没有很好的理由假定你的购物清单来自一个确定性动力学系统。其次，因为即使它如此，你的购物清单数据包含的信息太少，不能给那么大的维数以任何信心。吸引子的维数越大，需要越多的数据点搞定吸引子的结构。事实上，任何大于 4 的维数，都应该受到高度怀疑。

脉冲星

运用你的头脑，收集足够的支持证据，可能有信心声称，混沌吸引子在现实数据的存在性。一个典型的案例研究，是恒星盾牌座（R Scuti）的光输出的研究，1995 年由佛罗里达大学盖恩斯维尔分校的物理学家巴克勒（Robert Buchler）、瑟雷（Thierry

Serre）和科拉斯（Zoltán Kolláth）完成的。

"恒星"这一术语要回溯几百年，它的含义并不是指真实的恒星在固定位置——彼此相对——不动，不像"行星"那样。它还囊括了把恒星视为永恒不变的观点。

这当然是错的：恒星是运动的实体。

第一个受到科学研究的变化的恒星，是第谷于 1572 年观测到的新星（实际上是爆炸了从而其亮度可为肉眼所见的恒星）。1596 年，法布里休斯（Fabricius）发现，恒星刍蒿增二（omicron Ceti）似乎显现又消失；1638 年，它被认识到就是如此周期性地运行。1669 年，意大利天文学家蒙坦雷（Geminiano Montanari）注意到，恒星大陵五（Algol）亮度突然减小；古代阿拉伯天文学家知晓这些，因为其名字来自 al-ghul（阿拉伯语：妖魔）。1782 年，英国天文学家古德里克（John Goodricke）发现大陵五的光输出以一种周期改变，还提出了正确的解释：大陵五是如今所称的食双星。它不是一颗恒星，而是两颗，围绕其公共质心旋转。当一颗恒星被另一颗恒星遮住时，从地球上看，总的光输出减小。你可以说光输出（大多数情况下是常数）下降时被两个短暂周期所起伏（从地球上看，恒星 A 在恒星 B 前面运行；恒星 A 落后于恒星 B）。

这是一种恒星动态，但还有另一种受恒星自身的核反应驱动的恒星动态。古德里克在寻找更多的食双星时，于 1874 年发现了第一个此种恒星造父一（delta Cephei）。它的光输出中的变化特性，与典型的食双星截然不同。造父一的光曲线具有圆滑的锯齿形状：它缓慢爬升，缓慢而稳定地下降，然后抬头，再次快速爬升。这种类型的变星，统称为造父变星，是其光输出确实呈周期的单个恒星。天文学家对变星非常感兴趣，它们可被用于衡量距离。恒星的亮度按照平方反比律随距离减小，大多数造父变星的周期以已知的方式依赖于真实亮度。于是，我们可以观测该周期和表观亮度，计算那个真实亮度，通过比较这些亮度推断恒星有多远。在有些造父变星里，亮度中的变化不是真正周期性的，而是不规则的。1987年，巴克勒和科瓦奇（G. Kovács）运行了"室女座W"型恒星动力学的计算机模型，表明了它们的光输出对大范围的质量、温度和亮度是混沌涨落的。这是真正的数学混沌：当一个适当的参量改变时，它随着周期倍化级联的高潮而提升，并且受恒星振动两个不同模的5：2共振所触发。这就提出了混沌是否可以在实际恒星的光曲线中被观测到的问题。

　　"混沌理论"的批评者总是认为，如果混沌确实存在，它就应该是明显的：考察此种数据，混沌应当呈现在你面前。遗憾的是，并非如此。从来就不能够记录某个物理事件的所有相关数据，而是观察者基于什么方便测量、什么注定有用，来做出选择。这些选择受观察者心目中（假如只是默认的话）有何种模型的影响：统计观点导致诸如平均、标准差之类大量统计数据的集合，傅立叶模型导致功率谱的集合。未考虑到混沌模型而记录的数据——意味着实际上所有数据都在大约1975年以前——很少以混沌理论分析的适当形式呈现。可能有空隙，或者数据的数目过少（大多数探测混沌的方法都需要大量数据），或者观测误差太大，把混沌之特征的精细细节都掩盖了。

　　这些问题在天文学中尤其难，其中昂贵的巨型望远镜排布妨碍了长的或轮次不断裂的数据获得，许多观测是内禀不精确的。1995年以前，无人发现真实恒星动力学中的混沌的坚实证据。然而在那一年，巴克勒、瑟雷和科拉斯发表了造父变星盾牌座R的分析，获得了其光输出是混沌的坚实证据。

　　你将看到，这一结论需要比单纯考察"数据"更多的东西。无数恒星（包括盾牌座R）的光输出的观测，是由业余天文学家以不规则间隔做出的，由国际组织 AAVSO（美国变星观测者协会）所收集。（职业天文学家忙于更为复杂的事情，不屑于花时间收集这样的常规数据：业余天文学家做美妙、有用的工作，乐此不疲。）这些观测表明，盾牌座R以大约140天的近似"周期"呈现不规则的振荡。此种数据是散布的（说明误差是常见的），存在着空隙。要处理这些问题，数据必须首先做"预处理"以平均掉误差，内插以填补空隙。这靠在2.5天的周期上取数值的"移动平均"，然后把得出的"滤过"数据拟合到一类平滑的数学曲线（叫作三次样条）来做到。见图127。

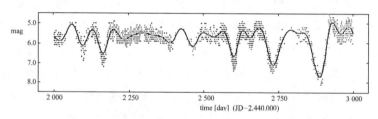

图 127　盾牌座 R 的光输出。点表示个体的 AAVSO 观测，实线表示平滑和内插的结果

巴克勒团队选择了15年区段来滤过和平滑他们看来有代表性的AAVSO数据，既有低亮度、也有高亮度的时相。这些数据显示在图128左边的三幅图之一。我将在几段话里有意掩盖是哪一幅图。另两幅图显示了巴克勒团队由真实数据重建的低维混沌吸引子得出的"合成"数据。左边三幅图都是功率谱，我在第9章简要介绍过。欲求得一个时间序列的功率谱，你要设法（用傅立叶分析）把它表示成不同频率的周期正弦曲线之和，然后把分量的幅度与其频率画成图。你可以看到，三个功率谱实际上是相同的，三个时间序

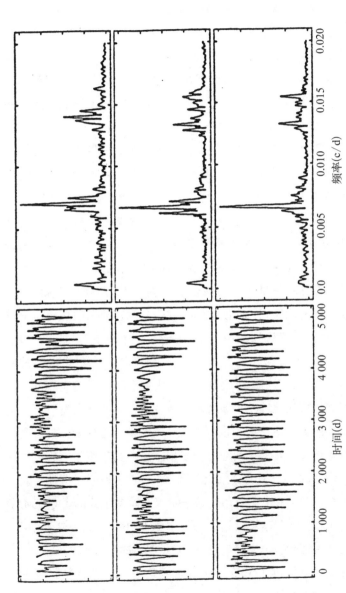

图 128　盾牌座 R 的三个光曲线和功率谱。两对是由低维混沌模型得到的合成数据，一对显示的是真实数据。哪一对是挑出的怪图？

列都具有相同的"脉络"，说明它们对应于十分相似的吸引子。

好，现在：两对图都来自从真实数据得出的混沌模型：另一对就是真实数据。你可以挑出那个怪家伙吗？

这个混沌模型是由吕埃勒-塔肯斯相空间重建的版本得到的，而不是画出重建吸引子的形状，这一版本令你重建一个近似于产生该吸引子的动力学特性的公式。此方法叫作"全局多项式展开"，是巴克勒及其合作者提出的。他们发现，恒星动力学的重要特征可以被（由四阶多项式的映射所界定的）离散动力学系统所反映。也就是说，只包含四个变量之积的函数，其中至多四个变量在任何项互乘。要点在于：它并不十分复杂。然后，他们把这个模型系统投射为一系列严格检验。他们表明，对于大多数初始条件，它导致了（在有限限度内变量值保持不变的意义上）稳定的动力学，且不是周期的。由该模型产生的时间序列在"脉络"上类似于真实的时间序列，该模型的功率谱与真实数据的功率谱十分相似。（你还没有把图128中的哪对图是真实数据的挑出来吗？是上面那一对。）相反，假如二次方程或三次方程的"低阶"近似被使用，则这些特征都不好，合成数据看上去完全不同于真实数据。但是更有甚者。假如此种四阶模型略微改变，它继续产生类似于真实数据的时间序列和功率谱。也就是说，该模型是鲁棒的，它与实在的类似性不依赖于非常仔细地选择参量。还存在某些额外的定量证据。这一模型的吸引子的分维大约是 3.1，它①说明了混沌，因为它不是整数；②足够小到有用；③与使用四阶多项式而不是三阶多项式的需求相一致。李雅普诺夫增长率是 1.001 9，因为这大于 1，所以该合成模型受制于蝴蝶效应——它是混沌的。

巴克勒团队提供了更多的证据显示此动力学是混沌的假说的一致性，但你明白了这一思想。你见到的，是一组训练有素、头脑敏捷的科学家尽其所能击倒下述提议：混沌不拟合该数据，失败了，于是只能得出结论——混沌现身。他们的工作远远超出单单考察不规则的时间序列，并揭示它混沌。此种方法如今已经充分了解，它们有一连串。

盾牌座 R 的光曲线不具有建立一个更好的捕鼠器的即刻人类相关性，也不会一夜之间让你成为亿万富翁，但是它对天文学家是重要的。如果盾牌座 R 在随机变化，我们就无法理解它，或者其他类似的恒星，我们甚至不知道从哪里出发。如果盾牌座 R 以低至 3.1 的分维是混沌变化的，那么存在着简单到仅仅人足以理解与恒星真实动力学完全吻合的动力学模型。而且，这对其他变星同样成立。请允许我引用巴克勒团队的结语：

更标准的方法，例如 30 个最优选择频率的傅立叶之和，几乎不产生类似性质的合成信号。此种拟合可以进行内插，当合成信号作为一个连续统产生时，其表象与盾牌座 R 光曲线截然不同。傅立叶幅度谱是相同的，但不具有合适的相位关系。诸如确定性线性 ARMA 方案等标准映射，无法产生既稳定又与数据相同表象的合成信号。另一方面，总是有可能调整成功模拟该数据的随机方案。然而，当我们的方法根据此种表象相似的信号进行检验时，该多项式映射就不能产生相称的合成信号。［也就是说，假如你从你知道是随机的数据出发，由于你把它们弄成那样，那么巴克勒方法就不指示混沌。］而且，它对造成恒星尺寸的扰动是一个强烈的解围。我们认为，此种随机模型特设地显示了比作四阶的非线性映射。

我们断言，盾牌座 R 数据是混沌的，它们由四维映射可以很好复制。鉴于观测数据中的高噪声水平，重要的问题产生了：我们的结果是否推广到实际恒星。我们认为，出于以下原因，它们可以：第一，主要结果（即维数）对该平滑过程呈现某种鲁棒性。第二，所有的其他解释跟四维映射的简单性相比都显得复杂。为了支持，我们还注意到，另一个 RV Tau 型恒星，即武仙座 AC 的粗略分析，类似地表明相同低维混沌吸引子的出现，这明显不同于此种脉动的表象。

短期预测

你要是取一个混沌时间序列，数学上处理它，建立一个跟它充分吻合的模型，就像巴克勒团队围绕他们的脉冲星所做的，那么，你正在趋向预测它的未来将如何。蝴蝶效应阻碍长期预测，但混沌之确定性意味着它在短期内是可预测的。为了做出此种预测，你要么需要动力学的一个好模型，要么需要揭示整个吸引子的真实观测的时间序列——在吸引子中的几乎所有点你都能找到某些观测值的意义上。

第一种情况，你只需把你的初始值填入模型，看它发生什么。李雅普诺夫理论表明，真实系统起初将发生类似的事情，李雅普诺夫指数的大小粗略地告诉你"预测范围"有多远，在此范围之外，你的预测将不再有效。假如李雅普诺夫指数小，那么误差比假如其大时更为缓慢地增长，于是预测范围与李雅普诺夫指数呈反比变化。这就是我们如何知道，比如提前四天预测天气，是极其困难的。

第二种情况，你可以玩一个回到洛伦兹的游戏，它称之为"类比"，如我在第 7 章提及的。假设你的初始状态是相空间里的一个点 A（或相当于一组观测 A）。于是，你回看你的记录，找到十分接近于 A 的前一个点（或者前一组观测）B。只要前一个记录"揭示了整个吸引子"，正如我为简明起见而假设的那样，这样做总是可能的。不过即使它们不能，你可能还算幸运的。总之，你看到上次发生什么，从 B 出发，你把它作为从 A 出发时现在将发生什么的预测（图 129a）。这是基于以前经验的预测。

你也许有更为聪明的办法做到这一点，从记录里取若干个点，不光是 B，而是（比如）C，D，E。假如这些点都围绕 A 分布，形成包绕它的小区域的几个角，那么，你可以追逐这些角上发生了什么，而且，只要它们足够接近 A，只要你不想预测超出预测范围之外的未来，你可以假定 A 的未来落在由 B，C，D，E 的前一个未来所界定区域之内的某处（图 129b）。

当然，你可以做得更好：你知道 A 如何位于 B，C，D，E 附近；靠近已知点的短期动力学的李雅普诺夫理论告诉你，A 处出发的前向轨道中的点——假如我们由 A 出发应该发生的未来行为——将具有与 B，C，D，E 处出发的前向轨道中的点相同的关系（图 129c）。李雅普诺夫理论基于以下事实：在任何确定性系统

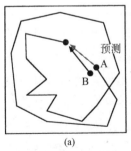

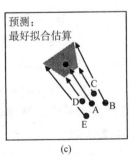

图 129　预测混沌轨线的三种方法：(a) 求前一个毗邻点，看它去哪里；(b) 求前几个毗邻点，利用它们去哪里，确定该预言必然落入的区域；(c) 同 (b) 一样，但内插该轨线，得出拟合最好的估算

中，局部动力学是近似线性的，即使大尺度动力学可能是非线性的——通常如此。例如，假如 A 位于 B 和 C 之间三分之一处，那么假定其轨道沿着 B 和 C 的轨道之间三分之一的路径，就是一个不坏的近似，因为那正是真正线性系统所发生的情况。它是一种内插方案，给予你一个最优猜测：通过把它跟在你的记录里的毗邻点相比较，不在你的记录里的点将会怎么样。这种方法称为镶嵌（tessellation）。因为你用其角出现在你的记录里的小区域去"覆盖"相空间，并且用这些记录预测每一个"瓷砖"的未来。你可以提出这一思想的多维版本，要是你想更为复杂，可以使用非线性内插。这就是全局多项式展开的巴克勒方法如何奏效。

最近几年，许多不同的混沌系统短期预测方案已经被提出，每一个都利用特别的特征来区别混沌与随机性。根据西澳大利亚大学米斯（Alister Mees）的工作，我将给你显示镶嵌法实际实施的几个例子。图 130（a）显示了来自脑电图的数据，脑电图是记录"脑电波"（脑电活动的波形）的装置。实线显示真实的数据，虚线显示用镶嵌法基于实际数据重复做出的短期预测的结果。你可以看到，误差一般比较小。图 130（b）显示了麻疹病例数目每月变化的实际数据和预测数据。图 130（c）显示了（第 13 章提及的）一部分哈得孙湾数据的实际值和预测值——这里是毛皮猎人带到交易场所的猞猁皮的每年数目。

所有这些方法都假定，有待预测的系统是确定性的；因为它们不能与从外部施加的突然扰动相处。但是，没有一个方法与此种扰动相处——除了水晶球占卜，我不相信有人能够做到。其他的应用，包括太阳耀斑数目和金融数据。然而，别指望镶嵌法能够警告你地震或者预测股市崩盘。这些都涉及外部干预的程度，理解它们可能需要来自明显历史记录的不同数据，假如有可能的话。

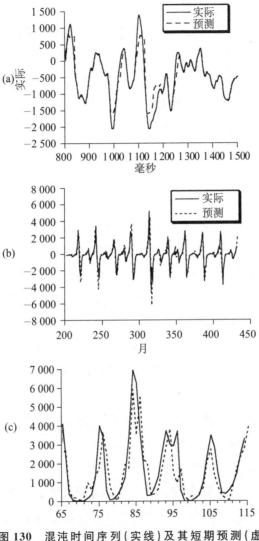

图 130　混沌时间序列（实线）及其短期预测（虚线）：(a)静息受试者的脑电图；(b)麻疹流行病例的差异；(c)猞猁皮的数目。在(c)中，水平尺度表示年(0＝1 800 年)

现实世界

你们中的有些人会觉得，脉冲星和猞猁毛皮都很好，那么现实世界中的混沌怎么样呢？

我总是被假定他们生活在现实世界、其他人生活在奇异国的人们的数目所惊奇。商人告诉你生活在商业的现实世界；银行家告诉你生活在银行的现实世界；广告经理告诉你生活在广告的现实世界；记者告诉你生活在报纸的现实世界；医生告诉你生活在医药的现实世界；牧师告诉你生活在他们自身那个神的分支的现实世界……

我呢，我的大部分时间都花在研究数学的现实世界。我会说，"小伙子，别玩那股市衍生品的愚蠢中学生游戏啦，那些都是胡扯。咱们证明某个真实的定理如何？"但是我已经得到更多的意义，我们还是尊重他人，好吗？许多人认为科学研究是一种人工活动，甚至认为抽象数学不过是智力游戏。"走出象牙塔，活在现实世界吧！"他们呼叮。没有几代科学家、工程师、数学家的研究，现实世界通常在电视网络之上就不会存在。

哼。

要是你粗略理解科学史的话，你知道构成如今现实世界的许多东西都是在象牙塔里诞生的。我要告诉你一些不一样的东西：我的数学世界，与你的酒吧、藏书、养蜂世界一样真实。你花了 5 年时间试图证明反应-扩散方程存在螺旋解，给 150 个闹哄哄的学生做演讲，帮助提高足够的资助经费以保住你的工作，你的大学在资产负债表的暗面，你会发现我的世界也完全是真实的。事实上，你会发现我的世界与你自己的世界非常相像。

让我们保留"象牙塔"这个术语——不是因为它准确，而是因为它指出了常识。把一个新的数学概念从纯粹研究的象牙塔里拉出来，使之赢得在产业和商业世界里的支持，应该需要多长时间？

100 年，并非不寻常的。

我不知道你对此有何反应。你会断言，数学家们必定是完全无组织的，非常需要某些简单的管理技能。但在你摆弄你的三维彩印直方图、商业计划和挂图之前，我想指出，它们可能具有的唯一结果是把这一过程推广到更远。有许多人认为他们可以管理创意——但我知道有创意的人绝不这样认为。事实上，数学为什么花了 100 年才转化为金钱，一个原因在于，缺乏必要想象力的平庸官僚妨碍并延缓了这一过程。

无论如何，你应该惊奇的是，把新数学融入人类文化的过程如此快。才一个世纪。

我是认真的。在工程界，一个全新的概念花上 80 多年才从画板走向可卖的玩意，并不是那么不同寻常的。比如，传真机大约于 1890 年被发明，但是直到 1990 年才成为世界性的通信工具。得出静电复印原理花了 80 年，它是有效应用于商业产品中的复印机背后的原理。激光器还算好，才花了 40 年，就从实验工作者眼里的初始一闪到无处不在的 CD 播放器。激光器首先出现在象牙塔的时候，是作为"求一个问题的解"而导出的。是的。它的创造者求得了解决众多重要问题的解。其中有全息图，它的工作原理被伽博（Dennis Gabor）于 1947 年所发现，但在它们以信用卡上的安全装置告终之前，它还必须等待激光器的发明。

达·芬奇设计了直升机，可是他没能使之飞起来。

那不过是工程步骤。工程以物理学为基础，物理学又从数学汲取灵感。在每一步，新思想都要花时间沉淀，因为潜能有待被认识，因为潜能性有待被意识到。它往往需要伴随这些思想成长并且熟悉它们的新一代。对二进制算术的兴趣，领先了它的计算机硬件至少500年。从波动方程到电视机，花了200年。凯莱于1855年发明矩阵的时候，他说（我转述）："这是一个永远没什么用的数学思想。"如今，凯莱的矩阵在经济学、统计学、机电工程、地质学、天体物理学，以及几乎所有跑鞋设计方面，都是不可或缺的。（不相信吗？计算机辅助设计大量使用矩阵代数来旋转三维物体。案例完毕。）

混沌正在做得更好：从认识到存在一个新的数学领域，到严肃的商业应用，只花了25年。分形甚至更好，仅仅花了15年。

混沌和分形目前的商业应用，包括从一个噪声屋的录音抽取有意义的谈话的混沌理论方法——请猜猜谁是可能的主要用户——以及压缩界定第11章提及的视觉图像的数据的巴恩斯利分形方法。有许多商业公司采用混沌理论数据分析来建立关于股市行情的投资银行。还有列车车轮上的齿轮的混沌理论研究。一家日本公司发现，洗碟机假如其转臂混沌的运动会更加有效。下一章我将讨论，NASA工程师利用了三体问题中的混沌，把"死"卫星送到与彗星相碰，只使用剩余的微量的纬度控制推进剂——微量到任何方便的会合轨道可行的地步。有数十种（或许数百种）实际的混沌理论思想，在全世界的实验室里得到开发，从传送不可破译的密码信息的方式，到异常的地月轨道只需以前认为最经济的轨道所需一半燃料。

你想要金钱回报吗？现在已经有许多的苗头。给混沌几十年时间，让下一代科学家实实在在利用它：你不会失望的。它将会生产比许多工业研发项目快得多的商品。

FRACMAT 项目

我有一个混沌商业开发的内幕知识，将告诉你关于它的故事，因为当你试图从学术期刊抽取一篇数学技术并且把它转化为可卖的东西时，它会有许多的启发。如果你认为这不过是不需要什么管理技能的直截了当过程——那就对了，欢迎来到现实世界。

我想告诉你的应用，是一台机器，叫 FRACMAT。正如我所写的，世界上只存在一台这样的机器，但是商业指令刚刚被置于第二台，问询数目处于 20 世纪 90 年代。FRACMAT 利用相空间重建的混沌理论技术，求解困扰了英国弹簧制造业（以及金属丝制造业）至少 25 年的一个难题。

那个难题是：你能够很快又简明地回答是否一个金属丝的排布可以成功地盘绕成弹簧吗？

是的，弹簧。床垫的弹簧，汽车阀门的弹簧，你愚蠢地旋开圆珠笔后使之跳出来的那个东西。

我在介入 FRACMAT 以前，还不知道弹簧是怎么制造的，甚至也不知道金属丝是怎么制造的。扼要言之，把金属丝以一定速度送进卷绕机，你就造出了弹簧。这台机器，是大概两个文件柜的大小、形状的。金属丝作为一个松散的线圈开始，叫作 wap，一米见方，水平位于一个旋转转台（叫 swift）。卷绕机沿一系列滚子延伸，把它转成两个工具。一个把金属丝弯成四分之一圆，另一个把它向旁边推。当弹簧安全形成时，第三个切削工具则把弹簧剪断。

顺带说，从相当粗（铅笔一般粗）的金属丝（叫作"棒"）开始，把它沿一系列二三十个旋转模具（其空洞渐次变小）拉直，你可以制造金属丝。你用肥皂润滑模具，还有许多只有金属丝制造者才知道的其他技巧。

我不知道你如何制造棒。

好吧，回到弹簧。正常的卷绕机每秒可以制造三四个弹簧。有些用细金属丝的专业的卷绕机，可以每小时卷绕 80 000 个高精度的弹簧，也就是每秒 22 个。当弹簧被卷绕时，我能描述弹簧的样子的最好方式，就是随着开塞钻开始戳穿塞子、从瓶子内部看时，想象开塞钻的样子。（我知道开塞钻根本不应该戳穿塞子：我刚才说过，这是我能够找到的最好方式——我不声称它是完美的。）你看到的（或者以缓慢运动看到的）是，转动并且拉长的金属丝的螺旋长度。然而，跟开塞钻不同，这根金属丝或多或少直地进入卷绕机，然后推向两个分离的方向形成线圈：四分之一圈绕成最终的螺旋，沿其轴略微推动。

弹簧看上去粗糙，但它们是很精密的部件，具有合适的大小、形状和强度。弹簧无处不在。录像机包含数百个弹簧。汽车发动机包含 8 到 32 个阀弹簧，取决于设计——摩托车迷在宴会上无疑会告诉你，有些车包含的弹簧更多，哪些车可能详细包含多少弹簧。弹出汽车气囊防止驾驶员的面部与方向盘接触的碰撞探测装置，基本上是一个在几个弹簧上平衡的球。假如你的气囊错误打开，你肯定不会太满意，所以那些弹簧必须非常精确，使得该装置能够可靠地分辨撞击障碍物，还是驶离你的地方政府的车辆减速装置。如今，生产商开始把气囊放入越野轮胎内，它们的通常运作模式只是把碰撞与爆胎大体区分开。唯有轮胎撞上足够大的可以阻止它的石头时，气囊才必须被触发。所以，那些弹簧必须非常精确。

所有这些，都提出了质量管理问题。

一个有技能的运算器花了许多时间"设置"一台卷绕机，也就是说，调整它，使之产生弹簧的合适设计。4 到 6 个小时，并非不同寻常，那是利用计算机化的调节器而不是如旧时代中的扳手。

它还假定，金属丝具有"良好的可卷绕性"——意思是，假如你调节机器合适，它实际上将形成弹簧。运算器所做的，就是卷绕某些测试弹簧，在整个生产过程运行它们，包括（假如合适的话）热处理、硬化、镀锌和加工（即把目标对象弄平）。于是，最终的那根弹簧被赋予一种统计检验，看它是否具有可接受的质量。如果没有，运算器就设法猜测哪里出了毛病，重新设置卷绕机，再次开始……假如金属丝没有卷绕，这就永远不会工作，但是运算器在确认金属丝出毛病之前会花 12 个小时。

然后，弹簧制造者必然说服供应商把它收回。实际上，那并不是一个大问题：为了维护顾客关系，供应商总是要回收它的。但是，假如供应商预先（可靠地、定量地）检验它的可卷绕性，情况就不大妙了？于是，就不存在什么争议了。他们会以高价兜售"确保可卷绕的"金属丝……

问题在于，在 FRACMAT 之前，没有什么简便易行的办法来区分良好可卷绕性金属丝与不良可卷绕性金属丝。金属丝制造者交给弹簧制造者的所有金属丝，都通过了所有的标准质量管理检验，诸如材料成分、弹性强度。即便如此，通过这些测试的大约 10% 的金属丝具有不良的可卷绕性（图 131）。

当然，不久前，我对此一无所知。我生活在象牙塔里，玩关于重建混沌吸引子之类的智力游戏。愚蠢、无用的家伙——假如出门，做些市场调查之类可感受的事情。1991 年的某个时候，我开始接到一个工程师的电话，他叫莱恩·雷诺兹（Len Reynolds），为设菲尔德一家名叫弹簧研究和生产商协会（SRAMA）的机构工作。（该机构最近改名为弹簧技术学院。）在全世界，弹簧生产由相对小的几家公司所承担，给它们供应原材料的金属丝生产企业也是如此。这些小公司结盟，建立了它们自己的联合研发机构，

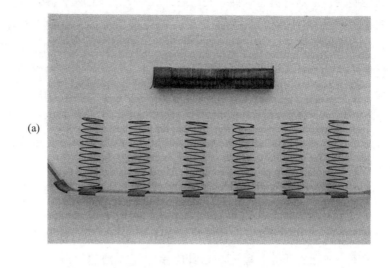

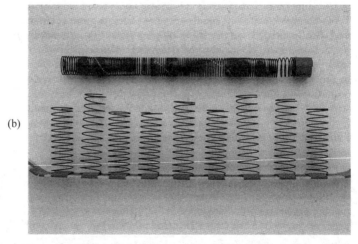

图 131　由(a)良好可卷绕性金属丝与(b)不良可卷绕性金属丝制成
　　　　的弹簧样品：由良好金属丝卷绕的弹簧大小一样；不良金属
　　　　丝卷绕的弹簧大小参差不齐。在芯轴上卷绕的检验弹簧
　　　　(上图)显示了不良金属丝中较大的可变性

就是 SRAMA。有许多其他的类似行业协会——比如 SRAMA 与 CATRA（餐具业的一个研究协会）在一个楼里。

　　莱恩为 SRAMA 工作。SRAMA 提出了什么应当成为可卷绕性的有效检验：把金属丝样本在一个长的金属棒（芯轴）上卷绕，迫使它形成一个长的弹簧。就连不良可卷绕性金属丝，当它在芯轴上卷绕时，都不能不形成某种线圈，正如你把意大利面条用调羹在盘子中央旋转时它不能不卷绕一样。你不能用那种方式生产弹簧——太慢了。但你可以生产检验弹簧。如此这般，你可以试图决定，那根检验弹簧是否像你期望的良好可卷绕性金属丝。

　　做到这一点，有好几条途径。一个是，敦请一个有经验的工程师——传统的"老师傅"，他自企业成立以来就在那里，知晓所有问题在哪里——把弹簧给他看：他要么点头、要么摇头。要是老师傅有"慧眼"，这办法很管用，但你不能把老师傅纳入一个国际质量标准。

　　另一个是，在检验弹簧上测量相继线圈的间距：工程师们称这些间距为节距。实验显示，总体而言，良好可卷绕性金属丝使得检验弹簧具有良好、规则的线圈，不良可卷绕性金属丝使得检验弹簧具有怪异的间距。SRAMA 发明了一种机器，用激光测微器来做到这一点，把得到的数据送入计算机。然后，他们把每一个统计检验在本书里进行，少数不在本书里进行，试图把好金属丝与劣金属丝区分开。

　　根本不管用。不像他们希望的那么管用。

　　莱恩搞清楚了为什么。要紧的不是间距的统计特性，而是间距的排列顺序。我们令单个线圈"胖"（当它比它应当的宽一点时），令其"瘦"（当它比它应当的窄一点时）。那么，大大简化，产生相继线圈形如

胖/瘦/瘦/胖/胖/瘦/胖/瘦/胖/瘦/瘦

的金属丝将可能具有良好可卷绕性，而形如

胖/胖/胖/胖/胖/瘦/瘦/瘦/瘦/胖/瘦

的则不然。原因在于，真实的弹簧由若干线圈组成。在第一个例子里，误差倾向于消除。第二个例子，你得到的是一个完的弹簧，太长的一段，接着太短的一段，根本无法使用。

当然，这是过分简化，但其基本思想是正确的。图 132 显示，对某些典型的金属丝样本测得的间距序列，一个很好，另一个很糟。你不具有成为能够讲出其差异的天才；但它是处于问题所在的无人地带。

总之，莱恩推断，可卷绕性的关键是金属丝的材料性质的序

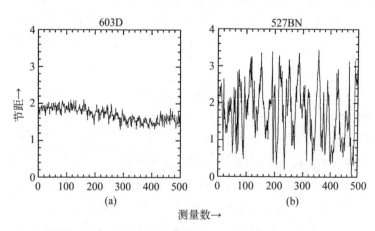

图 132　线圈间距的时间序列：(a)良好可卷绕性金属丝；
　　　　(b)不良可卷绕性金属丝

列可变性，而不是统计可变性。

可是，你如何可以定量它呢？

他拿起一本《上帝掷骰子吗？》第一版，因为（像你一样）他是天然对此类事情感兴趣的那种人。一天，他在读相空间重建的描述，其中测量的时间序列，被用适当的数学算法转化为一个几何形状。他意识到，SRAMA 激光测微器所产生的线圈间距序列，实际上就是一个时间序列。它表示线圈被形成的时间序列，但是数学要点在于，它是一个有顺序的序列，于是可被分析，仿佛它就是一个时间序列。所以，他尝试了吕埃勒-塔肯斯相空间重建——并且发现，好坏可卷绕性金属丝之间的差异似乎令他十分惊异。此种重建吸引子往往类似于一个椭圆团。假如那个团很好、很致密，金属丝就是好的；假如不是，金属丝就是不良的。图 133 显示了图 132 的两种金属丝的重建吸引子。

现在，这些"吸引子"看上去不漂亮，不像洛伦兹吸引子或埃

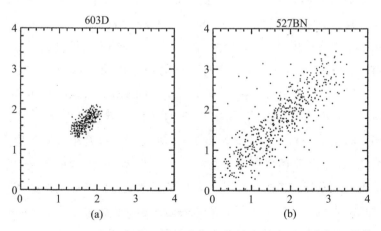

图 133　用吕埃勒-塔肯斯方法重建图 132 的吸引子：(a)良好可卷绕
　　　　性金属丝；(b)不良可卷绕性金属丝

农吸引子那样的分形。它们不过是模糊的团块。然而，图 76 中的第三个吸引子（它确实是拟周期的），或者图 80 中的"滴水龙头"吸引子（它明显是混沌的）也是如此。莱恩在电话里告诉我，检验弹簧的时间序列是否是真正混沌的并不要紧，因为那不是问题。问题在于，找到区分好坏金属丝——并且细化此思想——的定量方法，指出它如何好或坏。它对任何时间序列都适用，它所做的就是提供刻画此种时间序列中出现的那类序列可变性的严格数学方法。因此，莱恩的想法不是运用混沌理论证明检验弹簧的间距是混沌的——它可能是，也可能不是，而是每一种情况都与可卷绕性不相关。它采用了混沌理论内发明的一种数学工具，用它提供检验弹簧上线圈的序列可变性的定量刻画。

他起先略做尝试，在家庭 PC 机上进行，表明这可能管用。我觉得这很有趣，鼓励他继续下去，但我从未把它当回事。当莱恩发现贸易和工业部的"轮胎技术"项目，该项目为那个可能使英国工业获益的技术转化计划提供资金时，一切都变了。长话短说，我们申请了资金，获得了资助。于是，我们下一步着手进行第二个更大的项目，它是卷绕机加上 FRACMAT 向板材金属工业推广的在线计算机控制——但那是另一个故事。两年时间里，SRAMA 的一个团队［莱恩、塞诺（Derek Saynor）、贝利斯（Mike Bayliss）等人］加入了华威大学的团队［我、马尔登（Mark Muldoon）、尼科尔（Matt Nicol）］。他们受到好几个金属丝生产商的支持，生产商供应金属丝的样本，告诉我们哪些金属丝他们认为好或不好，在他们的工厂里测试原型装置，参加例行的项目会议。来自贸易和工业部的几个关键人物，密切关注我们的所作所为。一年来，起初具有迥然不同背景和倾向的一帮人，变成了具有共同（和特质）语言的一个高度有效的团队。我在一次项目会议上把弹簧即席刻画为"具有一点随机性的混沌"，以好几家公司的布告栏告终。"死定了，"他们都告诉我。

刚好两年的项目时间里，SRAMA 设计并建造了一台机器，它能够自动在芯轴上形成一个检验弹簧（具有 500 个个体线圈），华威团队则在计算机程序里采用相空间重建的各种混沌理论算法，连同探测周期变化的某些更为传统的算法。我本想把这台机器称为 MANDELBOT，但是我们胆怯，把它命名为 FRACMAT——最初与资助方相联系的首字母缩略词，它指的是 Fractal Materials（分形材料），一个早期（如今回想不完全合适）试图概括贸易和工业部官员的设计概念。我们确实应该称它为 TAKMAT——材料可变性的吕埃勒-塔肯斯重建。

FRACMAT（见图 134）是一台打开一面如大课桌的装置。它吸纳了许多原先未预料到的创新，诸如一个摩擦测量装置，其序列测量也可以被相空间重建。我们把它添加进来，原因是：①它相对容易，②对于某些种类的金属丝（比如不锈钢），它是摩擦测量的序列，传递关于可卷绕性的主要信息。整个项目的时间表和预算必须被重新安排以便容纳它，软件必须"加倍"以处理两种数据。

我们遇到了初期的困难。有一次，存储器升级停止了计算机与发动机的通信。此种升级使计算机加速，驱使发动机的卡与发动机本身失去了同步。我们给计算机添加一个时间延迟，解决了这个问题。假如此种升级使计算机减缓，我们该怎么办，无人知道。我们的有些软件使用了（合法购买的）商业包，其中有些有重写存储器关键区域的不良习惯，如果运算器执行了错误的口令的话。我们花了好几个星期试图阻止那个口令，最终稳定到自动回到重写文档的回复常规。我们不得不与科学家偏爱的单元和金

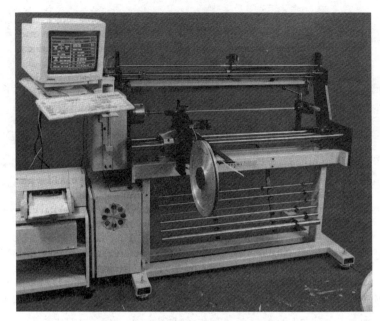

图 134　金属丝质量管理的 FRACMAT 机

属丝工业那些传统之间的差异打交道。当一个 17 岁的生手把他的脏爪子放在它上面，我们不得不预见到我们那宠儿原型可能会发生什么情况，并且无论他脑中哪种聪明都阻止他……

　　不管怎样，我们做了那一切，然后，我们建造了那台机器，检验它，改造它，把它交给合作公司做试验……最终，在预算内并且准时的，我们有了一台工作机。

　　FRACMAT 的计算机，既控制该机器的运行，又分析其结果。它有两个发动机：一个让将被卷绕的检验弹簧围绕的芯轴运转，另一个借助蜗杆传动使金属丝沿芯轴运动，以便它总是在恰当的地方被卷绕。计算机计数卷绕的圈数，并且当所需的数目——通常是 500——达到时叫停。对于粗金属丝，该机器可以只卷绕

300 圈，此种情况，第二个检验弹簧被制造，以提供那缺失的 200 圈。完成的弹簧被（用手，抖动几下使之自由稳定下来）置于一个架子上，激光测微器可以很快追踪，测量所有的间距。实际上即刻之间，该机器就重建了吸引子，定量了它有多长、多宽，并且把结果绘制成确定金属丝的可卷绕性好坏程度的"分类图"（图135）。整个测试，大约需要 3 分钟，这不算长，以前 SRAMA 做同样的测量需要 2 天。

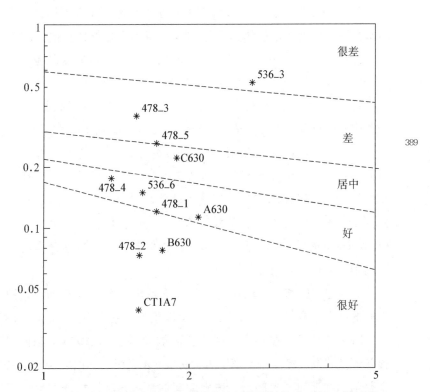

图 135 金属丝质量的分类图。金属丝的可卷绕性取决于两个描述指标：一个是统计学的，一个是混沌的。标星号的，指的是已知可卷绕性金属丝样本的观测

一旦我们有了一台工作机，我们就能够快而容易地进行大量的测试。特别是，我们可以进行"盲"测试，生产商——从其自身尝试搞一台卷绕机——知道金属丝的好坏程度，但是我们不知道。在每一种情况下，FRACMAT都完成得很漂亮。有一次，我们送去了两个检验金属丝，据说一好一坏，但是FRACMAT测量把它们在分类图上置于完全相同的点。怀疑是一场恶作剧，我们给公司打电话，告诉他们，我们认为这两个样本是等同的。电话里静默许久，然后说："你们怎么知道那里有名堂的？"（大意如此）公司本身只是发现，他们认为不好的样本实际上是好的：他们的卷绕机出了毛病。那些样本来自不同的供应商，但是追根溯源，那两个供应商又都接受同一个金属丝制造公司的产品。

另一次，用金属丝制造不是弹簧的商品（出于商业原因，我不能透露，只有SRAMA知道，他们也不会告诉我）的一家公司，得到了4个金属丝样本，他们把其生产过程分为优、良、中、差。尽管他们不打算从事弹簧制造，问题还是显然与材料性质的序列可变性相关，于是FRACMAT测试仍然值得一试。再者，这是一种盲测试：我们不知道哪个样本是哪个，直到我们告诉该公司后。FRACMAT能够告诉何者是何者吗？没问题，它们根据分类图上完全相同的位置就可以判明。

这些趣闻轶事，戏剧化了我们以无数测试确立的东西：此种机器的概念是有效的，它确实让你可以预测可卷绕性。

FRACMAT现在是英国专利应用的学科。它于1995年在伯明翰获颁了"世界级生产奖章"的"创新度量衡学"部门的联合第二个奖项。在那前一天晚上，仿佛编写的那样，这台机器的第一个商业订单被下达。假如它被接纳像我们参与得那么广，它应该每年帮助英国金属丝制造部门挽回几千万英镑。

欢迎来到现实世界。

不是不花一便士、除非它们能够确保明天有 15％回报的小气的会计师的"现实世界"：那个真实的现实世界，其中的思想可以设法从象牙塔到工厂落地，想象力可以把数学转化为金钱。

第 15 章

冯·诺依曼之梦

控制掌握了它。控制发出了通缉令。没有其他的解释。
——约翰·勒卡雷（John le Carré），《冷战谍魂》
（ *The Spy Who Came in from the Cold* ）

"那根本不是不可预测性——那是控制。"1950 年左右，大数
学家冯·诺依曼（John von Neumann）头一次听说天气对小扰动的
敏感性时，他如是说——大意如此。准确的话似乎未被记录下来，
但是冯·诺依曼的思想被戴森（Freeman Dyson）1988 年的书《全
方位的无限》（ *Infinite in All Directions* ）报道如下：

他说，只要我们有好的计算机，我们就能够把气象学的现
象分为两类：稳定现象和不稳定现象。不稳定现象是受到小
扰动打扰的现象，稳定现象是能够抵抗小扰动的现象。他
说，只要我们让大型的计算机工作，气象学问题将迎刃而

解。稳定的所有过程，我们都将能够预测。不稳定的所有过程，我们都将能够控制……这就是冯·诺依曼之梦。

也就是说，由于我们知道你能够以一种小的方式干扰天气而产生大的效应，那么，应当有一种经济的方式产生你想产生的不管多么大的效应。你所做的一切，就是做出正确的小效应。拍打那个正确的蝴蝶：阻止一场飓风。

除了你的拍打者产生的涡旋可能产生一场更大的飓风。

用更为科学的术语来讲，由于混沌系统对小的改变非同寻常地敏感，它们还对那些改变中的误差敏感。

然而，冯·诺依曼有了正确的思想。我们还不知道如何用它控制天气——当国际外交确实不能处理如何分配对酸雨的责难时，它可能是一个好差事。你不能只是挑选局部的天气条件，把它们串到一起，得出协调的全球天气。假如跨太平洋的风把所有的雨都倾倒到爱尔兰，它们也不能把它们都倾倒到挪威。欧盟的共同农业政策够糟糕的了——想象一下什么样的官僚会炮制出共同天气政策。

不过，我们确实知道，如何运用冯·诺依曼的思想去控制简单的湍流、不规则心搏、脑电波、神经冲动和人造卫星。将来，我们会充分利用它，控制湍流空气流经飞机的机翼、来自纽芬兰海岸的鳕鱼的种群、蝗虫在北美的迁移模式。我们还可以利用它，只需如今方法的一半燃料，给我们新建的月球基地运送物资。

此"它"，乃是控制混沌系统的一个全新方法，理所当然叫混沌控制（chaotic control）。它认识到，冯·诺依曼之梦使得蝴蝶效应听从你的指挥。其关键思想，于 1990 年由伊藤（Edward Ott）、格里伯吉（Celso Grebogi）和约克（James Yorke）发表，引发了大量的研究——比如，1993 年 6 月的一篇综述罗列了 78 篇文章。可是那只是开始，新的结果和应用层出不穷。

混沌控制在称为控制理论的工程数学传统领域开辟了全新的方向。控制理论的基本思想在于，假如一个动力学系统不自然而然地做你想要它做的，你应当调整它，直至它能够做。你通过监测系统状态，把它与你想要的状态进行比较，反复矫正把它推回你认为它应当处于的状态，来实现这一点。控制系统的一个简单例子，是加热器中的恒温计。加热器的"天然"动态是，要么释放大量的热空气（当它被打开的时候），要么什么也不做（当它被关闭的时候）。这两种情况本身都非常有用，但是假如加热器在这两者之间变化，它会被要求产生一种舒适的热量水平。恒温计使用一种巧妙装置——一般是由不同金属制成的"双金属条"，它们遇热时以不同的速率膨胀——来关闭加热器（当室温过热时）和再次打开加热器（当室温过冷时）。

我们看另一个例子，取一把扫帚，设法在你手上平衡它直立。数学上讲，垂直的稳定状态存在，但它不稳定。假如你平衡这把扫帚直立，听之任之，什么也不做，那么，不管你怎么仔细摆布它，它都会倒下来。但假如你在扫帚底下来回摆动你的手，你很容易就使之保持直立一分钟以上。然而，随机摆动是不管用的：你必须眼睛盯着扫帚开始下落的方向，让你的手在那个方向运动适当的量，以恢复垂直。事实上，稍微过头一点可能更加有效，扫帚轻微向后摇动，你可以使它围绕所需要的垂直状态来回摆动。否则，你将以满厨房追逐扫帚、撞上墙壁而告终。

控制理论把此种方法系统化。控制工程建立硬件使之工作，它如今主要涉及许多的电子学——主要是传感器和计算机。它极其成功：太空飞船如果没有计算机辅助控制，就会像砖头一样飞行。最近，控制理论主要集中于使简单动力学（主要是稳态）稳定化。它的数学观点无疑是线性的，它依赖于靠某个线性系统在不稳定平衡附近逼近该动力学特性。于是，你靠修补硬件来改变此线性系统，维持该平衡稳定。

混沌控制也试图使简单动力学稳定化，但它是在非线性的混沌系统框架内做到这一点的。它也使用线性逼近，但以截然不同的方式。

你不会仅仅通过瞎胡闹并期望会发生某事，来发明一种新的控制方法：你必须从新的思想出发。伊藤、格里伯吉、约克的出发点是纯粹数学家熟知的观测：混沌吸引子通常包含大量的（不稳定）周期点。依靠利用数学家对混沌吸引子的理论认识，他们提出了一种稳定化这些通常不稳定的周期点。

弹珠巫师

混沌吸引子一个有说服力的形象，是弹珠机。钉子把碰上它的玻璃珠弹开，所以玻璃珠以一种非常复杂的方式运动。混沌吸引子中的不稳定周期点具有非常相似的效应。混沌吸引子上的点在相空间里弹跳，仿佛弹珠机里的玻璃珠，不断地接近不稳定周期点，又被推开。如果附近不存在稳定的周期状态，那么此种运动被迫成为比经典动力学中认识到的任何东西都复杂得多。言归混沌。

混沌吸引子包含多个周期点，并不是特别明显——但明显的是，此种周期点必定是不稳定的。假如不是这样，它们本身就是吸引子，至少按照该学科的通常规范，你不能拥有一个包含于另一个的吸引子。事实上，并非所有的混沌吸引子都包含周期点，但令人惊奇的是它们频繁出现。因为它们是不稳定的，所以它们不以明显方式现身，除非你以恰当的方式寻找它们；但是当你这样做时，你通常会找到许多它们。例如，我将使你确信，逻辑斯蒂映射 $f(x)=4x(1-x)$，它是第 8 章 $k=4$ 时的映射，其吸引子内部具有无穷多的周期点，即在单位区间，由 0 和 1 间的所有数组成。诚然，周期点在该区间是致密的，意味着，你想任意接近该区间的任何点，都存在着周期点——但那要证明有点难。

假定你想求逻辑斯蒂映射的周期 5 点。简便的方式是考察 5 次迭代 $f^5(x)=f(f(f(f(f(x)))))$，求它的不动点。有好几个地方，f^5 的图与对角线相交。图 136 所示为你求得的结果。f^5 的图，是从 0 到 1 多次来回反复的锯齿状的线。显然，此种曲线必须与对角线多次相交——凡是它相交，你就得到一个周期 5 点。

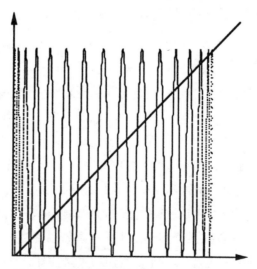

图 136　逻辑斯蒂映射 $4x(1-x)$ 的 5 次迭代

很好，又不十分好。该周期除以 5，但只有一个可能的除数是 1，且周期 1 点是不动点，即定态。通过考察 f 的图（它与对角线相交两次），你可以很容易求出它们：一次在 0 处，向上；一次在 $x=3/4$ 处。[你可以以求解方程 $4x(1-x)=x$：要么 $x=0$，或者方程两边消去 x，得到 $4(1-x)=1$，故 $1-x=1/4$，$x=3/4$。得证！]除了这些，每一个其他的交点都是周期 5 点。

到底有多少个交点？数一数，你将发现，f^5 的图上下摆动 32 次。现在 $32=2^5$，这不是巧合。一般而言，第 n 次迭代 f^n 的图上下摆动 2^{n-1} 次。这之所以发生，是由于 f 向上折叠单位区间，产生一种双层效应：一次向上，一次向下。于是，f^2 把自身折叠，给出 4 层：两次向上，两次向下。每一个相继的迭代，都把折叠次数加倍。如果你向一旁考察图 136，你会看到所有的 32 个折叠，像一堆塔一样一个摆一个。对角线精确地一次跟这些层的每一层相交。于是，有 32 个点，其周期不是 5 就是 1。其中两个刚好具有周期 1（$x=0$ 和 $x=3/4$），剩下的 30 个是真正的周期 5 点。这些形成了 6 个分离的周期 5 环，每一个环都包含 5 个点。

你可以用 f 的任意次迭代 f^n 玩同样的游戏，于是汇总起来，你可以求得无穷多的周期点。

（一则可爱的题外话如下：假如你想跳过下一段话，忽略它即可。对于 5 次迭代，我们有 $2^{32}-2$ 个周期 5 点，分为各包含 5 个点的 6 个环。幸运的是，5 恰好被 $2^{32}-2$ 整除，否则我们就遇到了麻烦。但是也有不幸的事：数学的逻辑一致性。要么整个数学分裂，要么 5 必须被 $2^{32}-2$ 整除。假定不是 5，我们寻找具有素数周期 p 的点。同理，存在着周期 p 的 2^p-2 个点。这些点必须分裂为许多的周期 p 环，每一个环都包含 p 个点，于是 p 必须被 2^p-2 整除。那不是那么明显，但我们可以检验它：$p=7$ 时，我们有 $2^p-2=128-2=126=7\times18$；$p=11$ 时，我们有 $2^p-2=2\,046=11\times186$。 喔！事实上，凭借我们的数学嗅觉，我们已经搞定了古代中国就已知道的一个数论问题，该问题由著名的费马于1640年的"小定理"所推广。所有这些，与本章不相干，但是，看到动力学可被用于证明数论中的定理是迷人的。这并不是孤立的个案：围绕这一思想，有一个全新的思想研究领域，把两个领域中的最深的问题统一起来。）

回到动力学。假如你把混沌吸引子想象成一种弹珠机，其中的钉子是不稳定的周期点，那么你开始明白，混沌比规则行为要灵活得多。玻璃珠不能逃离弹珠机——吸引子总体上是稳定的——但你可以通过它追踪所有类型的有意义的轨道；正如冯·诺依曼认识到的，微小的干扰可以把它们从一个钉子改到另一个钉子。所以，不费吹灰之力，你就能快速重新指挥动力学，产生大的变化。对于（比如）周期吸引子，你不能做这些：微小的干扰，会把你带回出发点。有些不稳定性是至关重要的。想象阿加西（Andre Agassi）打算接受一个送球。他不知道这个球是飞向他的左脚还是右脚，于是，不是站着不动，而是不规则地左右舞蹈。由于他的摆动没有规律，他的对手无法预判他的意图，但由于他总是在动，同时尽量在所有方向上运动，所以他可以很快回应，不管送球者在哪里给球。

伊藤、格里伯吉、约克首先研究了混沌动力学的超常灵活性。他们认识到，玻璃珠类比表明了用同样灵活性和行事效率控制混沌系统的方法。

再次回到鞍点

为了弄明白他们的思想是如何起作用的，我们必须仔细考察混沌吸引子的结构。我们现在知道，混沌吸引子（通常）包含许许多多的周期点，所有的周期点都是不稳定的。然而，成为不稳定，有多于一种的方式。想一想二维相空间里的连续时间系统的定态。我们在第6章知道，存在三种类型的定态：汇、源和鞍。当然，源和鞍都是不稳定的，但是存在着一种情况：鞍不像源那么不稳定。

假如你干扰位于源上的一个点，那么无论你做什么，它都将开始运动。扫帚的垂直位置就像这样——一旦它开始倒下，不管什么方向它都没关系，它都将继续倒下。这意味着，混沌吸引子内部的周期点不会是源：假如它是，它就会在吸引子中产生一个洞，由推离源、永不回来的那些点组成。但是，假如一个点位于此种洞内，那么它不会在吸引子上。鞍也是如此。

而且，鞍与源截然不同。靠近鞍的相图具有两对特殊的线，即它的分界线：见第6章图39。沿着一对线，箭头远离定态——不稳定性。但沿着另一对线，箭头回向定态——稳定性。因此，有两对不同的方向。干扰南北，系统运动分离；但是干扰东西，系统将运动回来。鞍不产生周围的洞，它们只是重新定向流动，就像交通信号灯。鞍的一个（十分勉强的）例子，是一条短线将簸箕与一把扫帚相连。平衡这把扫帚直立（不稳定位置），以便簸箕从它向下悬挂（只要扫帚不动，就是稳定的位置）。假如你干扰扫帚，整个东西都倒下，但假如你只干扰簸箕，它将回到其原初状态。平面中的每一个鞍点，都具有这两种特殊的曲线。高维相空间中的每一个鞍点也具有两种集合，仅仅现在它们是多维的表面，而不是曲线，称为不稳定流形和稳定流形。（更为简单的术语，遗憾的是不那么普及，是外集和内集。）

现在，在鞍处，受扰点回到定态，仅当扰动沿着其稳定流形运动时，是成立的。但假如它接近稳定流形，它由向定态运动回开始，仅在相当长的时间之后，它被不稳定流形所捕获，并且瓦解（图137）。想象带有簸箕的扫帚。非常小心地使整个东西平衡，以便扫帚只是非常慢地达到顶端，把簸箕拉向一边。起初，簸箕向垂直向下方向很快地运动回来，然后，整个事情瓦解。这意味着，围绕鞍的扰动以两种味道呈现。一种是"初始稳定的"，它起先开始向定态运动回来。另一种是静止的，是"完全不稳定的"，只是运动开来。

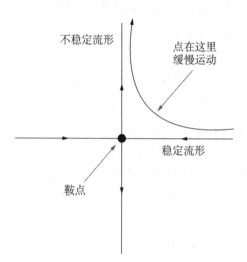

不稳定流形

点在这里
缓慢运动

稳定流形

鞍点

图137　鞍点邻域中的运动。相点沿着保持接近稳定流形的路径趋向定态，在鞍点附近停留一会，最终沿着接近不稳定流形的路径运动开来

伊藤、格里伯吉、约克认识到，你可以使用初始稳定的扰动来控制鞍点附近的系统。假定扰动它的某事发生。如果它是初始稳定的扰动，你应当开心；至少眼下，你可以安之若素。不过，如果它是完全不稳定的扰动，你最好反击。容易做到这一点

的，是你自己施加一个新的扰动，以便受扰点落入"初始稳定"区之内。你对初始稳定扰动做同样的事，起初漫游，直至被不稳定流形所捕获。为了使一切简单，你实际上要做的事是设法使受扰点运动，在稳定流形的顶部上击打。那实际上不管用，但你可以期望接近；而且，在误差导致问题之前，你可以再次尝试。你反复调整受扰状态的位置，总是旨在使之保持在（或接近）稳定流形。

最后一步是认识到，你可以跟混沌吸引子内的不稳定周期点玩同样的游戏。在有些扰动是初始稳定的，另一些不是初始稳定的意义上，它们也具有类鞍结构。于是，你监测系统状态，反复尝试扰动它回到稳定流形上。你未做的是，尝试扰动它回到定态本身，那正是传统控制理论力图实现的。为什么烦恼？稳定流形容易击中——它是整个曲线，而不是单个点——只要你靠近，自然的动力学特性就确保改善整个事情。然而，要是你试图一下子把系统推回定态，你的误差会把它置回完全不稳定的扰动的区域内，你就麻烦了。

你不必知道实施这一程序系统的模型方程。通过分析观测数据，你可以估算哪些地方是稳定流形去的。当然，如果你有一个好的模型，它将有所帮助。

实际细节并非这么简单。上述的方法叫作"比例扰动反馈"，简称PPF，最近被引入心搏的控制（如下所述）。原先的伊藤-格里伯吉-约克（简称OGY）方法稍有不同。不是扰动状态点本身，而是你暂时扰动驱动它的动力学系统。你安排该点，它将向下一个点运动，而不是它现在的位置，处于稳定流形上。图138显示了平面中的鞍点的原理。

它确实是一个非常自然的思想——只要你想象相空间中的几何

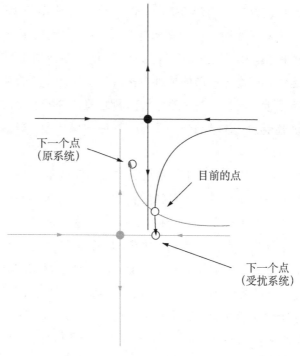

下一个点
（原系统）

目前的点

下一个点
（受扰系统）

图 138　OGY 混沌控制的原理。目标：使目前的点在鞍
　　　　点保持稳定。灰线表示原鞍点和分界线。目
　　　　前的点受到置换原系统（实线）的控制，以致受
　　　　置换的动态使之向原系统的稳定流形上运动

学，并且利用稳定流形的存在性。事实上，它是这样一个简单思
想，除了伊藤和同事们具有考虑它的禀赋，它规避了所有人。简
单的思想，总是最难发现的。

飞离彗星

　　伊藤、格里伯吉、约克对混沌控制的发现，是靠一系列实验室
设施——好比控制通常会混沌振动的磁条——实现的。这些实验表

明，该方法对受制于随机"噪声"数学上不干净的真实系统管用，但它们发生于实验室里。

混沌控制在外部世界——非常外部——中的第一个重要应用，发生在该方法被发明之前。（不要惊奇：几乎每一个重要思想，都有一个前史，人人对它的一般原理都不清楚时，它的某些变体就被使用了。）1985年，有些NASA工程师非常清楚，如何使一颗"死"卫星与彗星会合。这就是混沌控制的案例，它表明了该方法与更经典的方法相比的显著效益。太空船不仅仅是点火起飞，沿着预期的轨道离开——出于明显原因它们并不会这样。初始误差将产生，太阳风之类的事情将会扰动飞船远离你想要它到的地方。实际上，所有的太空船都有一个可操纵的度，且由肼燃料舱所提供。这可以得到排放，通过流经使气体燃烧的催化剂的阀门，气体被排出就像小火箭那样，在期望的方向上温柔地推动太空船。

卫星ISEE-3/ICE是作为第三颗"国际太阳-地球探索者"开始其经历的，后来被重新命名为"国际彗星探索者"，此次它的肼舱运行得太低，以致它已报废。它实际上死了。这是件遗憾的事，因为贾可比尼-秦诺（Giacobini-Zinner）彗星正在趋近，ISEE-3上的仪器当时正被用于研究。可悲的是，这颗死卫星距离正确位置有五千万英里之遥。

所以，工程师们决定移走它。

按照通常的思路，这简直是不可能的——卫星是死的，它的燃料太少，不足以此种操纵。但是NASA的工程师认识到，还有足够的肼用于对轨道做细微的调整。诀窍在于，安排其结果与所消耗的燃料量完全不成比例。这意味着，把卫星推入一个轨道，轨道的稳定性非常微妙，当卫星处于非常临界的位置时，做出轨道矫正。使用计算机仿真，他们发现，假如他们反复使卫星流经月球，他们可以轻推它进入与彗星相会的轨道。花费了五次分开的月球飞越，实施这个诀窍。尽管工程师没有明显地使用该语言，它还是管用，由于三体问题的混沌特性——在此三体是地球、月球和卫星。接近地球和月球之间"中点"的轨道，其中它们分别的引力场抵消了，对小扰动非同寻常地敏感。不是由于蝴蝶的随机扇翅膀，而是由于精心选择的肼的喷射。

它就是一种混沌控制形式，是蝴蝶效应的第一次此种应用。此项任务取得了巨大成功，实现了与彗星相遇，为更多的精巧的任务（诸如使哈雷彗星类似于被嗡嗡叫的蜜蜂所围绕的蜂房）开辟了道路。不少于五个分离的太空船——两个俄罗斯探测器"织女星1"号和"织女星2"号，两个日本探测器"彗星"号和"先驱者"号，欧洲探测器"乔托号"——与哈雷彗星实现了会合。

类似的诀窍被用于使"伽利略"号探测器遇到木星，当一个特殊推进单位的线（本来打算使其脱离地球轨道的）被切断时。在最终奔向木星之前，它是通过金星、地球、再次金星、火星借每次相遇获得速度而实现摆动的。但是在那个时候，蝴蝶效应不如"弹弓效应"那么重要，探测器借助弹弓效应获得动能，以其穿过的行星为代价。（行星很大——它们能够承受捐赠一点能量给小探测器。）

最近此种思想再次出现——它来自伊藤-格里伯吉-约克稳定——利用混沌与地球和月球之间中点相联系。现在，任务是把载荷从低的地球轨道送到月球表面。传统的解（长久假定为最有效率）是称为霍曼椭圆的轨道（图139a），它一端接触低地球轨道，另一端接触月球轨道。然而，它确实不必要把载荷千方百计送入月球轨道。假如你能够使之到达中点，那么，它将——如果它指向正确的途径的话——减少其余的途径到月球表面。迈斯（Jim Meiss）和博尔特（Erik Bolt）完成了计算机实验，揭示了需要比赫曼轨道少得多的燃料复杂混沌轨道的存在。

唯一的障碍：它将花费 10 000 年到达月球。

但那正是混沌控制起作用的地方。迈斯和博尔特发现了一种系统的方式，运用微小的、仔细设定时间的轻推，使得轨道可以被说服，在两年后到达月球，比霍曼椭圆节省 50％ 燃料（见图 139b）。它们的轨道从围绕地球的停泊轨道出发，以非常不规则的方式绕地球 48 圈，被月球所捕获，它在到达稳定的月球停泊轨道

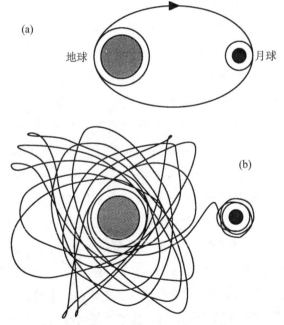

图 139　地球环绕月球的轨道：(a)霍曼椭圆，被公认为最可能有效率的；(b)更为有效的混沌轨道(示意图)

之前多绕月球 10 圈。这种回旋轨道不会用于把乘客飞向月球，但它可以运载与赫曼轨道同样数量的载荷多 83%，所以它运送适量的给养到月球基地是完全合理的。当然，我们目前还没有这样的基地，但终有一天我们会实现的。可是，真实的信息更为一般。我们现在知道，天体的运动是混沌的。我们不能改变它，我们不能忽视它。

但我们可以利用它。

智能起搏器

1992 年，加芬克尔（Alan Garfinkel）、斯潘诺（Mark Spano）、迪托（William Ditto）和韦斯（James Weiss）组成的团队显示了，混沌控制可以用于抑制搏动心脏的不规则性。

医学上，人体心脏的不规则性使用人工起搏器来控制。这些是电子元器件的盒子，给心脏自身的起搏器系统施加电脉冲，触发规则的收缩。现在，它似乎合理地期望，使得心脏搏动规则的方式就是施加规则的起搏器脉冲，那正是大多数人工起搏器的设计者所假定的。然而，它不完全正确，因为心脏是一个非线性振荡器，当你用周期信号刺激一个非线性振荡器时，它会决定做些别的事情——包括（可能是）混沌。因此，原则上，规则的刺激实际上可能产生不规则的心搏，而不是规则的心搏。（顺便说一下，假如你身上有人工起搏器，请不要担心：你的起搏器工作得很好，否则，你的脑子里一定有比读这些更纠结的事情。）显然更好的是，设计一个"智能"起搏器，能够对任何情况下心脏正在做什么做出回应，而不是仅仅试图施加一个不变的节律。这意味着，你必须了解如何控制真实心脏的非线性动力学特性。

加芬克尔及其同事的工作，是这一方向上严肃的头一步。它不光是理论的：他们在兔子的心脏上进行了试验。通过在其上输送氧溶液，这保持一种活跃状态，并且以 10～30 伏特的短促电脉冲进行刺激。任其自然，这块心脏组织有规则地搏动。为了诱发不规则的搏动，他们注射了一种药，叫乌本苷，它会影响心脏的节律，有时候与肾上腺素（另一种药）组合。心脏搏动的正常节律是一种脉冲，很快上升，保持平坦，很快下降回到接近于零。乌本苷的效应是添加一个电活动的振荡"尾巴"，以致不是回到零，而是电流来回摆动。这个尾巴持续足够长，影响下一次心搏的增长相。一般而言，这与滴水龙头（当水流的速度适当时，我们知道它是混沌的）非常相似。在滴水龙头中，当水滴足够快地脱离，留下晃动的水滴时，混沌开始，以致当下一滴变大时，它受到晃动的影响。心脏也是如此：来自前一次搏动的振荡的尾巴，干预下一次搏动增长的微妙的时相，结果是——混沌。

加芬克尔的团队观测了心脏搏动的时间关系，针对"搏动间的间隔"——相继心搏之间的时间。出于多种原因，混沌控制原先的 OGY 方法不适合这一特殊系统，所以他们搞出一个变种，称之为 PPT。他们使用 PPT 改变刺激搏动的心脏组织的电脉冲的时间间隔，进行试验，看看该方法是否能够把心搏从混沌带回规则性。

图 140 显示，左图，通过施加彼此干扰的相继心搏间隔得到混沌搏动心脏组织的吸引子重建。右图，当"混沌控制"系统被打开，然后又关闭时，心搏时间间隔序列发生的情况。控制系统关闭时，心搏是不规则的。控制系统打开时，心搏是（近乎）周期的。差异显而易见。

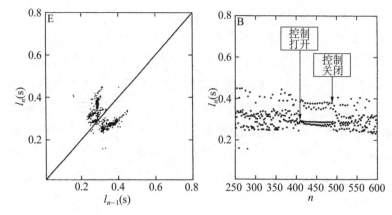

图 140 混沌搏动的心脏组织的重建吸引子，以及具有混沌控制和没有混沌控制的同一组织的时间序列

巴布罗延兹的脑波

心脏不是唯一受电脉冲控制的人体器官。肌肉是另一个例子，但是最为明显的是大脑本身。许多人，其中有布鲁塞尔大学的巴布罗延兹（Agnessa Babloyantz）等人，都研究过脑动力学，寻找混沌特征。

脑是神经细胞（神经元）的复杂网络；例如，图 141 显示了大脑皮层（大脑信息处理系统之一）的一个小片段。多年里，神经病学家就知道如何使用脑电图（EEG）描记来监测脑的大规模活动。电极附着在头皮上，它们记录大脑的电活动。图 142 显示了一个正常的 17 岁少女睡眠时的脑电图记录。沿最上面线的标记表明了一秒的时间间隔，数字 1—8 显示了该仪器 8 个通道的电极位置的选择，对应于图上显示的 8 个时间序列。这一技术是相当老的，它由伯格（Hans Berger）于 1929 年发起。伯格认为，有朝一日，通过分析脑电图，你也许能够了解人们的思想。他非常担心

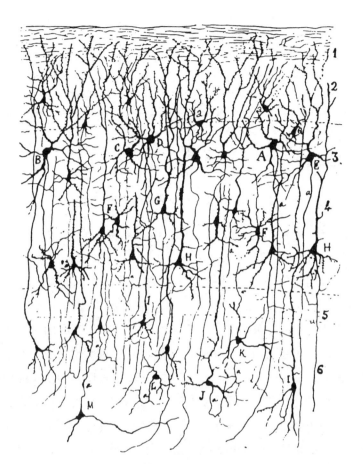

图 141　在一小片大脑皮层中的神经细胞及其连接（忽略其中的
数字和字母，它们与此无关。）

将来的人会读出他的思想，所以把他自己的脑电图都毁掉了。然
而，脑电图传心术不是很可能的，因为 EEG 迹线乃是脑的相对大
区域之上的平均数。你也许尝试读詹姆斯·邦德小说，在它被撕
成片，每一片都送进食品处理机之后。但是，脑电图确实包含整
个大脑动力学的线索。

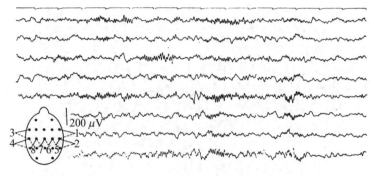

图142　一个17岁正常少女自然睡眠期间的脑电图

脑电图记录是一种时间序列，所以容易利用相空间重建方法，诸如吕埃勒-塔肯斯方法之类，我们可以搞清楚对应于 EEG 的动力学吸引子的拓扑性质——从而抽取其内包含的大脑行为的某些线索。1985年，巴布罗延兹与合作者显示了不同类型的大脑行为得出明显不同的吸引子。图143显示了不同类型的 EEG 迹线，连同对应的重建吸引子。在所有这些案例里观测到吸引子看上去是混沌的，但吸引子的几何特性中的显著差异是表面的，取决于受试者的精神状态。睁眼时，EEG 信号具有低幅度、高频率，对应的吸引子非常复杂、多维。相反，如果闭眼，脑波会变成较高幅度、较低频率——叫作阿尔法波。对应的吸引子具有明确界定的结构；它是低维的、混沌的。随着我们渐入睡眠，脑波变成高幅度、低频率。这种深睡阶段，后继 REM（快速眼动）睡眠，在此期间，我们做梦，脑波开始类似于睁眼时发生的情况。

大脑是非常复杂的系统，由这一程序得到的吸引子是相当不规则的，这并不令人惊奇。要获得更为"干净的"吸引子，必须——在目前的技术状态下——研究较为简单的系统。此种工作的一个例子，是 H. 林（H. Hayashi）、M. 中尾（M. Nakao）、K. 平

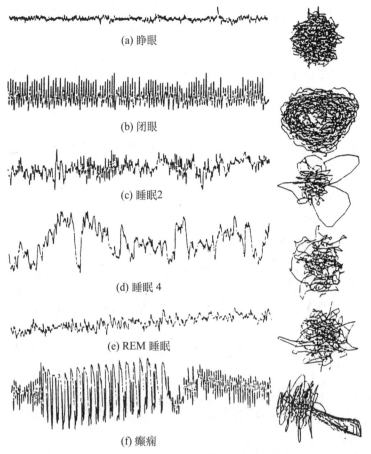

(a) 睁眼

(b) 闭眼

(c) 睡眠2

(d) 睡眠 4

(e) REM 睡眠

(f) 癫痫

图 143 大脑处于多种状态时的脑电图迹线，以及对应的重建吸引子

川（K. Hirakawa）于 1982 年在柔曲丽藻（*Niella flexilis*）进行的。他们用周期电信号刺激水藻的"巨节间细胞"，测量了跨膜的电活动模式。图 144 显示了典型的结果。图（a）显示了周期活动，（b）显示了混沌活动。

EEG 记录可以区分各种类型的脑病态。癫痫的一种形式叫

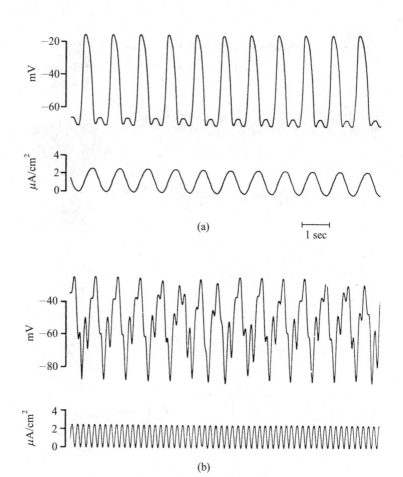

图 144 柔曲丽藻跨膜电活动的模式：(上图)水藻巨节间细胞受到正弦信号刺激时；(下图)(a)低频刺激产生周期振荡；(b)高频刺激产生混沌振荡

"小发作"，其中有几秒钟的高幅度、很规则的活动。在那种状态下，脑活动似乎被锁定到一起成为单个整体。对应的吸引子就像有某种噪声围绕的极限环。图 145 显示了"小发作"类型的人癫痫发作的 EEG 记录。存在着十分明显地从相对随机的时间序列到

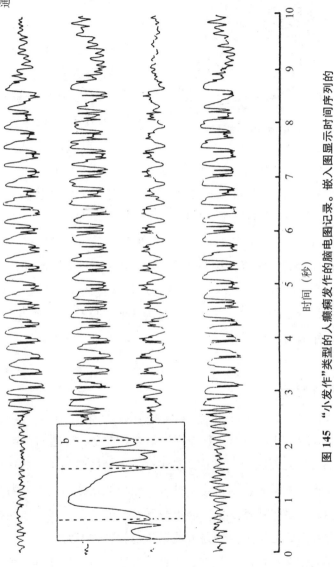

图 145 "小发作"类型的人癫痫发作的脑电图记录。嵌入图显示时间序列的放大片段。标数字的"通道"指特定的电极

413

图146 人癫痫发作的重建吸引子

具有强烈的周期元素的突然转变。图146（重建的相空间图）显示了时间序列不是精确周期的；而是，在某种程度上，类似于若斯勒吸引子（见第9章，图79），它具有一般循环的形式，但展开成为条带。

癫痫只持续几秒钟，但有另一种形式的脑病态，叫克雅二氏症（简称CJD）。在英国，如今被强制描述为"疯牛病的人类形式"，尽管它与牛海绵状脑病（简称BSE）的联系某种程度上是猜测的。（这并不是说，被好几个托利党政府处理的BSE不过是荒诞不经地不负责任。）据认为，CJD和BSE里都存在病毒样的例子，叫朊病毒，它进入大脑并且破坏大脑。CJD患者的EEG显示，具有略微混沌吸引子的很规则脑波——比癫痫情况更为严重——并且大脑既不具有运动能力，也不具有认知能力。

大脑需要混沌

当我们考察从睁眼，到快速眼动睡眠、癫痫和CJD，可以尝试推断，大脑的认知能力在其吸引子最复杂时最高，随着吸引子变得不那么混沌而减少。于是，混沌对于大脑的吸引（双关语）何在呢？巴布罗延兹认为，混沌对于大脑功能是必需的，因为大脑处理信息，因此它必须在一个状态与另一个状态之间快速转换。我们已经看到这种灵活性是混沌系统的特征，因为更为规则的动力学不能这么快地改变状态。因此，为了适当地行使其功能，大脑似乎必须是混沌的。

1994 年，六个科学家的团队——希夫（Steven Schiff）、杰格（Kristin Jerger）、杨（Duc Duong）、钱（Taeun Chang）、斯潘诺和迪托——考察了在猫的海马（脑的一部分）组织上运用混沌控制。他们发现，过去习惯于把混沌动力学渲染成周期的，其实也可以"逆向"利用混沌抑制周期行为——如癫痫和 CJD 等病态发生的——用更为正常的行为取代它。这一切，距离医学应用还很远，围绕脑波控制的伦理问题比围绕天气控制的问题更为复杂；但是，显而易见，混沌控制的方法具有惊人广阔领域的前景。

还有显而易见的是，"混沌控制"方法对在任何专门意义上可能不是混沌的系统往往管用——在产生稳定的规则行为的意义上。这项工作可能对脑组织成立，它最近被波士顿大学的克里斯蒂尼（David Christini）和科林斯（Jim Collins）在神经冲动的混沌控制中观测到。他们发现，神经脉冲貌似无规则的序列，通过假装它们是混沌的，运用通常的混沌控制方法，可以被渲染成周期的。

哈。假如混沌控制在不存在混沌时管用，岂不意味着混沌是无用的吗？

这类问题，往往是不喜欢混沌概念的人问出来的，他们对它嗤之以鼻，其背后的假设是：假如一种被混沌理论激发的方法在不存在任何实际混沌时管用，那么，我们可以忘记作为一个重要概念的混沌。

我对它另眼相看。混沌概念通过领头的研究人员（在这个例子混沌控制）创造新的思想，证明了它的价值。假如那些方法偶尔对非混沌系统也管用，万事大吉。毕竟，统计学假设事件是随机的，但是无人认为统计学是某种被贬低的概念，假如它对某些证明根本不是随机的事件管用。死亡很大程度上是非随机的：它不可避免地会降临在那些病入膏肓的人身上。这不会让精算师停止运用随机模型来预测生命期望，也不会让统计学家停止把此种结果宣称为应用统计理论的胜利。

我的碗柜里，有一瓶被发明用来清洁衣服（它们被愚蠢地放在英吉利海峡附近的海岸上之后）上的柏油的东西，英吉利海峡的海上交通是世界上最密集的，其中许多是目的地谢佩岛的邮轮。我发现了，它还移除了一小片黏附在平装书上的超市的黏糊标签，当你试图剥落那些标签时。我不认为，这与柏油概念无关。

1994 年，莫斯（Frank Moss）在《自然》杂志上关于这一工作的"新闻与观点"栏目文章里，以一段严谨、乐观的话结尾：

> 无论控制还是反控制，也许新的诊断、治疗技术，将成为现实。由于大的潜在利益，对生物学和医学设施中混沌的寻求，已经被大力进行；它尚未被令人信服地确证，尽管有些结果是令人鼓舞的……以统计学上令人信服的方式，对生物学制备乃至患者，检测回复的不稳定的周期，乃至混沌，将成为常规的可能。这些新的实验……打开了通往这一巨大可能性的大门。

第 16 章

混沌与量子

数学家玩其中的规则是他本人发明的游戏，物理学家玩其中的规则是由大自然提供的游戏，但是随着时间的推移，越来越确证：数学家发现有意义的规则与大自然选择的一模一样。

——狄拉克（Paul Adiren Maurice Dirac）

"我习惯于不确定，但现在不是那么确定。"

——T 恤衫上的口号

爱因斯坦做出关于上帝不掷骰子的著名言辞时，他是指量子力学。这以根本的方式不同于牛顿、拉普拉斯、庞加莱的"经典"力学，迄今我们几乎所有的讨论都聚焦于此。爱因斯坦在给玻恩的一封信里做出了它的著名陈述：

你信仰掷骰子的上帝，我却信仰客观存在的世界中的完备定律和秩序，而我正试图用广泛的思辨方式去把握这个世界。我坚定地相信，但是我希望：有人会发现一种比我所能找到得更加合乎实在论的办法，或者说得妥当点，会发现一种更加明确的基础。甚至量子理论开头所取得的伟大成就也不能使我相信那种基本的骰子游戏，尽管我充分意识到我们年轻的同事们会把我这种看法解释为衰老的结果。

混沌在爱因斯坦的时代是未知的，但它是他苦苦寻求的那种概念。讽刺的是，作为一个滚动立方体的机遇的形象，是确定性的、经典的，不是量子的。混沌最初是一个经典力学的概念。混沌的发现，如何影响量子力学，它给爱因斯坦的哲学提供了什么样的支持？对这些问题的回答，至少在目前，是高度臆测性的。有些物理学家对他们所谓的"量子混沌"感兴趣，量子混沌是关于非混沌量子系统与混沌的经典近似之间的关系——不是作为量子不确定性机制的混沌。量子混沌不是本章要谈论的：本章的中心议题是，正如爱因斯坦所喜欢的那样，用确定性混沌取代量子不确定性，一揽子改变量子力学理论框架的可能性。

首先必须承认，绝大多数物理学家都看不出什么理由对目前的量子力学框架做出改变，其中的量子事件具有不可简约的概率特征。他们的观点是："如果它没有破，就不用修理。"然而，几乎没有任何科学哲学家对量子力学的传统诠释感到满意，根据是它在哲学上不协调，特别是涉及观测的关键概念。而且，有些世界一流的物理学家赞同那些哲学家。他们认为有什么东西出了毛病，因此需要修理。量子力学本身，倒是不需要修补：所需要的一切是更加深刻类型的背景数学，解释为什么概率观点管用，正如爱因斯坦的弯曲空间概念解释了牛顿引力。当然，爱因斯坦的广义相对论实际上超出了牛顿力学，改变了引力理论的数学以及解释，但沿此思路，它解释了哲学上不协调的牛顿诉诸远距作用力，用局部起作用的空间内禀曲率取代它。牛顿的理论可以被恢复为对广义相对论的极好近似，当空间曲率很小时成立。所以，也许一个新的量子力学框架会精确地容纳现存的非常成功的概率观点；也许它甚至把它揭示为对某种深刻又截然不同的东西的逼近。

也许吧。

哲学家们——成为哲学家——主要思考正是量子力学的诠释需要予以改进。他们不是数学家，不是物理学家，所以他们喜欢跟数学、物理学打交道。物理学家对重新诠释很不感兴趣，然而哲学上它可能档次高，除非它得出全新的物理学；但好几个重要人物都确信，量子力学本身需要一个超出单纯修理的根本性重新表述。他们认为，尽管它在预测实验结果方面取得了巨大成功，量子力学仍然需要彻底重建。有些数学家，也许是受到有趣的新型数学前景的鼓舞，表示拥护。

在我们能够理解这些论题之前，我们必须暂且把量子力学理解为它目前被教授给所有的崭露头角物理学家那种——那是一个雄心勃勃的任务。所以，你应该得到警告，我说的一切都应该被考虑为非常特殊、专业的内容的非正式表达，而且全部真相涉及非常复杂的数学。详细阐明数学专门性的量子物理学的更为延伸的讨论，我推荐格里宾（John Gribbin）的书《寻找薛定谔猫》。

量子力学不是发明用来仅仅打击保守派的。证明了牛顿力学不适当的大量的细致实验的结果，被强加给了物理学家。例如，原子内部电子的存在，就提供了此种证据。在原子的经典模型中，电子是由质子和中子组成的围绕中心核运转的带电点电荷。但是在经典物理学里，运动电荷必须把它的有些能量辐射为电磁波，以致电子不能继续围绕核很久。电子应当旋入核且消失，与相反电荷的质子碰撞而失去其电荷。原子将解体、消失。

既然这并没有发生，说明出了什么问题。它也许是绕行点电荷的图像，但是没有人打算以改进实验的方式来改进它。所以，也许正是经典物理学是错的。也许运动的带电粒子并不辐射它们的电荷。

许多实验表明，它们没有错。

花了许多时间，做了许多实验，物理学家确信，量子力学是必要的，并且它管用。诚然，它据称是有史以来最为成功的科学范式，它不应该受到哪怕轻微地贬斥，不管它表现得多么奇怪。

另一方面，科学中没有什么东西是神圣的，没有人需要感到禁止质疑那个盛行的智慧。假如有人那么做了，他们也不应受到谴责。

我希望那伙科学家记得这一点。

波、粒子和量子

物理学家在提出令人敬畏的实验证据之前，他们的物理宇宙观是直截了当的。存在着由粒子组成的物质，存在着由波动组成的辐射。物质具有质量、位置和速度。质量可以是正的实数，位置和速度以时空连续统的形式存在，意思是位置坐标和速度坐标（相对于某个轴的选择）可以说任意的（正负）实数。换言之，空间和时间都是无限可分的。连带的量（如能量）也是如此；原则上，你可以尽可能精确地测量这些量。

波是不同的。波拥有频率（每秒的波数）和幅度（波的高度）——或者在像光那样的电磁波的例子，一个更为复杂的系统，电场和磁场的幅度在各个方向上都被观测到。要是你发现很难形象理解，不必担心，著名美国物理学家费恩曼说他从未真正掌握它：他所能做的一切就是与数学方程式打交道，提出简化的、不完全的类比。

特别是，电子是粒子，光是波。你可以讲，因为电子把小橡皮球之类的其他块状物质弹开，而两束光相遇时，它们形成"干涉条纹"，其中的波的花样变成了叠加的（加在一起）。感受这一现象的最容易方式，就是丢两块小石头到池塘里，观察圆形的波纹互相相交。你得到的是第5章的图30，一个特征干涉花样。假如你看到了这种花样，这肯定是波造成的。

然而，不久就变得明显的是，存在着这样的情况，光的行为仿佛一束粒子而不是波。一种是光电效应，其中施加到合适物质上的光产生了电流。然后，它泄露了电子的行为有时候像波：假如你让一对电子穿过狭长的平行细缝，你会得到干涉条纹。于是，波与粒子的区别开始变得模糊。

光的波粒二象性的另一个证据，是包含在普朗克于1900年宣布的一个理论，大意是电磁波的能量不是无限可分的。对于固定频率的光，存在一个明确的最小能量；而且，能量的唯一可能值是那个最小值的整数倍。它仿佛能量只能以固定大小的小包出现，每一个光"波"都由整数的小包组成。普朗克称这些小包为"量子"。一个新的基本物理学常量（如今称为普朗克常量，用字母 h 表示），反映了光的频率与一个量子的能量之间的关系。事实上，光量子的能量等于光的频率乘以普朗克常量。

普朗克常量很小：6.626×10^{-34}。（其单位称为焦耳·秒——

对于我们的目的来说，不管单位是什么都没有关系，它就是很小。）因此，尽管能量不是无限可分的，你在下降至个体量子的不可分团块之前，可以把它分成许多块。只有当你下降至 34 位小数点，你会发现宇宙将不是永远可分。这解释了宇宙为什么以前看上去是无限可分的。

此种区别似乎是一个精细点，但它有一个至关重要的后果。如果你假设能量是无限可分的，你得到由"黑体"——完全的辐射体——以高频率辐射的能量的错误值。是的，你得到无穷大。普朗克发现，如果你假设能量以 h 乘以频率的整数倍出现，那么，你得到一个有限值——而且与实验吻合。

波函数

我们如何调和这两种物质的相反特性——波和粒子？薛定谔认为，粒子是一种聚集的波，波在大多数情况下恰似它位于空间的一小区域，作为一个相干的泡（即"波包"）通过时间旅行。然而，在某些情况下，波包变成更为延展的，给出一个传统波的样子（图 147）。但是，波浪在干什么呢？海浪是水波，电磁波是电场和磁场中的波。按照薛定谔（Edwin Schrödinger），量子力学波是复数——可能多维——的数学空间中的波。（复数是这样的数，当你把寻常的实数系统推广包含进一个新的数 i，具有性质 $i^2 = -1$，你得到的就是复数。）于是，这种量子波的性质由波函数所定义，通常用希腊字母 ψ 表示。在空间的每一个点（x，y，z），时间的每一个时刻 t，ψ(x，y，z，t) 的值是某个复数，或者在多维情况下是复向量。

什么对应于粒子或波穿过空间的运动？薛定谔写下了一个波

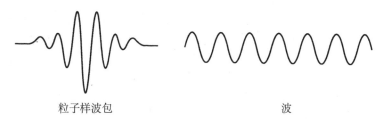

粒子样波包 　　　　　　　　　 波

图 147　波包与波的示意图。对于实际的量子力学波函数，图中的垂直"方向"是复平面或多维复向量空间。水平方向表示空间

函数必须满足的简单的微分方程。薛定谔方程（如今的名字）确定了量子力学波函数穿过空间、时间的传播，通过规定它随着向未来运动，如何从目前的值改变。

薛定谔方程是线性方程，意思是它的解可以通过叠加，得到更多的解。这十分符合物质的波样行为，但是乍一看，它对粒子似乎不妙。然而，好几个分离的粒子的集合可以有充足理由视为多个状态的叠加，假如每一个个体粒子都自己存在，你会得到那些状态。当粒子非常接近时，粒子间的相互作用怎么样？那恰恰是微观物质停止像传统波或粒子行事的条件，薛定谔方程正是在这里证明了它的价值，以精妙的精度预言诸如氢原子的能级之类的事情。

量子力学的线性，具有某些听上去怪异、又完全与实验相符的奇特结果。例如，电子具有一个特征，（相当误导地）叫"自旋"，因为它在一定意义上类似于旋转的球。你相对于某个"轴"的选择，测量电子自旋时，总是得到 $+\frac{1}{2}$ 值，或 $-\frac{1}{2}$ 值——没有别的值。不用担心自旋被测量的单位：它实际上就是一个数。类比为顺时针自旋与逆时针自旋时，你要是愿意，可以解释其间的差异，但是当你把自旋态叠加时，这种类比很快就解体。为了明确

起见，我们使用一个坐标系，它的轴分别指向北、指向东、指向上，这听上去比 x、y、z 要亲切一些。电子可以同时具有围绕北轴的自旋 $+\frac{1}{2}$ 值和围绕东轴的自旋 $-\frac{1}{2}$ 值。假如你试图用台球做到这一点，绕北轴逆时针旋转它，绕东轴顺时针旋转它，你将发现，球的组合运动就是一种围绕一个不同轴的自旋。这是因为，在宏观尺度上，旋转的球总是围绕单个轴旋转。然而，电子的行

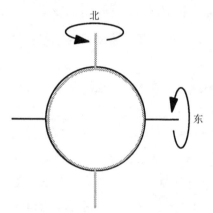

北

东

图 148　电子的叠加自旋态。两个分量本征态分别示以黑色、灰色

为确实好像同时围绕两个轴旋转。仿佛存在两个鬼电子（ghost electrons），一个围绕北轴旋转，一个围绕东轴旋转，真实的电子是这两个鬼的组合（图 148）。当然，你确实需要三个鬼，因为我们尚未添加围绕"上"轴的自旋。在许多不同的实验里，电子的这种鬼怪绘景已经被证明给出了实在的精确绘景。

　　我之所以使用"鬼"一词，是因为你不能同时实际测量三个自旋。测量的概念，为量子力学提出了尴尬的难题，即使它对任何实验检验都至关重要。物理学家知道，当你测量一个量子客体时，实际上会发生什么。你得到一个数。一个数。你可以做出另一个测量，得到第二个数，但你不能一定假定，第一个数保持不变。例如，假如你测量电子的"北"自旋，你得到 $+\frac{1}{2}$ 值。然后，你测量它的"东"自旋，得到 $-\frac{1}{2}$ 值。现在回去，重新测量它的

"北"自旋。你不一定再次得到$+\frac{1}{2}$值。事实上，你一半时间得到$+\frac{1}{2}$值，另一半时间得到$-\frac{1}{2}$值，正负号似乎完全是随机出现的。好比测量"东"自旋，受到"北"自旋干扰，随机地把它变成正或负。

有些量子变量是独立的：你测量一个，不影响另一个。但有些变量不是，它们是围绕不同"轴"的自旋。

可是，量子物理学缺少的是在量子系统上做出测量时所发生事情的清晰的理论描述。例如，很粗略地说，忽略某些技术细节，你可以叠加50%的"东自旋$=+\frac{1}{2}$"态和50%的"东自旋$=-\frac{1}{2}$"态，得到一个电子的有效态。（请注意，这些自旋都是围绕同一个轴的。）但是它不是具有自旋为零的电子；因为没有电子自旋为零。电子在所有方向上总是具有自旋$\pm\frac{1}{2}$。也不存在围绕东和北之间中途某个妥协轴自旋的电子。它就像两个鬼，一个围绕东轴顺时针旋转，另一个逆时针旋转。或者，两个半鬼。然而，你不能一次探测两个鬼。如果你做出了测量，你不过是挑选出了半鬼中的一个，把它推举为整个鬼。

我们怎么知道这个奇怪的叠加态确实存在？如果它不存在，量子力学的标准观点肯定出了什么问题，因为我们知道叠加原理适用于量子理论的方程。但是，实验又如何呢？我们所能做的，是准备被假定在这一组合态里存在的许多电子，测量它们的东自旋。结果是——貌似随机的——要么$+\frac{1}{2}$，要么$-\frac{1}{2}$。于是平均而言，我们得到 50% 的 $+\frac{1}{2}$，50% 的 $-\frac{1}{2}$。我们把这解释为一半对一半组合态的证据。

这有点像具有一个关于硬币的理论，硬币在空间里运动，但是只能通过用桌子打断它们来测量硬币的状态。我们假设，硬币能够在空间中旋转，一种既非"正面"也非"反面"、而是一个混合的状态。我们的实验证明是，当你戳进桌子，你（随机地）得到一半时间正面、一半时间反面。这绝不是标准量子理论的完美类比——一个旋转的硬币不完全是正面和反面的叠加——但它捕获了某些味。

箱子里的猫

这一切都非常奇特。为什么电子的（东）自旋测量总是产生要么 $+\frac{1}{2}$ 要么 $-\frac{1}{2}$，即使电子实际上处于这些态的叠加态。假如你试图建立量子方程的测量装置，它变得更为神秘。一个"自旋计"—— 某种自旋测量装置——由与（其自旋待测量的）电子相同的亚原子粒子组成。假设，电子具有自旋＋时，该装置处于量子态 P（加号 plus 的缩写）；电子具有自旋－时，该装置处于量子态 M（减号 minus 的缩写）。那么，根据量子方程的线性，电子处于量子态 50% 的 $+\frac{1}{2}$ 加上 50% 的 $-\frac{1}{2}$，该装置应该处于量子态 $\frac{1}{2}P + \frac{1}{2}M$。

但它不是。它是一个自旋计，所以它必须总是处于态 P——以及孤立的态 P——或者态 M。然而，仍然存在量子态的叠加的迹象，因为该装置似乎随机选择态 P 和态 M，并且它处于每一个态大约一半的测量。许多实验的平均态，是 $\frac{1}{2}P + \frac{1}{2}M$。某种程度上，当你使用微观装置进行实际测量时，叠加原理停止起作用。在量子的微观世界与自旋计的宏观世界之间，存在着一种概念误配。可是，量子力学被假定为适用于所有的客体（微观的或宏观的），不是吗？

摆脱这一困难的受偏爱的方式，是引入测量过程的解释，该过程不试图把这种装置模拟为量子系统。它只是接受自旋计要么得到 $+\frac{1}{2}$ 要么得到 $-\frac{1}{2}$ 而从未得到一个混合物这个（神秘）事实。它指出，该装置所做的是把波函数坍缩成一个或另一个它的分量。这些分量叫作本征函数，相应的态叫作本征值。这些词意味着在数学表述里的十分特殊的东西，但它们将暗示我们的是，存在着某种"特殊"波函数（本征函数），其他的所有波函数都可以通过叠加予以构建，而且正是那些特殊态（本征态）且只有那些态，你可以观测。测量过程开始于本征态的叠加，诸如 $\frac{1}{2}P + \frac{1}{2}M$，然后把它"坍缩"成要么 P 要么 M。哪一个出现，不可化约地是概率性的。要搞清楚系数 $\frac{1}{2}$，你必须重复实验，计算概率。

不要把那些 $\frac{1}{2}$ 与自旋值相混淆。自旋总是 $\pm\frac{1}{2}$，但这些 $\frac{1}{2}$ 是因为我选择了每一个态的各一半而出现。假使我使用 25% 的 P 和 75% 的 M，那么，我将谈论 $\frac{1}{4}P + \frac{3}{4}M$。任何测量，都会把这些坍缩成要么 P 要么 M，但是现在——基于重复该实验许多次——我们得到，P 变成 $\frac{1}{4}$ 倍，M 变成 $\frac{3}{4}$ 倍。

关于量子系统测量过程的这一观点，叫作哥本哈根诠释，它是玻尔于 1927 年提出的。尽管打算作为实际物理学家面对的概念困难的一个实用主义解决方案，它还是导致围绕人类心智作为量子实在观测者的作用之显著的哲学神秘主义，并且表明，宇宙确实不存在，除非人在看它。个人而言，我认为这是愚蠢的：我想理解的是，自旋计如何设法避免处于 $\frac{1}{2}P + \frac{1}{2}M$ 态，此为这个谜团的核心。观测自旋计的人类心智是次级阶段：即使圈子里没有任何人，这个概念问题还是会产生。

薛定谔似乎有同感，1935 年他试图用他那著名的思想实验"箱子里的猫"证明哥本哈根诠释的荒谬性。爱因斯坦称之为"最漂亮的证明"：哥本哈根诠释是现实宇宙的一种不完全表象。设想一个箱子里有放射源，一个盖革计数器（探测放射性粒子的出现），一瓶（气体的）毒药，一只（活）猫。这些是这样安排的：如果放射性原子衰变，释放一个粒子，那么盖革计数器将探测到它，触发某种机械装置，击碎瓶子，毒杀那只不幸的猫。从箱子的外面，观测者不能断定放射性原子的量子态：它要么衰变，要么未衰变。于是，按照哥本哈根诠释，该原子的量子态是"未衰变"与"衰变了"的叠加，因此，那只猫同时处于半死半活的状态。也就是说，直到我们打开箱子。在这一时刻，原子的波函数即刻坍缩，比如"衰变了"，猫也即刻对应于坍缩而"死"。

这听上去是荒谬的，那正是薛定谔的意图。我的 $\frac{1}{2}P + \frac{1}{2}M$ 态用大牌明星猫干干净净地打包在一个箱子里。但是，其他的量

上帝掷骰子吗？
——混沌之新数学

子物理学家认为它一点都不荒谬。他们指出，量子理论确实是奇怪的。也许它如此奇怪，你确实有一只半死半活的猫，只要没有人看它以断定它是死是活。对每一个反对意见，都有一个回答。为什么不在箱子里放一台摄像机拍摄猫呢？然后，你可以使用它，看看猫是死是活。可是不然：你打开箱子前，胶片本身处于叠加态，部分胶片活猫，部分胶片死猫，只有当你打开箱子——嗯，你懂的。

近些年，实验工作者设计了一些非常精妙的实验，力图搞清楚在一个不可渗透的箱子内量子系统的波函数何时坍缩。然而，写出像猫那样复杂的东西的量子波函数是根本不可能的。氦原子（具有两个电子、两个质子、两个中子）就已经过于复杂了。写出自旋计的量子波函数，也根本不可能。对盖革计数器也一样。要是想把你的实验与理论吻合，你必须用微观量子系统——此种电子——取代薛定谔的猫。这正是实验工作者所干的，他们想方设法推断，箱子在被打开之前，箱子内部发生了什么，打开箱子是否会改变什么。他们中，有的人说："是的，它是只有当你打开箱子时坍缩的一个叠加态。"另一些人说："不是，电子—猫一直是死的，你就是不知道，除非你看了。"因为，甚至当你用微观量子系统取代了那只猫，那些观测最终必须对可以理解的宏观生物加以解释，同样的实验可以用不同方式解释。哥本哈根诠释告诉你，唯有观测拥有物理实在，可它同时告诉你，数学表述的关键特征（波函数）不能被完全观测到，因此是不真实的。

别担心，它为诠释的差异留有余地。

我强烈怀疑薛定谔认为波函数——所有的波函数，不光是坍缩的本征函数——是真实的。毕竟，他发明了它，写出了它如何演变的方程式：要是他认为它仅仅是一个数学虚构物，我会大吃一惊的。他是否诡异地引入了猫，戏剧化了量子微观动力学与经典宏观动力学之间的鸿沟——当时或者现在还不理解。

如今（或许因为好几代大学生物理学子已经被拖过那个文化迷思：薛定谔关于猫是错的）大多数人使用薛定谔的思想实验出于其始作俑者截然不同的意图。他们用它向我们显示量子世界是如何怪异。"那只可怜的猫，确实处于活与死的叠加，除非你打开箱子。"

实验告诉我们的——像任何关于量子系统（其解释受到质疑）的实验告诉我们的那样强烈——是，这对像电子那样的小尺度量子系统成立。我们不知道，它对猫成立，且几乎肯定是错的。不是因为与意识（猫科动物或人）有关的东西，而是因为猫是宏观系统，"活"和"死"都是宏观性质。宏观性质不叠加。幽默奇幻作家特里·普拉切特（Terry Pratchett）在《海外巫师》（*Witches Abroad*）里，把巫师的猫 Greebo 锁在箱子里。当箱子被打开时，它泄露了箱子里的猫存在着三种状态：活、死、血淋淋地狂怒。

这一观测有个严肃之处。当猫的量子态是 $\frac{1}{2}$ 活 $+\frac{1}{2}$ 死时，你知道它的宏观态是什么样子吗？我不知道。也许它就是血淋淋地狂怒。

所有这些量子水平的实验都很有意义，但它们没有检验薛定谔的争论。他试图告诉物理学共同体，测量难题不能靠把波函数的完全人工坍缩嫁接到精妙又线性的数学结构之上来解决，而是，它是关于由量子粒子建立的宏观对象的特性。这就是他为什么引入了猫而不是（比如）电子。我们居住在宏观对象的世界，它遵从经典力学比量子力学好得多。

为什么会那样？

据信，一种称为脱散（decoherence）的现象，与量子波函数具有复数值但我们的观测必定是实数的这一事实相关，会导致大量的量子粒子当它们以经典方式受到观测时以经典方式行事。假如果真如此，猫身上发生的事情就是直截了当的。它不是处于几个状态的叠加。它只不过是处于几个状态之一，但你不知道是哪个状态，除非你打开箱子。其原因与猫无关。实际上正是盖革计数器（箱子内部的其他宏观系统之一）依赖于脱散来决定放射性原子处于哪个状态。此后，它一直是经典动力学。由于与经典盖革计数器相连的经典机械装置触发了经典干预，玻璃瓶打破，猫由于具有经典毒气的经典干预而死。我们在打开箱子之前不知道发生了什么；但是箱子里的经典系统确实"知道"发生了什么。

事实上，甚至在量子水平，关键的一步发生在探测器，而不是打开箱子。曼德尔（Leonard Mandel）完成了实验，表明质子可以被从波样行为转换到粒子样行为——哥本哈根学派会认为是其波函数的坍缩——没有观测者在它发生时知道这一坍缩。换言之，在任何人打开箱子之前，猫（质子）已经死了（粒子样行为）。只要测量装置产生了经典的是/否回答，并非科学家看那个装置时，测量就完成了。

EPR 佯谬

这个测量难题，与另一个（也回溯至爱因斯坦的）著名的量子力学难题紧密相连。我现在就解释它，因为——我们不久就会看到——它提供了量子不确定性的混沌置换的一个绝妙试验台。

1935 年，爱因斯坦、波多尔斯基（Boris Podolsky）和罗森（Nathan Rosen）——像薛定谔一样——问，实在之量子描述是否可能缺失了一个基本的组分。而且，再次像薛定谔一样，他们确信回答是肯定的。他们提出的方案需要两个彼此相互作用的粒子，然后分开，不再有相互作用。现在，在任一时刻，每个粒子都处于明确的位置，具有明确的动量，虽然我们不能同时测量它们。当它们足够接近时，我们可以同时测量它们的距离（以确定它们确实接近）和它们的总动量：量子力学测量的规则允许这样，因为那两个量是独立的。后来，当它们分离时，我们突然测量其中一个的动量，从而坍缩其动量波函数到一个明确的值。不过，蕴涵这两个粒子的总动量的量子力学方程是守恒的。因此，第二个粒子的动量在我们测量第一个粒子的动量那个时刻也取一个明确的值。测量一个粒子，坍缩另一个粒子的波函数，因为我们知道总动量必然是什么。

它有点像粒子之间存在着某种即时通信。但这种远程作用会违背一个名叫局域性（locality）的原理——没有信息能够传播得比光还快。

爱因斯坦、波多尔斯基和罗森感到，"没有合理的实在之定义能够期望允许这种情况"。另一方面，玻尔觉得没有什么困难。除非你实际测量第二个粒子在做什么，否则你无权把它视为处于任何特定的状态。因此，问它的波函数是否坍缩是无意义的，你不能实际观测到的所谓的坍缩不能被视为信息的通道。

玻尔的观点占了上风。然而，甚至在我写这段话的时候，我禁不住有个强烈的印象：所有这些论证都充满了逻辑漏洞。例如，我们确实能够肯定，测量了两个粒子的总动量之后，它确实必须保持守恒吗？假如我们不被允许观测它们，我们怎么知道它们没有与其他任何粒子发生过相互作用？对此种对象而言，传统的量子力学内部通常不存在一个合理的回答，但我还是有另一个强烈的印象，所有这些论证内部的某个地方，是哲学家所称的范畴错误——一种解释的不一致性，即在一个层面的讨论上成立的性质，被应用于不同的层面上。例如，我们知道光的速度对于相对论中的经典粒子而言是一个极限因子，可是我们怎么能够确定它适用于被量子粒子荷载的信息（无论其在物理语境里的含义如何）？而且，我一点都不喜欢这样的思想：第二个粒子波函数的坍缩必定与第一个粒子同时发生。也许，总动量只有在被测量时才是守恒的。也就是说，当无人看它时，它可能涨落到不同的值，只有当你看它时，它才坍缩回到那个貌似守恒的值。我不明白为什么这要比波函数坍缩本身更加难以接受。但是如果它成立，关于第二个粒子我们就没有资格减少它什么，除非我们观测它，从而改变它的波函数。（我们可以肯定的一件事是测量改变波函数，因为测量什么东西，你必须使之与别的什么东西，即测量仪器，发生相互作用。）

于是，这整个故事有些不对劲。是的，我知道，假如你固守经典思想过程，也许它只是看上去不对劲。我接受。

我还是认为，有什么不对劲。

玻姆诠释

别以为我会说：请看玻姆（David Bohm）的著作。1952 年，玻姆试图用一种新的方式解决 EPR 佯谬。他不是提出关于量子力学的诠释，而是重新表述其背后的数学。（量子力学的奠基人之一）德布罗意（Louis de Broglie）若干年前提出过一个类似而有限的方案。玻姆方案的一个支柱，是赋予波函数以物理意义。对他而言，它不过是"在幕后"运作的一个数学玩意——它伴随着粒子和波本身处于舞台中央。出于前面解释过的原因，我强烈怀疑薛定谔会赞成；狄拉克一度也有类似的观点，1935 年在其经典著作《量子力学原理》第二版中写道："目前量子理论最令人满意的特征是，表达经典力学因果性的微分方程并未失效，而是以符号的形式得以保留，不确定性只是在这些方程应用于观测的结果时出现。"

遗憾的是，我们不能直接测量量子波函数，但是当它触及实质时，我们什么也不能直接测量；我们所能做的是根据宇宙如何运作的协调理论推断它的性质。例如，我们在一架老式天平上称量化合物时，乃是基于以下假设：杠杆定律成立，小小的铜砝码上面标注的数字具有明确的物理含义，当然首先存在着一个有待称量的"质量"概念。哥本哈根学派对粒子的状态成为本征态的叠加感到满意，但他们未赋予叠加状态以与本征态本身一样的物理实在。哥本哈根诠释可以被用数学术语描绘如下：粒子遵从波函数的薛定谔方程，除了当测量被做出时。

玻姆的思想更为简单、优雅：粒了遵从波函数的薛定谔方程，句号。但他假设，除了波函数以外，粒子还有一个明确的、物理上有意义的位置。他还弄出一个新的数学方程，确定波函数与粒子运动之间的关系，另一个方程指示观测者如何将他们自己对位置的忽略纳入他们的观测。

在玻姆理论中，物理学定律是完全确定性的。量子不确定性不是关于宇宙的不可约化概率性的东西的征象，而是观测者（人或其他）那种不可逃避的忽略的征象。薛定谔猫（前已提及）要么活、要么死——但我们在打开箱子之前不知道其生死。玻姆在数学上证明，这种忽略正是你需要重复量子力学的标准统计预言的东西。你把你的忽略平均掉，看看有什么剩下的。例如，我们忽

上帝掷骰子吗？
——混沌之新数学

略电子的东自旋，只测量其北自旋，仅此而已。我们完全不知道东自旋应该是什么。所以，平均而言，$+\frac{1}{2}$ 与 $-\frac{1}{2}$ 同样可能；那就是你在实验里发现的。

那个波函数"知道"这个状态。

我们不知道。

玻姆的表述另一个有趣的特征是，叠加丧失了其大多数的含义。波函数的组合，又是另一个波函数。同理，土耳其的安卡拉具有北纬 39°、东经 33°，不意味着西班牙的巴伦西亚（处于北纬 39°、经度 0°）与乌干达的堪培拉（处于纬度 0°、东经 33°）的叠加。

玻姆理论简单、自然，摆脱了哥本哈根诠释那些奇怪的特设假设，其中，当某人做出测量时，自然定律貌似短暂搁置。那么，你期望它会受到物理学界怎样的对待？1994 年，阿尔伯特（David Albert，一位训练有素的物理学家，哥伦比亚大学哲学教授）写道：

> 尽管玻姆理论具有相当特殊的优点，但是几乎所有人都拒绝考虑它，几乎所有人都效忠量子力学的标准（哥本哈根）表述，在物理学中维持……许多研究人员始终拒斥玻姆理论，基于它把特殊的数学角色给了粒子的位置。抱怨在于，这一安排破坏了位置与动量之间的对称性，当时对称性隐含在量子理论的数学中，仿佛破坏了那种对称性，某种程度上相当于比起（在哥本哈根诠释中）剧烈贬低客观物理实在的思想，是对科学推理的更加严重冒犯。其他人拒斥玻姆理论，是由于它并未作出任何经验预言（即没有明显的预

言）——仿佛这两个表述在那点上大同小异，只是有些人明显喜欢一个胜过另一个。还有些人引用文献中的"证明"……所有这些都是错的——甚至没有可能有对玻姆已经完成的那种量子力学的确定性取代。

玻姆理论肯定遭遇了古生物学家古尔德（Stephen Jay Gould）所称的"熊猫原理"，因为它牵涉到红熊猫的"拇指"的演化。此种熊猫，在演化的某个阶段，打算将其拇指变成像其他熊猫一样的爪子。后来，它需要一个拇指的时候，不得不从其手腕的有节部位演变出一个。熊猫原理成立：一旦某事物得到确立，它就不容易被别的事物所取代，即使其他的选择提供了优势。

　　我要是想捍卫那些传统物理学家，就会推广爱因斯坦的告诫——比如指出，位置与动量之间的对称性不单单是量子的数学的一个漂亮特征，而是导致称为"辛结构"（symplectic structure）的深刻的信息观点的一个核心性质，辛结构提供了经典力学与量子力学之间的一个有用连接。然而，玻姆理论实际上不影响数学：它不过是添加了一层解释的假象。对称性是丧失了，不是在表述里，而是在表述的诠释上。于是，你可以具有辛结构，也把玻姆接受。

　　许多物理学家对玻姆理论的担心是，就像EPR佯谬，它具有一个非局域性的方面。粒子的波函数扩展到所有空间，它立刻对与另一个粒子的相互作用产生反应。这在传统的量子力学——其波函数严格遵守与玻姆理论同样的方程——里，当然也成立。可是，在玻姆诠释里，波函数是真实的物理事物。在哥本哈根诠释里，它是一个数学虚构物；只有它的分量本征值可以被观测，而且一次只能观测一个。我们在这里花了许多篇幅分析正反两方面，但我再次觉得，这个讨论是被误导的。哥本哈根诠释和玻姆理论都缺失的，是理解宏观测量装置（诸如盖革计数器、死猫）如何产生确定的数值。观测探测本征值，而不是任意（即在哥本哈根诠释而非玻姆诠释里叠加的）状态。为什么？

近些年，有好几次尝试（在数学上）描述在宏观测量过程期间量子态如何演变（脱散）。有关的物理学家，包括迪奥西（L. Diosi）、吉辛（N. Gisin）、吉拉尔迪（G. C. Ghirardi）、格拉西（R. Grassi）、普乐（P. Pearle）、里米尼（A. Rimini）和帕西瓦尔。在所有这些理论中，量子系统与其环境的相互作用产生了将量子态转变为本征态的不可逆变化。然而，所有这些理论都是概率性的：初始量子态经历了一种最终导致本征态的随机扩散。

爱因斯坦显然对在量子理论的任何层次显示出来的不可约化的随机性不满意——即使如同这里，它是受限于测量过程。这些理论至少试图填补哥本哈根诠释和玻姆理论里那个耀眼的窟窿，但它们都不是完全确定性的。上帝不会掷骰子，但是表面上盖革计数器和猫仍然会。

在这里，骰子是十分合适的意象。当你滚动一个骰子（die）时（对不起，我直截了当拒绝说"a dice"），六个可能的面的任一个都可能向上。掷骰子的结果，颇像本征态——它是一个由测量过程所选择的特殊状态。（天啊，也许它就是本征态。）骰子有好几个面：量子系统有好几个本征态。哥本哈根学派会说，桌子的出现神秘地使骰子"坍缩"到 1，2，3，4，5，6 状态中的一个，其余时间它是这些本征态的叠加——当然，它是没有内禀物理意义的一个数学虚构物。玻姆会说，它确实具有物理意义，但你不能观测它——至少不能用传统的装置，或许不能用任何装置。迪奥西到帕西瓦尔等人会说，随着骰子沿着桌子滚动，它的状态随机地变幻，最终稳定到1，2，3，4，5，6中的一个。

谁是对的？

骰子的意象表明，他们可能都对——

——可能都错。

混沌教导我们，任何人、上帝或猫都会确定性地掷骰子，而天真的旁观者以为某种随机现象在发生。哥本哈根学派和玻姆没有注意到，当骰子胡乱又确定性地沿着桌面弹跳，滚动的骰子的动力学扭曲和旋转。他们甚至没有看见桌面。玻姆认为，骰子的行为是真实的，即使不可观测；哥本哈根学派甚至不那样认为。迪奥西到帕西瓦尔等人注意到骰子的怪异弹跳，在统计学上把它们刻画为扩散过程，没有认识到它们背后其实是确定性的。

无人企图就一个滚动的骰子写出方程式。

为什么？

一个很好的理由是，他们认为做不到。

贝尔不等式

也许，我们不用援引不可约化的随机性，就可以解释基本粒子的奇怪行为。为什么不给每个粒子配备一个自己的确定性的"内部动态"？这应该不影响粒子如何彼此相互作用，但它应该影响粒子本身如何行事。不是滚动量子骰子以断定何时衰变，放射性原子会监测其内部动态，以及该动态到达某个特定状态时的衰变。在混沌现身之前，我们完全无法想象玩那种把戏，因为内部动态的已知行为过于规则——定态、周期态、拟周期态。放射性衰变的统计特性只不过符合此种模型，更不要说干涉波函数之类东西得更加微妙的方面。但是，混沌很漂亮地解决了那个特殊困难，它表明：要紧的不是上帝是否掷骰子，而是怎样掷骰子。

物理学家把此种理论称为"隐变量"理论，因为内部动态不是直接可观测的，界定其相空间的变量实际上被受观测的实在所掩盖。玻姆理论是一种隐变量理论，作为隐变量的真实波函数其细节不可观测。

没有任何"隐变量"理论可以与量子力学一致，存在着一个著名的证明。（这是如何影响玻姆的尝试的？见下。）它的理论方面，由贝尔（John Bell）于 1964 年提出。初步的实验证实，于 1972 年完成，最后的似是而非的实验漏洞，于 1982 年被封堵。

贝尔的论证，可以用许多不同方式加以表述：我将选择一个接近我们迄今讨论的精神的表述方式。这种方式陈述了以下可能性：在测量期间，粒子的受观测状态按照确定性动力学过程而演变，且受观测本征态是这一确定性演化的结果。玻姆的另一个贡献在于，就此种思想实验的一个相当现实的方案，后来人们开始认识到，这个方案如此现实，以致沿着此种思路的实际的实验是可能的。

玻姆的方案，需要一个自旋 $-\frac{1}{2}$ 粒子（比如电子）的源成对产生且相向运动：一股流向北，一股流向南，速度相同。于是，你可以追踪哪个粒子开始接近：称这些为两股流中的"对应"粒子。一个自旋计测量北向粒子"向上"方向的自旋；另一个自旋计测量南向粒子与"向上"方向成角度 A 方向的自旋（在向上、向东平面上）（见图149）。通过把这些测量合起来，能够搞清楚"相关函数"C（A），衡量一股流中的自旋与另一股流中的对应粒子的自旋的匹配程度。若 C（A）＝0，则北向粒子（在向上方向测得的）自旋在统计上与对应南向粒子（在角度 A 测得的）自旋无关。若 $C(A)=1$，则对应粒子的自旋相同：若北向粒子具有自旋 $+\frac{1}{2}$，则对应的南向粒子亦然；对于自旋 $-\frac{1}{2}$，同理。若 $C(A)=-1$，则自旋是完全反相关的：任一北向粒子的自旋恰好与对应的南向粒子的自旋相反。

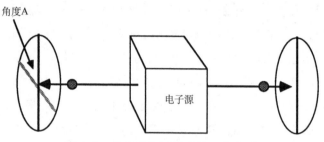

图 149　检验贝尔不等式的一个实验

出于论证的缘故，贝尔假设自旋的观测值不是随机的，但由"隐变量"——其变量未被观测的某个确定性动力学系统——所决定。（用我的滚动的确定性骰子的类比，就是骰子滚动时的动力学状态，涉及诸如角速度之类的隐变量，假如你只观测骰子的最终定态，你只不过未看它的角速度。）假设你两次运行这个实验：一次将第二股流中的自旋计设定为角度 A，一次设定为不同的角度 B。贝尔做了一个计算，看看相关函数——现在以确定性的方式取决于隐变量的动力学（你可以通过计算验证的一个事实）——当角度 A 被角度 B 所取代时如何变化。用数学表达是一个不等式，如今称为贝尔不等式：

$$|C(A)-C(B)|<C(A-B)+1$$

［这里，若 $C(A)-C(B)$ 为正，则 $|C(A)-C(B)|=$

$C(A)-C(B)$；若不为正，则 $|C(A)-C(B)|=C(B)-$ $C(A)$。］以角度 A、B、A－B 观测的相关函数之间存在着一种关系。

结局在于，在这种实验中，任何系统，其表观随机性受隐确定性动态驱动，必须通过满足贝尔不等式揭示其状况。你可以得到的那种相关函数存在着明确的限制。

随后的实验表明，受观测的相关函数不满足贝尔不等式。这是公认的明确的证明：量子力学不可避免地是概率性的。你不能靠使上帝的骰子确定性来填补这个实验空隙。

然而，还是存在着漏洞。贝尔的证明涉及许多的假定，大多数假定他都十分仔细地陈述了。（数学证明总是包含假定，明智的科学家在相信他们证实或否证某个方面的物理实在之前，理解那些假定是什么。）特别是，该证明假定了局域性原理——没有信息传播得比光速快。所以，至少在这个特定的表述里，贝尔不等式不排除玻姆类型的理论，因为玻姆理论不是局域的。

不过，大多数物理学家认为，由于实验证实了量子系统违背了贝尔不等式，以确定性理论嵌入传统的量子力学就没什么指望了。毕竟，非局域性很难消化。（请忘记薛定谔方程是非局域的——薛定谔的波函数是一个数学虚构物。记住，玻姆理论是非局域的——他的波函数被假定是真实的。幕后的非局域性，是可接受的；众目睽睽之下，则是不可接受的。）为了公平起见，量子力学的确定性基础，如果确实把上帝的骰子弄成确定性的、局域的，就会惬意得多。你不想拉斯维加斯一张桌子上掷的骰子与莫斯艾斯利太空站（在遥远的银河系，你会记起的）吧台桌子上的骰子发生即刻联系。它不会影响不使用那种信息的赌客们，但它在哲学上不适宜的。

贝尔不等式取消了所有的局域、确定性的隐变量理论。

大家都这么认为。

骰子与确定论

在下一小节，我将描述以一种十分聪明的方式避开贝尔不等式的一个新点子。作为准备，我先建立论证：与概率论教科书的主心骨公平的硬币一道，"骰子"是所发明的最不恰当的隐喻之一。至少，除非我们修正我们的无规则性概念。

我讲的是一个理想骰子，一个完全非弹性的立方块，掷向一个完全平坦的非弹性平面，服从某个精确的摩擦定律，并遵循牛顿力学。我不得不这么做，为的是精确地引入数学。在我看来，无论使真实骰子无规则的是什么东西，都应当也在这一模型中显现。不过，戴上拉普拉斯的帽子，显然巨智者能在骰子掷出时就判明它最终的静止状态。依靠电视摄像机和巨型计算机，我们至少在原理上应当能够抢在骰子之前预言它的结局。

这不完全是想入非非。美国混沌学家法默（J. Doyne Farmer）提出了一个轮盘赌轮的理论，它大大改进了纯粹的偶然性。尽管让他上赌场干并不顺利。

不管怎样，要是你能准确预言行将发生的事，无规则性从何而来呢？

我无法对骰子进行计算，但我将对一枚简化的硬币（足够接近以显示所含的事）做些计算。这硬币是一条单位长度的线段，被限制在竖直平面内。从地面开始抛它的时候，它被给以竖直速度 v 和转速每秒 r 圈。当它回到地面时，它站住不动：这时无论哪一端最高都被认为是抛掷的结果。

如果 g 是重力加速度，则这硬币经 $2v/g$ 秒回到水平面，所以它转了 $2rv/g$ 圈。头和尾之间的边界在恰好半圈时出现，即当 $2rv/g$ 是一整数的一半的时候。若这整数是 N，则头与尾的边界由 $vr = gN/4$ 给出。

假如我能精确地控制 r 和 v 的值，那我就能够使硬币按我的意愿以任一端向上而着地。但是，实际上我仅能在一定限度内控制这些值。例如，假设我能把 v 保持在 480 和 520 厘米/秒之间，r 在 18 和 22 转/秒之间。结果——头还是尾——怎样依赖于 v 和 r？

你可以从上面的公式得到答案。v 和 r 的可能值的矩形分为一些条纹：黑条纹代表头，白条纹代表尾（图 150）。

初始速度和旋转速率的任何已知值，都给出唯一的答案。不仅结局是确定性的——我真的能预先告诉你结局是什么。

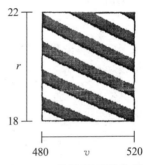

但要是我所知道的一切只是 v 和 r 在给定范围之内，我不能预卜结局。我至多能把矩形想象为一种镖靶。每抛一次硬币好比投一回镖：如果镖击中黑条纹，我得头；如果击中白条纹，我得尾。如果镖均匀分布在矩形内，那么头的概率便是黑条纹覆盖的那部分总面积。

图 150　旋转硬币的初始条件，按照它的终极命运画条纹。黑＝头，白＝尾

也就是说，无规则性的源泉在于初始条件的选择。除非我能精确地控制它们，否则我无法作出精确的预言。

这里，拉普拉斯确定论再一次破产——但以微有不同的方式。模型硬币并不是混沌系统。它是完全规则的系统。

我们在此所见，与确定性动力学系统相伴随，存在着一个提

供了一种"粗粒"表述的概率系统。不是准确告诉我们系统在给定时刻占据相空间里的哪一点，而是告诉我们那一点在某个时刻位于给定区域的概率。此种概率的研究（称为不变测度）回到了统计力学的早期岁月，其时，数学家和物理学家都在试图把气体理解为复杂的分子集体，彼此疯狂地对撞。不变测度解释了为什么气体具有明确的平均性质（诸如密度、压力）。你可能会说，我们在理解物质的分子基础之前，我们关于气体的动力学所知的都是概率性的。此后，我们认识到了，那些概率都是来自确定性——但不可理喻的复杂——的内禀动态。所以，统计力学具有隐变量理论，其变量乃是气体的组成分子的位置和速度。

量子理论是否与此类似？我们目前的经验，使我们认为它是不可约化的概率性的，可是此种概率来自何方？概率是（一种）模式，当每一种情况下我们理解深层结构（概率来自作为不变测度的确定性动态）之处时，把概率视为初级物理概念确实相当怪异。明确界定的统计模式的存在性，是一种秩序的证据，当我们在长的时间尺度上求平均时，此种秩序变得明显。甚至平均而言，什么东西使得系统的遥远未来类似于它的过去？假如它确实随机，为什么它们并不有所不同？如果放射性原子以一种具有明确统计规则性的方式衰变，那些规则性从何而来？说它们根本上是概率性的，撂在那里，只不过是设想了一个有待解释的模式。

相反，对确定性混沌而言，存在着相关概率及其统计规则性的清晰数学解释。我们知道它们来自何方：它们来自不变测度。尽管我们不理解这里的一切——例如，技术上"优美的"不变测度是得到广泛猜想却狭窄证明的——我们还是很清晰地明白，正是此种动力学的确定论使得未来看上去如同过去。原因在于回复：确定性系统不断回到接近其先前状态。所以，有点悖谬，正是系统的内在确定性使得概率可以应用。为了找到要拟合的粗粒模型，必须有细粒的东西使之变粗。

在我看来，真正随机的系统应当根本不呈现模式，哪怕是平均而言。我知道这种观点是少数派，我还知道某种程度上它与蔡汀的美妙的"算法信息理论"（它以一种必然包含统计规则性的方式界定随机性）相冲突。我知道复杂性理论（见第 17 章）表明，模式不一定凭空"而来"，我倾向于同意。但我仍然认为，此种思想里存在着一点真理。我认为量子层次物质中统计规则性的存在必须得到解释，不仅仅是假定；某种混沌隐变量理论正合需要———

———只要它不针对贝尔不等式。

然而，有比用相关性窒息它更多的途径来冒险。原则上，我们可以避开贝尔不等式。我不知道在维持与有关量子力学的每一个已知实验结果一致的同时，这是否可以做到——那需要进一步研究。然而，尽管贝尔不等式，我们不必从一开始就放弃。贝尔不等式告诉我们，传统量子理论的某种"隐变量"推广可能不管用，但它并未排除每一个可臆想的或另类的推广。它是告诉我们关于何种隐变量模型我们可以引入的一个约束条件。

我有一个感觉，物理学家很容易被数学定理留下印象。数学家知道，定理具有假说，即定理管用之前你必须做出的假定。数学家花了许多时间非常仔细地写下他们的假说，从而使物理学家不爽，物理学家比较马虎（他们称之为"诉诸物理直觉"），对那些假说心照不宣。这对日常的基础物理学很好，但我认为，当我们着手处理基本哲学论题，其中需要某种仔细的诡辩时，它会是可怕的误导。

对那些必需假说的认真研究，揭示了贝尔不等式证明中的潜在漏洞。存在着好几个隐含的假定，像用来计算各种有限级数和整数的相关函数和收敛性的概率测度的唯一性。这些漏洞可能是可以弥补的，但是最近得到显示，至少有一个不是。

我们来偷窥潘多拉量子盒子的内部。

孔洞盆

1995 年，帕尔默（Tim Palmer），一个具有物理背景、对混沌有持久兴趣的气象学家，在贝尔不等式的导数中发现了一个非常微妙的潜在漏洞。大体而言，它是一个假定：相关函数（理论上）是可计算的。帕尔默的结论是，量子不确定性也许可被某种"隐变量"混沌动态所取代，只要此混沌是足够肮脏的。肮脏到足以破坏贝尔不等式的导数，漂亮到足以维持确定性。

第一步是欣赏确定性混沌可以如何肮脏。

我已经几次告诉你，混沌不像许多人认为的那样不可预测。混沌吸引子有其自身的稳定性。假如你干扰一个点，使之偏离其吸引子一点点，它将很快再次回到吸引子。所以，你可以预言那个点将停留在其吸引子上。

我撒谎了。

只是一点点。当只有一个吸引子时，我的话是对的。当有多个吸引子时，它往往是对的。不过，至少有一个重要的情形，它不成立：当存在至少两个吸引子，其中一个具有"孔洞盆"时。

吸引子的盆，是被吸引向它的相空间中的所有点的集合。对此最简单的图像，是吸引子坐落于某种碗的底部，相点向下滚，直至触及底部。在这一图像中，吸引子的盆完全围绕它。假如你有好几个吸引子，它们的盆就像一系列被漂亮、光滑的脊所分开的谷。"盆边界线"是沿脊峰的光滑曲线。

然而，非线性动力学比那还要复杂得多。1992年，亚历山大（Jay Alexander）、凯恩（I. Kan）、约克和尤（Z. You）发现，盆更像滤器而不是碗——孔洞遍布，故得名"孔洞盆"。与滤器不同，这些孔洞不是有界的，而是细长的蜗形条纹，恰好进入吸引子（图151）。这些条纹中的点不向吸引子运动，而是排斥开来。孔洞盆的边界是分形，不是光滑曲线。

它表明，孔洞盆不完全是怪异的：它们可靠地显示动力学系统何时遵从几个完全合理的条件。它们的存在与（第15章提及的）以下事实密切相连：混沌吸引子往往包含不稳定的周期点。孔洞可以取更为极端的形式，其中有两个竞争吸引子，它们都有孔洞盆，每一个盆填满了另一个盆中的孔洞。此种交错盆在非线性动力学世界里也是司空见惯的。当然，它们可以在多于两个竞争吸引子的情况下发生。

其盆是交错盆的具有两个吸引子的系统，是真正不可预测的。你可以预测任何选定的初始点最终将以一个或另一个吸引子告终，但你不能预测哪一个。随着你接近以吸引子1告终的初始点，那里存在走向吸引子2的初始点，反之亦然。现在，蝴蝶效应不光围绕同一个吸引子上使点运动——它可以把点从一个吸引子搬到另一个吸引子。

它有点像预测滚动的骰子将会出现1，2，3，4，5或6，没有说哪一面。确定性的骰子的行为，仿佛它有六个吸引子，即对应于它的六个面的定态，它们所有的盆都是交错的。出于一些技术原因，那不能十分成立，但成立的是具有交错盆的确定性系统是骰子的奇妙替代物，事实上它们是超级骰子（super-dice），其行为比寻常骰子——表面上——更加"随机"。超级骰子是如此混沌，以致它们是不可计算的。即使你完全知道系统的方程，给定初始

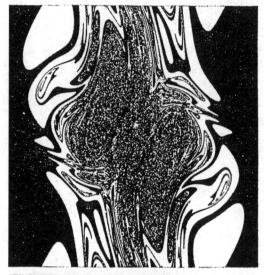

图 151 （其摆锤为旋转双臂取代的）摆的定态
吸引子的孔洞盆。着黑色的点属于
盆。下图显示一个小区域的镜头特写

状态，你还是不能计算它将会以哪个吸引子告终。逼近的最微小误差——那里将总是存在此种误差——将会完全改变其答案。

然而，你可以计算概率，正如我就旋转的硬币用其条纹相空间所做的计算。现在，黑白条纹被那两个吸引子的盆所取代。位于某个小区域的初始状态以特定吸引子告终的概率，是一个与所选择区域相关的可计算数。出于实际目的，你可以用"蒙特卡洛仿真"计算此概率：在该区域内随机尝试一百万个选择点，看看它们中有多大比例以期望的吸引子告终。对于理论认识，你必须诉诸跟概率很相似的"不变测度"。尽管你的蒙特卡洛计算将会把许多个体的命运搞错，因为超级骰子是不可计算的，命中的比例取决于选定区域哪个部分碰到那个相关的盆，在此情形下，误差倾向于彼此抵消。（这是典型的统计特性：如果你估算投票的意图，比如给一定样本的人口发放问卷，那么，这些样本的平均意图是比任何个体回答更好的全部真实回答的指标。即使有些回答者故意说谎，这仍然成立。）

具有交错盆的系统原则上是完全确定性的，所以它们可以用没有任何显式随机项的数学方程加以表示。它们实际上是不可计算的：给定初始状态，你不能信心满满地计算它将会去哪儿。可是，它们在统计意义上是可计算的：给定初始状态的系综（物理学家喜欢这个词，意思是"集合"，或用几何术语，"区域"），你可以计算以任何吸引子告终的概率。

帕尔默的想法是，运用这种系统提供确定一个量子状态（你观测它时）如何改变的隐变量。在你开始观测它之前，把隐变量相空间中的初始点设想为量子状态，把隐变量的吸引子设想为表示可能的本征态。由于此种系统的统计可计算性，你得到与实验一致的明确界定的量子概率。但是，此种数学习惯于使得贝尔不等式依赖于列出（运用隐变量的实际值的）若干表达式，并且比较它们。既然隐变量的动力学是不可计算的，那些表达式没有意义——所以你不能比较它们。这正是贝尔不等式通过它逃逸的漏洞。

帕尔默的实际理论，更加特殊、微妙。他不仅考察了内禀动态的数学可计算性，而且考察了自然通过额外的数学手段可以在某种程度上"计算"它的可能性。也许，要是它完成一个理论上可计算的理论，它会做的！

贝尔不等式仍然逃避。

事实上，EPR佯谬也可能逃避。让我传达一个想法给你，这回不是帕尔默的：我不希望他为此受到责备。当存在一个内禀的"隐变量"动态时，电子（密切接近时）的状态是同步的电子随着它们分离仍然保持同步。你所需做的一切，是把它们的隐变量搞成相同状态（或者，也许是对称相关状态，诸如"自旋上""自旋下"）。由于它们遵从其内部状态演化的同样的确定性数学规则，那些状态仍然保持相同。由于此种同步得到维持，它们之间即刻地（快于光速）传递"信息"就是不必要的。不是"幽灵般的远距作用"，我们具有一种动态记忆。当然，有一些问题有待克服，其中之一就是蝴蝶效应。同时性的任何微小初始缺陷，都会很快放大。回避此种情况的一个可能方式是，允许同时信号以低于光速的速度在电子之间传递。于是，时间迟滞以后，每个信号将会互相影响。大家都知道，此种时滞信号可以同步维持相同的混沌系统。另一种可能性是，使得内禀变量量子化，这样它们的值就是离散的。于是，它们确实可以被完全同步，就像以共同时钟速率运行相同的计算的两台相同的数字计算机。（内禀动态可以仍然是混沌的：假如初始状态实际上不是相同的，它们仍然可以指数式

上帝掷骰子吗？
——混沌之新数学

发散。）起码这一建议表明，存在着可能的理论方案，它们截然不同于没有混沌概念我们能够想象的东西。

你会觉得帕尔默的思想都很好，可是一个不可计算理论有什么用呢？对不起，错误问题。量子力学的哥本哈根诠释甚至更加不可计算——不是内禀动态，而是它采用了某种任性的致命行动——而且哥本哈根诠释被公认为有用。帕尔默方法无论如何在统计上是可计算的，在量子力学实验中，那已经是你所能得到的最好的东西了。诚然，帕尔默方法就是那种东西，至少在精神上，如果你打算通过引入隐变量把量子骰子搞成确定性的，你必须采用。否则，贝尔不等式将会自我矛盾。精确的细节可能是错的——具有交错盆的内禀动力学特性有许多可能性，帕尔默仅仅出于论证方便选择了一个特殊的——但是该方法的精神在数学上是过硬的。爱因斯坦肯定会赞成此种哲学。

当然，没有什么东西以那种方式推动自然运行。可是，帕尔默的工作确立的是，量子不确定性的确定性（而非混沌的）诠释的圣杯并非靠贝尔不等式不可实现。

那是值得知道的。

假如之世界

我经常庸人自扰，假如混沌在量子力学之前被发现，今天的科学会有多么不同。（实际上那不大可能，因为奇妙的计算机使得混沌对每个人都显而易见，依赖于使其电路起作用的量子效应——但是让我们假装一把。没有计算机，你可以发现混沌，数学家在20世纪60年代就做到了。它只不过需要计算机使得其余的人都确信而已。）现在，爱因斯坦不会抗议上帝不掷骰子，他可能会提议上帝确实掷骰子。漂亮的、经典的、确定性的骰子。但是——当然——混沌的骰子。混沌之机制，为上帝用确定性定律运行他的宇宙，同时使得基本粒子看上去是概率的，提供了一个美妙的机会。

这种方法是否已经确立了自身，显然是有争论的。帕尔默的工作表明，它至少开了个头，假如我们能够避开熊猫原理，我们能够搞清楚它是否可以不负众望。我禁不住设想，物理学家——有爱因斯坦和薛定谔的热情鼓励——会持续尝试，努力构建一个微观世界的确定性又混沌的理论，他们会以极大的宽容放弃这一单单概率性的理论的思想。

第 17 章

别了，沉思机

"你们对我的回答肯定不会满意的，"沉思机说。

"请讲！"

"好吧，"沉思机说。"生命、宇宙和万物的……"

"对，……！"

"大问题的答案……"沉思机说。

"对，……！"

"是……"沉思机说，顿一顿。

"对，……！"

"是……"

"对，……！！！……？"

"四十二，"沉思机威严无比、镇定自若地说。①

———亚当斯，《银河系搭车客指南》

---

① 沉思机（Deep Thought）在《银河系搭车客指南》一书中是一台由超级智能的泛维人类建造的超级计算机，它回答"生命、宇宙和万物的大问题"花了750万年时间。———译者注

假设拉普拉斯的"巨智者"真的听从他的指示,"把宇宙最大的天体和最小的原子的运动统统纳入单一的公式之中",然后"对数据进行分析"。它能得到比亚当斯(Douglas Adams)塑造的人物隆夸尔(Loonquawl)和傅契格(Phouchg)在《银河系搭车客指南》(*The Hitch Hiker's Guide to the Galaxy*)①中所作出的更明智的答案吗?

巨智者与大智者

不太可能。

容我把某些实质性的考虑放在一边,有人会说它们没什么哲学意义——尽管我怀疑它们究竟是不是事物的非根本性的东西。也就是说,我将忽略巨智者要把"它"的方程写在什么东西上面这个棘手的问题——假定"它"必须处理宇宙中每一粒子的至少6个变量(位置和速度),从而所能制造的白纸和墨水还远不够用(就算整个宇宙都由白纸和墨水组成)。正如17世纪一位无名诗人所言:

> 如果全世界都是白纸,
>
> 如果所有海洋都是墨水,
>
> 如果一切树木都是面包和奶酪,
>
> 我们还用为生计去辛劳吗?

我也不愿问巨智者将需要怎么样的大脑去储存(更不必说研究)

---

① 英国广播剧作家亚当斯(1952~2001)的名作。中译本《银河系搭车客指南》,姚向辉译,上海译文出版社,2011年。——译者注

"它"那生命、宇宙和万物的主方程。大脑比宇宙还大，显然意味着巨智者必须站在宇宙之外而向内凝视。一个不坏的想法，它的根据类似于海森伯①的不确定度原理②——倘使巨智者是宇宙的组成部分，那么在"它"思考 $dx_{7\,345\,232\,115}/dt$ 值的每一时刻，都将改变"它"正在思考的东西本身（图152）。

如果我们承认巨智者真正地无所不知，则拉普拉斯有一个很妙的论点。如果宇宙确实服从确定性的数学定律，则巨智者能用那些定律预言宇宙将做些什么。

但那是一种十分糊涂的哲学，一个走极端而得谬论的绝好例子。如果我们想在人类尺度而不是超人尺度上得出有意义的结论，我们必得设定更实际些的需要。这时图景发生惊人的变化。

我设想一个较拉普拉斯的略逊一筹的理想人物——称作大智者吧。它有大智慧，超过全人类智慧的总和。（想想看，当你把人类合为一体时，它的智慧似乎成了负的。但你明白我的意思。）"大。实在大。你简直不愿相信多么巨大地庞大地硕大地大，"亚当斯又说。并且，为了甚至更加明确地使骰子的分量有利于大智者方面，我将使它（用小写的"i"以表示次于巨智者③）与一个大大简化的问题相对立。一个着实处在能理解范围内的微型宇宙，在那里，不仅大智者并且实际上任何有能力的人间数学家都不但在原理上能建立方程，而且在实践中能这样做。这就是三体问题的希尔约化模型：海王星、冥王星和一粒灰尘。

诚如庞加莱的《天体力学》失望地注意到的，这一问题以同宿

---

① 海森伯（Werner Karl Heisenberg, 1901～1976），德国物理学家。——译者注

② 旧译"海森伯测不准原理"。——译者注

③ 作者分别用大写的"It"和小写的"it"代表"巨智者"（Vast Intellect）和"大智者"（Considerable Intellect），我们在译前者时特加引号以示区别。——译者注

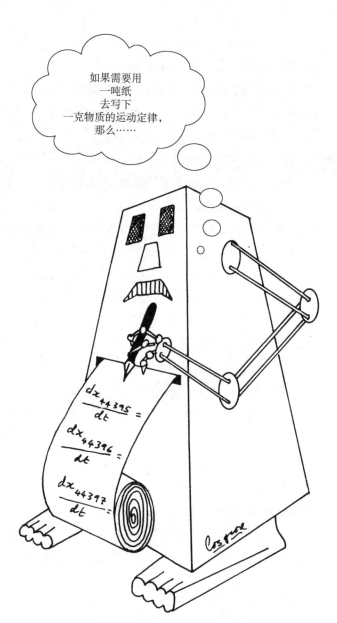

图 152　巨智者的两难境地

栅栏的形式产生混沌。当动力学特性是混沌的时，它只有在初始条件已知到无限精度的情况下才能被精确地预言。但储存一个具有无限精度的数，需要无穷的存储量。总而言之，大智者甚至无法迈步。

这就是向我们这些可教的无尾猿传达的信息。当系统的动力学特性走向混沌时，在我们知道它的当前状态所达到的精度和我们能说出——详细说出——它将做些什么的时期之间存在着权衡。观测精度必须几乎不可能的完美，才能作出即使是中期的预报。

另一方面，我们依然能够作出很精确的预言——不是关于准确的长期性态，而是关于它的一般定性特性。我们可对它施加定量限制；我们可确定它的统计特征。

要是你还赢不了，把门柱挪挪位吧。

设计者混沌

混沌有许多东西要教给我们。它的首要启示是一条普遍指示："别贸然下结论。"不规则的现象并不需要复杂的方程，即带有明显无规则项的方程。

这一启示两面都说得通。

第一，资产负债表的"亏"方。即使你十分幸运、十分机智地建立了良好的方程，你在了解以那些方程为模型的系统方面仍会受挫。就算方程非常简单，系统的性态却可能不简单。某物复杂与否，取决于你所问的问题和你所持的观点。

在"盈"方，我们发现同样的提示。看上去复杂的现象，实际上可能并不复杂。它可能受一个简单——而混沌的——模型的支配。现在，我们正陷入"设计者混沌"：用关于典型的动力学类型的知识建立似乎有理的模型。

有的时候它管用。心搏，麻疹流行，或许还有土卫七翻筋斗，都是它管用的例子。与混沌调情之后，我们对物理问题有了更好的认识，并且是一个我们确可利用的认识。

有的时候它不管用。我看不出混沌动力学可能提高天气预报质量的任何根据。迄今为止，它的主要贡献在于暗示我们正在问一个愚蠢的问题。几天或一周内的预报——挺好。一个月呢？毫无希望。

那是个人的看法。没准某个天才明天就会改变这一切。说不定别的什么方法会在求解天气方程注定失败的地方取得成功。时间将告诉我们。我知道我把赌注压在什么上。

不可重复的实验

混沌迫使我们修正对实验检验的常规观念。按照常规，你提出理论，作出预言，然后做一个实验证明预言为假。如果实验未证明预言为假，你就说你证实了预言，并且你假定——一个实用主义的而不是逻辑上健全的观点——理论是正确的。

很好。昨晚我做过一个实验，看看水是否往高处流，它果然如此。物理学完了。

你不相信，对吗？让我告诉你实验的情况……

怎么样？请再做一遍？对不起，我做不到……

你不相信，是吗？也一点不错。为了有说服力，实验必须是可重复的。如果两位不同的科学家在两间不同的实验室里做同一个实验，他们应当得到同样的结果。当然，任何可能改变结果的影响都必须得到考虑并加以消除。孟买比新西伯利亚热得多：如果温度大有关系，则印度科学家应在冷柜里进行实验，而俄国科学家则应打开暖气。

但是，从给定初始条件得到的混沌轨线却是不可重复的实验。正像"双（计算）机记"①所说明的那样，它的确是不可重复的预言。你可能争辩，说在给定厂家的计算机上，"实验"是可重复的。但不同的实验室肯定应被允许使用不同的实验装置。

因此，混沌告诉我们，甚至在我们的理论是确定性理论的时候，它的预言并不都导致可重复的实验。只有那些经得起初始条件的小变化的预言，才是检验的好候选者。比如说，吸引子的拓扑结构，或它的分维。

那就是说，我们可以检验比如湍流的混沌模型是否精确地描述流体总体上呈现的性态；但我们不能检验给定的流体粒子是否确实服从纳维和斯托克斯的动力学方程。不是直接地，不是伽利略检验他的重力下运动理论的那种方式。理论的某些细节在实际检验之外。

所有这些都要求——并业已取得——实验家们的响应。我们在前面几章里已经看到了一些例子。要研究混沌系统，实验方法必须重新设计。事实上，混沌的伟大贡献之一，就是实验家们如今以远为几何学的和有意义的方式提出他们的数据——吸引子而非功率谱，庞加莱截面而非时间序列。

梦游混沌

还有许多教训要引出，不光针对混沌动力学。

---

① "双（计算）机记"乃本节之上一节，第二版将此节整个删去了，造成"参见落空"，内容可见第一版中译本 304～305 页。——译者注

凯斯特勒（Arthur Koestler）① 在他的《梦游者》（*The Sleepwalkers*）一书中，把科学发现描绘成一系列凭灵感而铸成的大错。当重要的新思想被发现的时候，几乎没有人欣赏它们；创造这些思想的人，又误解了它们的含义；进展是靠机缘和运气的结合得来的。

当然，那是很粗糙的释义。假如科学所能做的全部事情就是梦游的话，它是走不了多远的。科学的发展方面（它的最大力量之一）以有意识的形式开拓了未曾预料的发现——偶然的或非偶然的，并把它们变成某种高于珍奇价值的东西。

但混沌故事不是没有它的梦游者的。我们的故事中述说的许多重要发现都有同样的虚幻气息。搞研究的人被误解，得不到支持，任凭——而不是由于——科学权威怎么看而坚持下来。相反，为了得到权威们的褒扬，当新兴的、非正统的思想开始证明自身的时候，我们必须完全主动地改变策略。人们会希望略多一点想象力训练，但科学保守主义仍在挡道。先驱者们必须期待着孤独地披荆斩棘，否则科学就要把它的全部时间用来资助没有见识的怪人们。

贯穿混沌方面所有早期工作的一条显著的共同线索是，从事这项研究的人员实质上都是数学家。请注意，他们并不都以数学为业。洛伦兹是气象学家，埃农是天文学家，费根鲍姆是物理学家，梅是生物学家。然而，当过多地专注于"现实世界"可能损害他们对自己的工作能够比一种过分简化要好一些的信心时，他们全都让他们的数学直觉牵着鼻子走。你要是在洛伦兹方程里找物

---

① 凯斯特勒（1905～1983），匈牙利裔英国小说家、科普作家、新闻记者和评论家。——译者注

理学，实际上它根本不存在。对真实动力学的较好近似，并不做像洛伦兹那样的事情——正如当年他的同事们向他指出的。几十年后，其中之一马库斯（Willem Malkus）揶揄道："当然，我们完全没有领会这一点。爱德华根本没有通过我们的物理学进行思考。他思考时通过的是某种普遍的或抽象的模型，这种模型所展示的性态被他直觉地认为是外部世界某些侧面所特有的。"

换言之，洛伦兹像数学家而不是气象学家那样思考。

为现实数学而战

混沌的发现需要许多事和许多人。它需要纯粹数学家发展定性动力学的拓扑方法，并提出充分地一般的问题。它需要物理学家把解答同现实世界联系起来。它需要实验家验证理论是否行得通。它需要电子工程师设计并建造绘图性能良好、捣弄数字的功能强大的计算机。

何者的贡献最重要？

傻问题。你认为哪一样最重要：你的心，你的肺，还是你的脑？

拿掉一样，你就要死。重要的是综合。

不过，以数学家的身份发言，我想说一件事。数学之外的人屡屡批评这门学科缺少与现实的联系。混沌故事只是许多目前正在展开的故事中的一个，这些故事表明这一批评搞错了对象。就像批评肺不能泵血一样。

如果你采取"目的取向"的观点，你会期望湍流认识上的突破（比如说）来自流体动力学家深入细致的研究纲领。事实上，就奇怪吸引子突破而言，这些都不是关键成分——就此而言是这样，不管它遗留下多少尚未解决的问题。关键的理论思想来自拓扑学，一门迄今不以它与流体流动的关系而知名的学科。关键的实验工具是激光器，那时它是被广泛低估了的"解在寻问题"。曾利用这一工具的实验家是物理学家，他们是因研究相变（不是研究流体）而大出风头的。

科学是一个错综复杂、互相连锁的结构。思想会来自任何地方。优秀思想好比传染病：它四处蔓延。没有人能预言它会产生些什么，没有人能把它限制在规定的框框内。思想不与附着的小标签同行：

> 警告——拓扑学。
> 别碰现实世界。

不幸的是，许多人默认它们如此。

批评数学抽象是完全没有领会要点。使数学起作用的正是抽象。如果你太密切地集中注意于数学思想的太有限的应用，你便夺走了数学家那些最重要的工具：类比、普遍性和简单性。数学是技术转移中的终极。在欧拉时代确乎如此：静电学与流体动力学之间的类比对一位数学家来说是显而易见的，在外行人看来则显得荒谬。如今它依然千真万确：我们已看到了为研究湍流中的混沌而提出的方法同样适用于研究麻疹流行病。

但是，技术转移所需要的不仅是技术而已。有些人必须转移它。因此，当数学家应当被鼓励去做数学家做的任何事情——不管外界是否能领会一鳞半爪——时，数学仍仅仅保持为一种艺术形式，除非足够多的人愿意尽力把它应用于数学之外的诸多问题。混沌的故事中有不少这类人物。他们来自所有学科——物理学、生物学、工程学、化学、生理学、天文学，还有数学。他们是真正的

"应用数学家"，他们的所作所为正是这一名称所应当含有的意义。

他们研究数学……

……并且应用数学。

万变不离其宗……

混沌依然是一个热门话题，但每当一个热门话题成为头条科学新闻时，结果总不外是很久以前某个地方有人早就知道了它。在一定意义上。

凭后见之明，你会经常看到不如此刻那么清楚的事物。诀窍与其说在于知道什么，不如说在于知道你知道它。就是说，明白它重要，有一个框架可把它放在里面。

早先的年代就看到了这一图景的一些部分——但从未把它们合在一起。他们不具备提出正确问题的动机，不具备找到答案的工具。他们只见树木，不见森林。

但显然庞加莱比他的同时代人更具远见卓识。为说明这一点，我将不厌其长地引用庞加莱的论著中的一段话。你会发现上述讨论的大部分都包容于其中，即使它几乎是百年前的文章了。标题是：偶然性。

我们觉察不到的极其轻微的原因决定着我们不能不看到的显著结果，于是我们说这个结果是由于偶然性。如果我们可以正确地了解自然定律以及宇宙在初始时刻的状态，那么我们就能够正确地预言这个宇宙在后继时刻的状态。不过，即使自然定律对我们已无秘密可言，我们也只能近似地知道初始状态。如果情况容许我们以同样的近似度预见后继的状

第17章 别了，沉思机

463

态，这就是我们所要求的一切，那我们便说该现象被预言到了，它受规律支配。但是，情况并非总是如此；可以发生这样的情况：初始条件的微小差别在最后的现象中产生了极大的差别；前者的微小误差促成了后者的巨大误差。预言变得不可能了，我们有的是偶然性现象。

为什么气象学家以某种可靠性①预报天气有这样的困难呢？为什么狂风暴雨在我们看来似乎是出于偶然，以致许多人觉得祈雨或求晴是十分自然的，而认为祈祷日食或月食是荒唐可笑的呢？我们看到，大扰动一般发生在大气处于不稳平衡的区域内。气象学家意识到，这种平衡是不稳定的，某处正在产生旋风；可是，他们不能告诉在什么地方；在任何一点多十分之一度或少十分之一度，旋风就在这里突然发生而不在那里突然发生，并把它的破坏波及它本来不会危害的地区。如果我们早知道这十分之一度，我们就能预见这个旋风，但是观察或者不够仔细，或者不够精确，由于这个理由，一切似乎都是出于偶然性的作用。

轮盘赌游戏乍看起来与前例有很大差异，实际上并没有什么不同。设指针绕支点在刻度盘上转动，刻度盘被等分为红黑相间的一百个扇形。若指针停在红扇形上，则算我赢；否则我输。显然，一切均取决于我给指针的初始推动②。假定指针将转十圈或二十圈，不过它将比较快地停下来或不那么快地停下来，这由我推它的力或强或弱而定。推力仅变化千分之一或两千分之一，就足以使指针停在黑扇形或下一个红

---

① 原书引文此句漏引"with any certainty"（以某种可靠性）。——译者注
② 作者漏引"显然，……推动"这一句。——译者注

上帝掷骰子吗？——混沌之新数学

扇形。这些差别是我们的肌肉感觉无法区分的，甚至最灵敏的仪器也无能为力。于是，我不可能预见我推动的指针将停在何处，这就是我的心紧张地跳动、期望全交好运的缘由。①

庞加莱还指出一些关于实验的重要性的思想：

> 当我们想检验一个假设时，我们怎么办呢？我们不能检验它的所有推论，因为这些推论在数目上是无限的；我们只能使我们自己满足于验证某些推论，如果我们成功了，我们便宣布该假设被证实了。②

它再一次印证了我刚刚说过的话。

宇宙的相空间，同第 16 章那硬币的相空间一样，也被它的命运划成了条纹。十亿维相空间，肯定有十亿维的条纹；但那样的话恰恰把事情搞得更糟。纵然宇宙是一个规则的、非混沌的系统，这仍是正确的。当混沌袭来时，条纹变得无限窄，像意大利式细面条和酱混合在一起，变成了有效的不确定性。

所有确定性的赌局都完了。我们所能做的最好事情就是概率。

在这一意义上，骰子对真正的偶然性而言是一个坏隐喻，但对确定性混沌来说却是一个好得多的隐喻。

另一方面，真正的偶然性是什么？庞加莱指出连轮盘赌也是确定性的。或许根本不存在诸如真正无规则的事件那种事。一切皆前定；但我们愚笨得看不出模式。在任何给定的封闭系统内，

---

① 引自《科学的价值》，第 389 页，彭加勒著，李醒民译，石雷校，光明日报出版社，1988 年。译文略有改动。——译者注

② 出处同上，第 405 页。——译者注

永远不变的定律到处通行。当外部影响（在那些定律里不予说明）干扰它们有序的机能时，偶然事件出现。

不存在什么真正封闭的系统（即无外部影响的系统）；在这个意义上，无规则扰动总会出现。不过，它们以略微不能令人满意的方式无规则。已知足够的信息，你觉得你能看见它们到来。

另一方面，归因于确定性混沌的偶然事件甚至在由永远不变的定律决定的封闭系统内都出现。我们最钟爱的偶然性实例——骰子、轮盘赌、抛硬币——看来更接近于混沌而不是接近于外部事件的突起。因此，在这一修正过的意义上，骰子对偶然性而言终究是个好隐喻。我们真的已经提炼了我们的无规则性概念。相空间的确定性的、可能混沌的条纹，可能确是概率的真正根源。

量子不确定度可能跟这差不多。具有完美理性的无限智人——上帝、巨智者或沉思机——实际上可能有能力精确地预言给定的镭原子何时将衰变，给定的电子何时在它的轨道内迁移。但是，凭我们有限的智能和不完善的理性，我们可能永远没有能力找到那秘诀。

的确，因为我们是宇宙的一部分，我们预测它的努力可能干扰它将要发生的事。这种问题令人不快，我不想追究什么东西很可能是无边无际的倒退：我不知道一台计算机将如何工作，如果它的组成原子受它自己的计算结果的影响的话。

复杂性守恒

混沌教导我们，简单的规则会产生复杂的行为。这一发现具有非常正面的方面：它意味着，我们迄今视为过于复杂难以理解的系统，其实受简单规则的支配。它也有负面的方面：能够列出一个系统的规则，其本身并未提供更多的理解。不管怎样，不存在现实的选择：混沌存在，那两个方面都是真实的，作为理性的人，我们的任务是尽最大可能给出这一新的知识。假如你厌倦了关于混沌的每一本书和文章，它仍然在那里。唯一的差别在于，你不知道它在那里。

就个人而言，我未提前考察它。

自从本书第一版出版以来，对混沌理论的一种逆命题日益显著，它对我们认识基于规则的系统具有同样显著的意义。在这里，我只能稍加论及，因为公正地做到这一点，需要另一部书（科恩和我已经写了《混沌之解体》）。我主要想让你尝一些它的滋味，解释它如何与混沌相关。

混沌的这个新伴侣，叫作复杂性理论（complexity theory），它尤其与［由诺贝尔奖得主、加州理工学院粒子物理学家盖尔曼（Murray Gell-Mann）于 1984 年建立的］圣菲研究院相联系。复杂性理论聚焦复杂系统呈现简单行为的趋势——在某个描述层次，而不是在系统的组分上简单。复杂性理论的哲学核心，是涌现（emergence）的概念，即系统会超越其组分，使得"整体大于部分之和"。例如，复杂性理论家把股市崩盘视为复杂的货币系统对大量的个体投资者的行为的一种涌现反应。没有一个投资者能够促使股市崩盘，没有一个投资者确实希望股市崩盘。不过，当投资者之间的相互作用碰巧沿着一个特定的非线性动力学路径时，他们的集体反应互相强化，崩盘就是不可避免的结局。

复杂性与混沌相关，不是巧合。它们都是非线性动力学理论（20 世纪末科学的巨大成功故事之一）的组成部分。只要你允许在你的自然模型中非线性的可塑性，你就会遇到这两个现象。假如你不允许那种可塑性，你就是一个厚皮动物学家，在那个世界里，你认为只由带有大耳朵的大灰动物组成，可是实际上包含你闻所未闻的怪兽。置若罔闻也许是福气，但它是以一个不值得支付的价格购买的福气。

混沌和复杂性都对关于因果的根深蒂固的假定（我将称之为"复杂性守恒"）构成挑战。此种观点认为，简单规则总是意味着简单行为。你要是接受这一点，紧接着而来的是，所有的复杂行为必须来自复杂的规则。这一（通常隐含的）假定引导了科学中的重大运动。例如，它正是我们把生物的复杂性视为一个谜团的原因：此种复杂性"来自"何方？

直至最近，几乎无人胆敢提出，它不必来自哪里。

复杂性守恒的一个问题是，假如简单性直接从规则遗传给行为，那么，很难把复杂的世界与其规则的简单调和起来。寻常的回答是，世界的复杂性来自大量简单组分的相互作用：它之所以复杂，乃是以词典或电话簿是复杂的方式。可是最近，复杂性是守恒的思想受到了一系列数学挑战。如上所述，一个是混沌的发现，其中复杂性通过少量简单组分的非线性相互作用产生。另一个是复杂性理论，它注重其逆命题：由许多个体元素组成的系统中发生的非常复杂相互作用，往往共谋产生大规模又简单的模式——涌现现象。

大多数存在之大谜，看来是涌现现象。心智、意识、生物学形式、社会结构……诱人的是得出结论：混沌和复杂性必然掌握对这些谜团的答案。在《混沌之解体》中，科恩和我指出，至少目前看来，它们没有掌握、不会掌握。混沌和复杂性的角色是至关重要的、正面的：它们促使我们开始问一些明智的问题，停止做出关于复杂性或模式之源的天真假定。它们对许多特殊的科学问题提供了回答，开辟了思考它们的新途径。它们甚至产生了商业回报。但是，跟生命、宇宙和万物的大问题相距甚远，他们只是代

上帝掷骰子吗？
——混沌之新数学

表了沿着一条困难路径的小小的第一步。

什么是复杂系统？没有一个公认的数学定义，但是一般认为，它应该不能精确描述系统的行为，即使它具有组织的明确元素。复杂系统既不有序，也不无规则，但是以一种非常微妙又显著的方式把这两种行为的元素组合起来。

存在着许多种类的复杂系统。复杂性可以是纯粹空间的——系统呈现复杂的模式，但是模式不随时间而改变。一个例子是 DNA 分子，带有双螺旋，其"密码子"（人体中大约有十亿个）有复杂的序列，预设了产生生命所需的化学计算。复杂性可以是纯粹时间的——空间结构在任意时刻是简单的，但它随时间以复杂的方式改变。一个例子是某些固定商品（比如黄金）的市场价格，在任意时刻都只是一个数，但它随十分短的时间间隔怪异地改变。系统既可以在时间上、也可以在空间上是复杂的，比如人脑，其数以亿计的神经细胞以一种有组织又复杂的方式勾连在一起，还有不断改变的电信号模式。复杂系统也可以是适应的，对外部影响作出反应，或甚至是其自身行为的结果，从中"学习"——改变自身作出回应。例子包括生态系统和演化的物种。其他的复杂系统例子，包括热带雨林、活细胞、整只猫，或者国民经济。

在此意义上，复杂系统不仅仅是"复杂的"。太妃糖中的长链分子跟 DNA 中的一样复杂（complicated）：它们都包括众多原子，详细列出其结构都需要许多的空间。但是，它们又不一样复杂（complex）：它们缺少 DNA 的有组织的方面。太妃糖中的分子基本上是碳、氧和氢原子的无规则集合体，受制于各自在给定区域如何搭配的几条通则。复杂性（complexity）与复杂（complication）之间的差异，就像《哈姆雷特》的文本与随机数表之间的差异。

复杂性得到阐明的一个领域，是演化理论。生物学家长久被生命系统成为愈益有组织的能力——貌似违背热力学第二定律（它指出：处于热力学平衡的任何封闭系统将变得越来越无序）——所迷惑。对这一难题的部分回答是，生命系统既不是封闭的，也不是处于平衡态，因为它们从外部摄取能量，而且运动不息。可是海洋也汲取能量，也运动不息，所以，单单这些特征不能解释活的生物的奇异的有目的行为。其他的演化难题，包括物种中的突然快速变化以及大规模灭绝。达尔文（Charles Darwin）是一个渐变论者：他说"自然不做跃变"。可是，化石记录充满了跃变。有的物种（就像恐龙的死亡）如今被认为是由外部灾变所致——在此种情况下，著名的 K/T 小行星于 6 500 万年前在墨西哥海岸附近撞击了地球——但并非全部。复杂性理论家进行了"人工生命"的计算机实验，尽管这些行为可能让我们吃惊，它实际上非常平常。是我们的直觉，而不是宇宙，怪异地行事。例如，你可以在计算机内部建立一个 0 和 1 自我复制串的人工世界，让它们为存储空间竞争，允许偶然的随机突变。过一段时间，你会发现越来越复杂的自复制串，劫持其他串的复制方法的寄生串，必须合力复制的社会生物……就像达尔文在实际生命中观察到的。你往往看到多样性的突然爆发，具有新的"物种"形成，突然大规模灭绝，这一切都作为计算机的简单行为规则的结果而自发产生。我们还是不知道为什么这种事情会发生——但是计算机实验反复表明，它确实发生，它很常见，唯一的奥秘在于我们缺乏理解。

并不存在什么"复杂性守恒定律"告诉我们：就其自身而言，简单系统从未变得更加复杂。

复杂性建基于混沌概念之上。事实上，复杂性理论中的一个玄妙词——更准确地说是时髦短语——是"混沌边缘"（edge of chaos）。有些系统以很简单的方式行事，钟表宇宙有规则地咬合齿轮。有些系统以复杂得多的方式呈现混沌行为，其极端表现是气体分子的完全无规则运动。居于其间的，是更加有趣的行为类型——复杂又伴有模式迹象。这些复杂又有组织的系统，看上去恰好处于秩序与混沌之间的转变，即"混沌边缘"。要点在于，选择或学习驱动它们趋向这一边缘。过于简单的系统无法在一个竞争环境里生存，因为更加复杂的系统通过利用其规则性智胜它们。（如果快递公司总是每周五上午 10 点从银行收集薪资，按照同样的路线，那么，劫匪可以很容易实施抢劫。）过于无规则的系统也无法生存，因为它们从未把事情搞协调。（要是快递员依循完全无规则的路线，花费太长的时间到达银行，那么，其他公司在它们最终到达之前就会接手这项工作。）因此，用生存术语来讲，它必须尽可能复杂，又不变成完全无结构的。演化系统被迫居于混沌边缘。

　　复杂性理论解释的是，何种类型的系统趋于复杂和组织自身，为何它们如此，此种行为生活在从完全有序到完全混沌的动力学谱系的什么位置。其未来目标是，建立一系列协调、综合的方法来理解我们在自然中发现的复杂系统，以一组简单的基本原理来刻画其行为。

机器中的山羊

　　那是复杂性理论家所说的，可是另一些理论家不赞成。争论的核心并不在于，正如人类可以理解的那样，宇宙确实是那样运行的。它是关于解释，不是实质。科学中解释的传统观点相当简单：某个现象的解释，是从自然定律推出该现象。我们把这一观点概括为图 153，对应思维过程的图示表达：我们从自然现象向下看"思维漏斗"，"看见"内禀的规则。我偏爱那个词，是因为

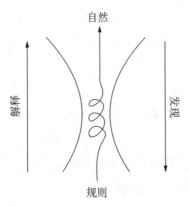

图 153　由思维漏斗图像阐明的
　　　　科学解释的过程

"定律"具有终极真理的寓意，没有一个科学领域可以合法地声称那种状态。请注意：解释的箭头向上指，从规则到现象，而发现的箭头相反。我将把显示解释箭头的图标准化。"解释"的这一范式，出现了好几百年，在牛顿及其同时代人的著作中达到顶峰。随着科学家们俯视越来越多的思维漏斗，他们开始发现越来越多的通用规则。例如，称为"量子力学"的规则从化学向下的思维漏斗得到发现，因为它们在化学中解释了化学键；它们也从宇宙学向下的思维漏斗里发现，因为它们在宇宙学里解释了大爆炸中的宇宙起源。发现同样的规则解释截然不同的事物令人印象深刻，这导致一种通感：许多漏斗都通用的规则，必然是比不通用的规则更为"基本"。

现代科学的大多数漏斗，最终以两套规则告终：量子力学与广义相对论。遗憾的是，这两套规则是相互矛盾的。量子力学是不确定的，把物质视为终极不可分的；广义相对论乃是连续空间和时间的确定性理论。此种矛盾在哲学的，而不是操作的，其中，这些观点只有一个适合于大多数问题，所以，我们不必迎头面对这个矛盾。然而，此种矛盾意味着没有一个理论可以是真正基本的。摆脱这一僵局的一条途径，是找到既能解释量子力学又能解释广义相对论的"更为深层的"那组规则。这种孜孜以求的大综合，被称为"万物至理"（Theory of Everything），因为它位于所有的思维漏斗的最底层（图 154）。

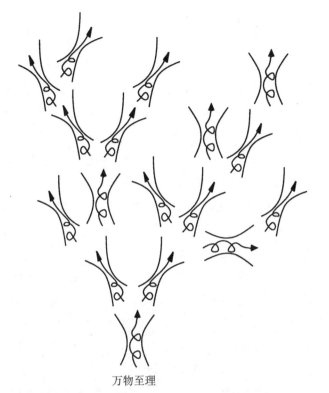

万物至理

图 154　每一个漏斗的底层，存在一个万物至理吗？

对万物至理的信念，实质上是基要主义的。这种解释概念所持的哲学立场是受到尊敬的、值得的：它被称为还原论。它导致一种科学模型，规则的层级，每一个规则都在一个适当的解释层次上有效。给定层次上的规则，至少是对在较低层次上那些规则的某个有用近似度的结果。更深的层次更为基本，假如万物至理存在，它应当位于最深的层次。一种极端、常见的观点认为，它不仅仅是对真理的一种有用近似：它就是真理。

在何种程度上，科学的还原论观点对应于宇宙实际上如何运行？

　　宇宙的复杂性以多种多样的方式呈现。请做个深呼吸：那看上去很简单，可你利用的氧是太阳能（可能通过与树叶中的叶绿素发生化学反应）从水中分离出来的。需要几十页篇幅的复杂的化学方程和力能学方程解释光合作用的生物化学，我们已经看到，科学在字面上不能预言把最终的氧分子带入你的肺的天气模式，即使这些方程非常简单。氧一旦到达那里，事情就不那么简单了。你的肺，是错综复杂的、异质分形的。氧扩散入血液，取决于血红蛋白行为的化学规则。血红蛋白和光合作用色素叶绿素，都是非常复杂的化学机器，其中，形状随其功能的变化很难被我们最复杂的计算机加以模拟。

　　观察一只注视灌木丛的山羊。设想一下山羊眼睛里的所有视锥细胞，所有与山羊大脑的连接，山羊行走时的所有肌肉；山羊视皮层进行的所有图像处理算法，从大脑到肌肉的所有控制信号。观察山羊漫步，吃一口树叶。山羊咀嚼肌磨碎树叶的方式让专家们很难理解，至于树叶在其特殊的胃里遇到细菌时叶浆发生了什么……

　　还存在着大规模的简单性。有一些简单的生态学模型，解释吃树叶的山羊如何把富饶平原的撒哈拉（曾经给古罗马人提供了大量的食物）变成了沙漠。它们警告，希腊山羊/橄榄树经济正沿着同一个方向——但试图向希腊橄榄树种植者解释那种情况。

　　你所见之处，都有诸如分子、树叶、山羊之类的事物，对人而言过于复杂，简直是刚刚开始认识，其过程只是被专家们以非常简单的方式加以追踪。我们不是把简单性视为还原论者的漏斗，而是已经陷入还原论者梦魇（图155），其中的漏斗不断分支下去，没完没了。

　　在某种程度上，这些问题是不可避免的；科学就是"如此这

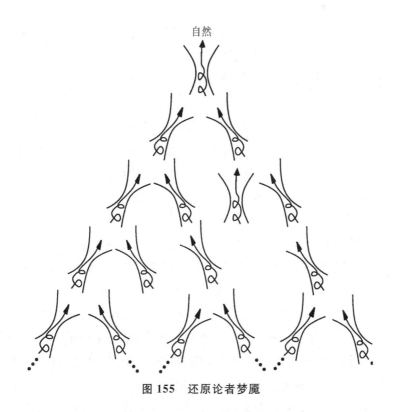

自然

图 155 还原论者梦魇

般"。但是，我们是否总是通过适应此种还原论者梦魇的方法论来打造魔杖？复杂性理论表达了对此种方法的反动，它对科学家的智识武库是一个受欢迎的补充。

简单性理论

与还原论者梦魇相反，我们的大脑向世界的一个截然不同方向演化——"应急"方法，而且十分有效。当我们告诫你别让山羊进入你的玫瑰花园之时，你明白我的意思，明白为什么。"山羊吃叶子"是一个简单思想。不需要掌握高等数学，就可以把山羊从玫瑰花园里牵出来——用牢固的栅栏围起来。那种栅栏的详细分析远远超出任何材料结构方程之外，但是我们大多数人可以建造一个防山羊栅栏。同理，山羊不需要精通非线性弹性方程来发现那个栅栏比其建造者可能想象得要弱。

我们确实需要的，是简单性理论，不是复杂性理论。

有一种还原论科学的话语声称，即使山羊不知道它，隐含复杂的事物必然运行山羊内部的东西，使之行为如此。当你建起防山羊栅栏，你正在接入经过数百万年演化精炼的人体肌肉-神经程序，塑造同样复杂的木材，移动土壤，安装一个拓扑学上适当的壁垒。对你和山羊而言，它看上去是简单的：可是它实际上并非如此简单。但是，不管宇宙的深层结构是否恰好与这种话语吻合，我们仍然推断，表观简单性基本上就位于我们这个复杂世界里。

我不认为这种还原论话语是理解山羊和玫瑰丛的交互动力学的唯一——或者最好——方式。山羊行为"确实"是山羊与花丛的分子结构的逻辑后果，没有人在那个层次在心里实际冥想它。我也不认为宇宙确实就像它看上去那么简单，人们（以及也许山羊）可以掌握支配表观复杂性的那些相当简单的规则。这（不过）是作为常识的科学观，于是科学方法的目的变成了透过复杂性、抽取其背后的简单性。（再次隐含的）假定是，一旦我们知道了定律，剩下的一切都迎刃而解。如上所述，这种观点的最基要主义版本就是寻求万物至理。

探求科学的这两种方式，还原论话语和常识，都是还原论的：差别在于，第一种方式把系统"简约成"愈加复杂的子系统（比如，通过模拟血红蛋白的分子结构，或者人类基因组测序），第二种方式则用简单规则取代复杂行为来获得复杂性的真正约化。可是，无论在哲学层面还是在实际层面，作为自然现象的解释，这

上帝掷骰子吗？——混沌之新数学

两种方式都不完全令人满意。

我把寻求自然定律的单个终极系统描述为"基要主义的"，出于两个原因。一个是这样的声称，此种系统确实揭示了宇宙的真正基础。另一个是，粒子物理学的基要主义乃是基要主义宗教的镜像。两者都把宇宙的所有复杂性视为一个来源，只不过一个是底层的"万物至理"，另一个是顶层的"上帝"。粒子物理学家把一切自然都化归万物至理，并且声称这就解释了整个宇宙；基要主义宗教则把一切自然都化归为上帝的意志，并且声称这就解释了整个宇宙。物理学家洞察系统寻找其本原；宗教基要主义者则外求其本原。

这两种基要主义，都可以产生导致由其基本原理到吃玫瑰丛的山羊的一致叙事，都对此满意。宗教叙事也许聚焦于在上帝的创世方案里的山羊的重要性；科学叙事可能是攀登还原论层级。两者都可以讲述解释山羊为什么吃玫瑰丛的叙事。但是，我们对一个不同的问题感兴趣。无论哪种类型的基要主义，在没有它就不能出现的意义上，都不能给出任何协调的论证，解释为什么山羊偏爱吃玫瑰丛取决于其基本原理。

事实上，粒子物理学家用两种方式使用"基本"一词。在"基本粒子"这个短语里，这个词指的是，当你以越来越高的能量把物质轰击成越来越小的部件时，你得到的东西。相反，在"自然的基本定律"里，它指的是内心深处这样的假定，这就是自然运作的方式。这两种含义的混淆的一个好例子，是温伯格（Steven Weinberg）的《终极理论之梦》[1]，对万物至理之梦的坚决捍卫。

---

[1]　中译本《终极理论之梦》，李泳译，湖南科学技术出版社，2003年。——译者注

他在书中指出，粒子物理学是基本的（含义1），因此它是认识其他一切的基本先决条件（含义2）。然而，这是一个不合逻辑的推论。反之，倒是成立的。我们对大多数自然现象的认识，必然与基本粒子相互作用的精细细节无关，大多数其他事物生活在还原论者"万物之树"内部的足够多的层次上。其原因，且听下节分解。

可替换性

目前的科学，不拥有什么真正基本的理论——不是在它们描述自然如何实际运作的意义上。它们都是近似，在某个合理界定的范围内有效。量子力学在亚微观层次上很管用。广义相对论描述整个宇宙很棒，但不是对诸如双星那样貌似直截了当的系统，对这样的系统，感觉上甚至不可能建立方程。科学是模型的拼凑物，每一个模型在其范围内是极其精细的。当那些拼块交叠时，那些模型总体上不一致。有些分歧是相对无害的：原子理论与连续统流体力学在水的精细结构上是有分歧的，分别把它视为离散的和无限可分的，但在宏观规模上，连续性与离散性彼此都是有效近似。另一些分歧，则是致命的：例如，天体物理学的最流行理论与宇宙学的最流行理论都迫使我们接受，恒星比包含它们的宇宙还要老。如今的科学，是局部有效模型的多元主义拼凑物，而不是全局一元体。是的，它之所以成功，因为它就是局部有效模型的多元主义拼凑物。

我们的解释概念，也是一个拼凑物。对此符合得很好的一个哲学模型，是道金斯（Richard Dawkins）所称的"层级还原论"（hierarchical reductionism），它把科学理论视为层级结构，有些理论位于不同层次上的另一些理论，对应于现象的不同描述层次。

（层级并不是坚固的，层次有点像墙上的砖层。）例如，生态系统的复杂性由将其回溯到生物体的复杂性来解释；生物体由空间上组织的蛋白质及其他大分子的生长来解释；生物体的复杂组织回溯到其 DNA 密码的线性复杂性；DNA 的复杂性回溯到更简单原子的组合，如此等等，回溯到万物至理。

道金斯正确地指出，为了理解它，不必要把每一个现象都回溯到这一还原链。为了理解 DNA，化学可以被视为"给定的"；为了理解生物体中蛋白质的生产，DNA 可以被视为"给定的"，等等。可是，当我们把某物视为"给定的"，是什么意思？

律师有一个概念，叫作"可替换性"（fungibility）。假如一物替换另一物，没有什么法律后果，该事物就是可替换的。例如，同一家生产商用同样的标准质量生产的烘豆罐头，是可替换的：当助理注意到你买的那个罐头有压痕时，商店负责调换，你就不必提起法律诉讼。新调换的罐头包含 1 346 粒豆子，旧罐头有 1 347 粒豆子，这个事实在法律上是无关的。

那也是"视为给定的"之含义。攀登还原论层级的解释，乃是可替换性的级联。此种解释是可理解的，从而是令人信服的，只是因为，叙事的每一阶段仅仅取决于前一阶段的特别简单特征。向下一两个层次的复杂细节，不需要无限制地向上荷载。此种特征，乃是逻辑链条中的智识休止符。例子包括以下的观测，原子可以被装配成许多复杂结构，使得分子成为可能，DNA 双螺旋的复杂、精巧几何结构允许"编码"制造生物体的复杂指令。随着 DNA 编码的计算能力，向上到山羊，不必陷入氨基酸的量子波函数，这个叙事于是可以继续。

当用这种结构讲故事时，我们倾向于忘记的是，它可以有许多不同的开端。让我们从分子层次出发的东西，会做得一样好。

完全不同的亚原子理论就此故事有同样有效的出发点，只要它导致可复制分子的同样一般特征。从山羊层次看，亚原子粒子理论是可替换的。它就是那样，要不然，不首先取得亚原子物理学博士学位，我们决不能搞定山羊。

因此，只有该叙事的图线确实出现于解释之中。在任何给定的层次上，诸多细节可能显著变化，没有对叙事思路、结尾或者它产生的信服度具有任何影响。我的意思不是现实宇宙可以有许多不同的方式运作事情：我的意思是，此种差异对解释没有什么显著影响。科学就是围绕解释——假如不围绕解释，科学就会被一系列事实清单所取代，但是正如梅达沃（Sir Peter Medawar）曾经指出的："理论破坏事实"，意思是，单个理论可以解释许多事实，从而使之变得肤浅。所以，真相在于，大多数科学完全不受长期寻求的万物至理的发现影响。

那不意味着它没有意义，也不意味着它不重要。它只是意味着，它在含义2上不是基本的：认识其他事物的先决条件。粒子物理学家可以放心或不放心地与此种寻求相处：这种寻求对科学的其余部分的健康无关紧要。我很怀疑，当美国国会撤销了对超级超导对撞机（其公开宣称的目的是使物理学更为接近万物至理的造价数10亿美元的加速器）的资助时，他们隐约地认识到，"基本"一词有不止一个含义。

蚁国

如果我们不诉诸基要主义，就必须为大规模简单性的发生找到一个不同的路径。我认为，这一路径近乎总是涌现（emergence）。

涌现的一个简单例子出现于朗顿（Chris Langton）的蚂蚁，一个由圣菲研究院的朗顿发明的基于规则的数学系统。它是一个复杂性理论在简单的基于规则系统中如何产生新概念和揭示新型行为的简单例子。从一个方块网格出发，方块可以处于两个状态之一：非黑即白。为简单起见，假定一开始它们都是白的。蚂蚁从网格的中央方块出发，朝向某个选定的方向（比如东）。它向该方向爬行一个方块，看它所在方块的颜色。如果它所在方块是黑的，就把它涂白，然后向左转 90 度。如果它所在方块是白的，就把它涂黑，然后向右转 90 度。蚂蚁按照那些同样简单的规则不断爬行下去。

不管（不，由于）其简单性，那些规则产生了惊人复杂的行为。大约头 500 步，蚂蚁不断回到那个中央方块，留下一系列颇为对称的花样。接下去的 10 000 步，图像变得混沌。突然——仿佛蚂蚁最终下决心要干什么——它反复沿着刚好 104 步的序列，沿西南两个元胞运动，没完没了地继续，形成一个对角带，称为公路（图 156）。这个简单的大规模特征，在以下意义上，由低层次的规则涌现。从那些规则诱发公路产生的唯一严格方式是，运行每一次 10 000 步左右，都会产生 104 步循环的开始。于是，你可以很容易地解释为什么此循环不断反复，如此这般，产生一条公路。所以在这里，我们有了一个特征，其存在性仅仅通过向下使其漏斗梦魇分叉的还原论话语，目前可以得到严格证明。

OK，但那只取了 10 000 步——并非如此巨大。是的；然而，朗顿的蚂蚁的某些亲戚也建立了公路——但只是在几千万步之后。谁知道在另一个蚁样系统里那个前公路阶段到底有多长？不仅如此。计算机实验强烈表明，朗顿的蚂蚁总是以建立公路告终，即使你在它出发前围绕网格散布有限多的黑方块。没有人能够证明这一点，还原论话语肯定不能做到：存在着无限多的不同

图 156　朗顿蚂蚁的动力学中的三个阶段。在右图底部,公路清晰可见。随着蚂蚁不断遵守其规则,它将不断生长

方式散布黑方块, 所以你的证明必须无限长。于是在这里, 我们有了一种似乎普适的高层次简单性,可是它目前不能由该系统的万物至理推演出来。即使我们知道在此种情形下的万物至理。故在此, 万物至理缺少解释力: 它预言了一切, 却什么也解释不了。

　　我们可以把朗顿的蚂蚁视为, 还原论者梦魇的自上而下还原论与万物至理的自下而上还原论之间鸿沟的象征。自上而下分析从自然推进,把思维漏斗俯视为看看其内部有什么。自下而上分析由万物至理推进, 通过以一种层级方式推演那些定律的逻辑后果来提升描述层次。我认为, 顶层与底层未交会, 这就是为什么涌现现象表现得超越产生它们的系统。科恩和我称此为蚁国顶层与底层之间的"无人地带"(图 157)。

　　此种逻辑的还原论链条, 如何颠覆蚁国? 它没有——只不过希望你别在意那条鸿沟。例如, 想象牛顿万有引力定律, 其中由均匀数学球体证明的结果毫无疑义地适用于非均匀的、非球体的行

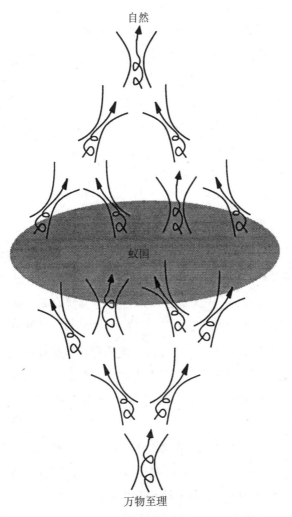

图 157 蚁国

星。那些数学规则解释了球体的引力场；这种解释——靠类比而非逻辑——转化为行星。我不否认这一过程往往管用，我不认为它是坏科学。但它明确打断了还原论的逻辑链条。

更糟的是，它鼓励了那个令人舒适但哲学上危险的幻觉：规则的简单性，直接导致真实星球椭圆轨道的简单性。此种解释叙事必须穿过蚁国——涌现现象生活的地方，复杂性无中生有的地方，系统在没有同样复杂的东西告诉它们应该如何行事的情况下把自身组织成更为复杂系统的地方。很少有科学家意识到蚁国存在，更少有科学家有意探索蚁国。

简杂性与复单性

探索蚁国并不容易，因为这样做，你需要一个明白晓畅的、有效的涌现理论。我不认为迎复杂性而上——例如在人类基因组工程中所尝试的那样——就是答案。当我们被我们无法组织它的海量信息所压倒时，它只不过延迟了那个不可避免的咯吱声。我们需要一个新型的理论，一个更为整体的理论，在此理论中，高层次的模式可以不回溯到低层次的规则来理解。我给它一个名字："形态数学"（morphomatics）。我没有一个"它"（it）贴上这个名字。

如今的数学显示，此种理论在原则上是可能的。现代动力学系统理论，既是还原论的，也是整体论的。当它利用微分方程把流体流动推演为巨量小骰子的相互作用时，它是还原论的。但它在其武库里还有不同的武器：诸如连续性、连接性、对称性之类的大规模定性原理。除了方程的低层次算法，它还有吸引子的高层次几何。因此，在这一数学领域里，自上而下方法与自下而上方法在中间相会，融汇成比单独一个方法都要强大的方法。然而，动力学系统理论仍然具有其自身的蚁国领地：它的威力是有限的。

广义而言，对科学的一个堪比方法（comparable approach）并不存在。复杂性理论乃是那个方向上的一步，但它遇到了该问题本性的一个有限观点。在《混沌之解体》一书中，科恩和我把涌现现象分为定性不同的两类——并非出于完全轻佻的原因——我们称之为简杂性（simplexity）和复单性（complicity）。简杂性是那种由朗顿的蚂蚁公路所代表的涌现：大规模模式在基于规则系统内出现，但其由规则的细致推演是巨长的、海量的（也许是未知的）。来自现实科学的一个例子是物理学家的信念：晶格的结构是量子力学定律的结果。这成立存在着各种各样的间接证据，可是没有已知的证明。现在，复杂性理论主要围绕简杂性。

复单性更为微妙，也更为重要。当两个（或两个以上）基于规则系统相互作用时，它现身。在此情形下，发现新的高层次规则性由此种相互作用而涌现，并非不同寻常。那些相互作用，往往是未知的（因为它们不是任何一个子系统的规则的组成部分）。复单性的一个现实世界例子，是吸血动物的演化。当早期哺乳动物解剖规则（血液）与蚊子的祖先规则（它们发育出吸食液体，可能是水的器官）相互作用时，这就发生了。依靠创造性的巧合，吸水的蟓偶然能够插入人的皮肤。两种发育空间的这种碰撞，促使它们以在各自发育空间都不存在的一种新的方式共同演化。此种合谋共同演化（complicit co-evolution）的结果，就是适应吸食人体血液的昆虫。一个后果是疟疾，立在初始复单性顶层的更为可预言的简杂性。

传统科学把自然中的规则性视为规则定律的直接反映。那种观点不再无懈可击。宇宙依赖于单个基本规则系统，我们所需做的一切就是发现它，此种观点也不再站得住脚。而是，在每一描述层次，都存在——必然存在——规则。在某种程度上，我们自己选择了其中规则产生的那种描述的类型，因为我们的大脑不能应付粗糙的复杂性。每一个人都给他的大脑、感觉器官编程，随着发育，特别是幼儿时期，从其环境中抽取有意义的特征。简单规则之所以存在，是因为简单性在较低的描述层次上由复杂相互作用涌现。宇宙乃是交叠规则（overlapping rules）的多元体。诸多规则之间的鸿沟，位于蚁国，简单性和复杂性在蚁国不仅不会守恒，而且互相转化。

这就是，混沌理论及其伴侣的深刻启示。它们的数学方法将会解释越来越多的令人迷惑的现象，产生使商人和政府开心的越来越多具体的、纯经济的应用。可是，探求这些新理论的真实原因，是一个智识原因。随着我们习惯于这些新的思维模式，对我们如何认识世界，它们将产生根本的、不可逆转的改变。

尾声

与上帝对掷

偶然性是上帝在不想签署时的假名。

——法朗士（Anatole France）①

上帝要是掷骰子……

……他会赢的

---

① 法朗士（1844～1924），法国作家。——译者注

延伸阅读

甚至耶和华，

在摩西把"十诫"

刻到了石上之后

可能会想：

我时常忘记

我真正想说的事。

——莫利（Christopher Morley）[1]

普及书

1. John Barrow, *Theories of Everything* （Oxford: Oxford University Press, 1991）［对"万物至理"的可读性很强的批判性解说。］

2. John L. Casti, *Paradigms Lost* （London: Scribners, 1989）［科学世界观之改变的资料丰富的讨论。］

3. John L. Casti, *Searching for Certainty: What Scientists Can Learn about the Future* （New York: Morrow, 1990）［对现代还原论科学的良好概述，具有许多不完备性和情境性的提示。］

4. Arthur C. Clarke, *The Colours of Infinity* （London: Strange

---

① 莫利（1890~1957），美国记者和作家。——译者注

Attractions, 1992）［你想知道的关于芒德勃罗集的一切：优雅又透彻的数学描述。］

5. Jack Cohen and Ian Stewart, *The Collapse of Chaos*（Harmondsworth: Penguin Books, 1995）［《上帝掷骰子吗？》三部曲之三：在混沌和复杂性之外。"我有生之年读过的最激动人心、振聋发聩的著作。很高兴获悉：我以为我知道的大多数事情都是错的。"——普拉切特（Terry Pratchett）］

6. Peter Coveney and Roger Highfield, *The Arrow of Time*（London: Flamingo, 1991）［对时间反转和混沌的良好又不武断的解说。］

7. Paul Davies（ed.）, *The New Physics*（Cambridge: Cambridge University Press, 1989）［关于量子及其他的背景：包含福特（Joseph Ford）引入其信息理论方面的关于混沌的优美文章。］

8. Freeman Dyson, *Disturbing the Universe*（New York: Basic Books, 1979）［最为睿智的头面物理学家的关于宇宙的深刻思想。］

9. Freeman Dyson, *Infinite in All Directions*（New York: Basic Books, 1988）［同上。解释为什么"宇宙热寂"是一个误导的意象。］

10. J. Richard Eiser, *Attitudes, Chaos, and the Connectionist Mind*（Oxford: Blackwell, 1994）［关于意识，非线性动力学告诉我们什么。］

11. Ivar Ekeland, *Mathematics and the Unexpected*（Chicago: University of Chicago Press, 1988）［对动力学中机遇与混沌的优美、文学性的导读。］

12. Ivar Ekeland, *The Broken Dice* (Chicago: University of Chicago Press, 1993) ［续集，围绕挪威传奇编写。与其上一本书一样好。］

13. Richard P. Feynman, *QED: The Strange Theory of Light and Matter* (Harmondsworth: Penguin Books, 1990) ［透彻解释量子力学关于宇宙必须说的。自当他不担心量子理论的含义是什么时的时期的日期。］

14. Michael J. Field and Martin Golubitsky, *Symmetry in Chaos* (Oxford: Oxford University Press, 1992) ［在对称性存在的情况下，混沌看起来是什么样子，连同对模式形成的可能应用，令人惊奇的图文书。最新的研究数学，显示混沌和稳定形式可能共存。］

15. Alan Garfinkel, *Forms of Explanation* (New Haven: Yale University Press, 1981) ［我们所说的"解释"是什么含义？论证仔细、严谨。］

16. Ronald N. Giere, *Explaining Science* (Chicago: University of Chicago Press, 1988) ［科学理论的哲学。］

17. James Gleick, *Chaos: Making a New Science* (New York: Viking, 1987) ［关于个性，但不完全关于坚实科学的精彩。］

18. James Gleick, *Genius: Richard Feynman and Modern Physics* (London: Little, Brown and Co., 1992) ［一部优秀的传记，在这位 20 世纪伟大物理学家之一的娱乐方面略有欠缺，但阐明了他对物理学深刻方面的思考。］

19. John Gribbin, *In Search of Schrödinger's Cat* (London: Black Swan, 1992) ［关于量子力学意义的优秀科普书。］

上帝掷骰子吗？——混沌之新数学

20. Nina Hall （ ed. ）, *The New Scientist Guide to Chaos*（Harmondsworth: Penguin Books, 1991）[对于普通读者的专家文章的结集。对混沌的科学内容的最佳入门书之一。]

21. Helge S. Kragh, *Dirac: a Scientific Biography*（Cambridge: Cambridge University Press, 1990）[一部很棒的传记，考察了狄拉克对丑陋真相之前的美丽错误的嗜好。]

22. Thomas Kuhn, *The Structure of Scientific Revolutions*（Chicago: University of Chicago Press, 1962）[这部书将科学呈现为范式转移的集合，使得社会科学家不再感到内疚：他们不能取得与物理科学家同样的成功。]

23. Roger Lewin, *Complexity: Life at the Edge of Chaos*（New York: Macmillan, 1992）[对圣菲研究院的人物描写。]

24. Benoît Mandelbrot, *The Fractal Geometry of Nature*, 2nd edn.（San Francisco: W. H. Freeman, 1982）["分形之父"写分形。透彻、优雅、挑衅、晦涩。]

25. Michael McGuire, *An Eye for Fractals*（Redwood City, CA: Addison-Wesley Publishing Co., 1991）[大自然中分形对象的照片集。]

26. David Peak and Michael Frame, *Chaos under Control*（New York: W. H. Freeman, 1994）[副标题为"复杂性的艺术与科学"，有许多关于元胞自动机的内容。图文并茂，幽默十足，赏心悦目。]

27. Heinz-Otto Peitgen and Peter H. Richter, *The Beauty of Fractals*（New York: Springer-Verlag, 1986）[世界上第一部数学咖啡桌书。]

28. Ivars Peterson, *The Mathematical Tourist*（New York: W. H.

Freeman, 1988）［为普通人选择的论题, 包括混沌和分形。］

29. Ivars Peterson, *Islands of Truth* （New York: W. H. Freeman, 1990）［续集, 包括复杂性和分形对聚集的应用。］

30. Clifford A. Pickover, *Computers, Pattern, Chaos, and Beauty* （New York: St Martin's Press, 1990）［关于数学研究边缘的视觉探险。］

31. Clifford A. Pickover, *Computers and the Imagination* （New York: St Martin's Press, 1991）［同上, 更多探险。］

32. Ilya Prigogine and Isabelle Stengers, *Order out of Chaos* （London: Flamingo, 1985）［非平衡热力学与结构涌现。］

33. Przemyslaw Prusinkiewicz and Aristid Lindenmayer, *The Algorithmic Beauty of Plants* （New York: Springer-Verlag, 1990）［一部优美的图片书, 显示分形的数学结构可以复现植物的分支模式。大自然之复杂性中的神秘秩序。］

34. Ed Regis, *Great Mambo Chicken and the Transhuman Condition: Science Slightly over the Edge* （New York: Addison-Wesley Publishing Co., 1990）［包括人工生命（复杂性理论的一个支柱）在内的非正统科学的一个胡乱、古怪、不忍释手的合集。特立独行大师们的故事。］

35. Rudy Rucker, *Mind Tools* （Harmondsworth: Penguin Books, 1989）［很棒、激动人心又偶然恼人的流行数学。］

36. David Ruelle, *Chance and Chaos* （Princeton: Princeton University Press, 1991）［混沌理论的数学奠基人之一的妙语, 关于时间可逆性的内容非常棒, 非常可读。］

37. Manfred Schroeder, *Fractals*, *Chaos*, *Power Laws*（New York：W. H. Freeman, 1991）［对通俗与专业之间某处的透彻巡礼。］

38. Julien C. Sprott, *Strange Attractors*（New York：M&T Books, 1993）［对于靠计算机研究混沌的人，是非常好的图解指令。附光碟。］

39. Philip Stehle, *Order*, *Chaos*, *Order*（New York：Oxford University Press, 1994）［在词典原义上使用"混沌"，量子物理学资料丰富、可读的历史。］

40. Ian Stewart, *Les Fractals*（Paris：Belin, 1982）［漫画书，法文。］

41. Ian Stewart, *From Here to Infinity*（Oxford：Oxford University Press, 1996）［《数学问题》的新版。对于非专家的数学当前状态的概览：包括分形、动力学系统、混沌。］

42. Ian Stewart and Martin Golubitsky, *Fearful Symmetry*: *is God a Geometer*?（Oxford：Blackwell, 1992）；（Harmondsworth：Penguin Books, 1993）［《上帝掷骰子吗?》三部曲之一。以全新的方式考察模式、复杂性和自然界中秩序的产生。对称的混沌。］

43. Mitchell Waldrop, *Complexity*: *the Emerging Science at the Edge of Order and Chaos*（New York：Simon & Schuster, 1992）［涌现如何变得可尊重：详细考察圣菲研究院及其正在建立的那些理论。］

44. Steven Weinberg, *Dreams of a Final Theory*: *the Search for the Fundamental Laws of Nature*（London：Hutchinson Radius, 1993）［一个领军的倡导者解释他所指的"万物至理"的含

义。富有思想，奇妙；隐含假设：在"终极构件"意义上的"基本"，等同于在"其余一切的基础"意义上的"基本"。]

提高书

1. Ralph H. Abraham and Christopher D. Shaw, *Dynamics: the Geometry of Behavior*（4 vols.）（Santa Cruz: Aerial Press, 1988）［来自"视觉数学文库"——严肃动力学的漫画式处理。]

2. D. K. Arrowsmith and C. M. Place, *An Introduction to Dynamical Systems*（Cambridge: Cambridge University Press, 1990）［给数学本科生的绝好教材。]

3. Michael F. Barnsley, *Fractals Everywhere*，2nd edn.（Boston: Academic Press, 1993）［附有大量插图的高等数学教科书：解释了分形图像压缩的原理。]

4. Michael F. Barnsley and Lyman P. Hurd, *Fractal Image Compression*（Wellesley, MA: A. K. Peters, 1993）［解释了实践，附有 2 500 : 1 彩色图像压缩的例子。]

5. M. V. Berry, I. C. Percival, and N. O. Weiss （eds.） *Dynamical Chaos*（London: Royal Society, 1987）［关于混沌及其许多应用的最早的重要会议的会议录。]

6. A. B. Cambel, *Applied Chaos Theory*（San Diego: Academic Press, 1993）［数学方法的含义，如何在应用中解释它们。包括该学科创建者的许多照片。]

7. Martin Casdagli and Stephen Eubank （eds.），*Nonlinear Modelling and Forecasting*（Redwood City, CA: Addison-Wesley Publishing Co., 1992）［如何短期预测混沌。主要针

对专业人士。〕

8. Gregory J. Chaitin, *Information*, *Randomness*, *and Incompleteness*（Singapore: World Scientific Publishing Co. Pte. Ltd., 1987）〔关于"随机"的含义和计算的信息论成本的透彻论文。大多数针对专业人士，但有些文章对普通读者也可以理解。〕

9. Predrag Cvitanovic, *Universality in Chaos*, 2nd edn.（Bristol: Adam Hilger, 1989）〔来自期刊的原始论文的集子。〕

10. Robert L. Devaney, *An Introduction to Chaotic Dynamical Systems*, 2nd edn.（Redwood City, CA: Addison-Wesley Publishing Co., 1989）〔我所知道的关于离散动力学的最佳的大学生教材；主要聚焦尤利亚集和芒德勃罗集。〕

11. Robert L. Devaney and Linda Keen（eds.）, *Chaos and Fractals*（Providence, RI: American Mathematical Society, 1989）〔芒德勃罗集背后的数学，附有彩色图片。〕

12. Jens Feder, *Fractals*（New York: Plenum, 1988）〔分形在物理科学中的应用。〕

13. Leon Glass and Michael C. Mackey, *From Clocks to Chaos*（Princeton, NJ: Princeton University Press, 1988）〔生理学中的混沌，动态病。对于非专家也易懂。〕

14. John Guckenheimer and Philip Holmes, *Nonlinear Oscillations*, *Dynamical Systems*, *and Bifurcations of Vector Fields*（New York: Springer-Verlag, 1986）〔仍然是对专业人士最佳的入门书之一。〕

15. Biai-Lin Hao, *Chaos II*（Singapore: World Scientific Publishing Co. Pte. Ltd., 1990）〔创建这一学科的原始论文的综合性的

重印合集。〕

16. Harold M. Hastings and George Sugihara, *Fractals: a User's Guide for the Natural Sciences* （Oxford: Oxford University Press, 1993）〔主要是生物科学中的分形模拟和案例研究。〕

17. Arun V. Holden （ed.）*Chaos* （Manchester: Manchester University Press, 1986）〔混沌与（特别是生理学的）应用。〕

18. E. Atlee Jackson, *Perspectives of Nonlinear Dynamics*, 1 and 2 （Cambridge: Cambridge University Press, 1989, 1990）〔对于物理学和数学专业大学生，明白晓畅、灵活又细致的解说；愿意啃硬骨头的非专业人士，也可以读。〕

19. S. A. Levin （ed.）, *Studies in Mathematical Biology*, 1 and 2 （Washington, DC: Mathematical Association of America, 1978）〔包括种群动力学中的混沌的良好解说。〕

20. J. L. McCauley, *Chaos*, *Dynamics and Fractals* （Cambridge: Cambridge University Press, 1993）〔注重计算机的有限精度的混沌的计算方面。〕

21. Tom Mullin （ed.）, *The Nature of Chaos* （Oxford: Clarendon Press, 1993）〔实验科学中的混沌的文章绝妙合集：针对专家，但任何感兴趣的人都可读。〕

22. Edward Ott, *Chaos in Dynamical Systems* （Cambridge: Cambridge University Press, 1993）〔对于数学和物理学的本科生，都是基本概念。〕

23. Edward Ott, Tim Sauer, and James A. Yorke, *Coping with Chaos* （New York: John Wiley Inc., 1994）〔混沌之检测和控制。〕

24. Heitz-Otto Peitgen, Hartmut Jürgens, and Dietmar Saupe,

Chaos and Fractals: New Frontiers of Science （New York: Springer-Verlag, 1992）［对分形的海量导引，共计 984 页，686 幅插图，40 幅彩图。具有高中数学程度即可读。］

25. David Ruelle （ed.） *Turbulence, Strange Attractors, and Chaos* （Singapore: World Scientific Publishing Co. Pte. Ltd.，1995）［（主要是主编本人的）原始论文的重印集——由于他是这门学科的奠基人之一，也是公平的。］

26. Heinz Georg Schuster, *Deterministic Chaos: an Introduction* （Weinheim: Physik-Verlag, 1984）［来自物理学家观点的精彩解说。］

27. J. M. T. Thompson and P. Gray, *Chaos and Dynamical Complexity* （London: Royal Society, 1990）［Berry 等人著作的续篇，这次在工程和化学方面。］

28. J. M. T. Thompson and H. B. Stewart, *Nonlinear Dynamics and Chaos* （New York: John Wiley Inc.，1986）［工程师的观点。］

29. Donald L. Turcotte, *Fractals and Chaos in Geology and Geophysics* （Cambridge: Cambridge University Press, 1992）［地貌的分形赝品，不仅仅是视觉俏皮话：它们与地质变化的机制有关。］

30. Yoshisuke Ueda, *The Road to Chaos* （Santa Cruz: Aerial Press, 1992）［如果有人试图告诉你混沌的早期先驱者是否容易，看这本书吧。上田吸引子的发现者写的。］

31. Tamás Vicsek, *Fractal Growth Phenomena* （Singapore: World Scientific Publishing Co. Pte. Ltd.，1989）［分形簇聚集的理论。］

32. Bruce J. West, *Fractal Physiology and Chaos in Medicine* (Singapore: World Scientific Publishing Co. Pte. Ltd. , 1990) [心脏与大脑的混沌动力学。非专业人士也可读。]

杂志和期刊文章

1. David Z. Albert, 'Bohm's alternative to quantum mechanics', *Scientific American* (May 1994), pp. 32 – 9

2. M. Bayliss, M. Muldoon, M. Nicol, L. Reynolds, and I. Stewart, 'The F$_{RACMAT}$ Test for wire coilability: a new concept in wire testing', *Wire Industry*, 62 (1995), pp. 669 – 74

3. Wallace S. Broecker, 'Chaotic climate', *Scientific American* (Nov. 1995), pp. 44 – 9

4. J. Robert Buchler, Thierry Serre, and Zoltán Kolláth, 'A chaotic pulsating star: the case of R Scuti', *Physical Review Letters*, 73 (1995), pp. 842 – 5

5. Stephen Budiansky, 'Chaos in Eden', *New Scientist* (14 Oct. 1995), pp. 33 – 5

6. Marcus Chown, 'Fly me cheaply to the Moon', *New Scientist* (7 Oct. 1995), p. 19

7. David J. Christini and James J. Collins, 'Controlling nonchaotic neuronal noise using chaos control techniques', *Physical Review Letters*, 75 (2 Oct. 1995), pp. 2782 – 5

8. Jack Cohen and Ian Stewart, 'Chaos, contingency, and convergence', *Nonlinear Science Today*, 1: 2 (1991), pp. 9 – 13

9. James P. Crutchfield, J. Doyne Farmer, Norman H. Packard, and Robert S. Shaw, 'Chaos', *Scientific American* (Dec.

1986), pp. 38 – 49

10. Paul Davies, 'Chaos frees the universe', *New Scientist* (6 Oct. 1990), pp. 48 – 51

11. William L. Ditto, 'Mastering chaos', *Scientific American* (Aug. 1993), pp. 62 – 8

12. Stillman Drake, 'The role of music in Galileo's experiment', *Scientific American* (June 1975), pp. 98 – 104

13. Berthold-Georg Englert, Marlan O. Scully, and Herbert Walther, 'The duality in matter and light', *Scientific American* (Dec. 1994), pp. 56 – 61

14. Michael J. Field and Martin Golubitsky, 'Symmetries on the edge of chaos', *New Scientist* (9 Jan. 1993), pp. 32 – 5

15. Alan Garfinkel, Mark L. Spano, William L. Ditto, and James N. Weiss, 'Controlling cardiac chaos' *Science*, 257 (28 Aug. 1992), pp. 1230 – 35

16. Sunetra Gupta and Roy Anderson, ' Sex, AIDS and mathematics', *New Scientist* (12 Sept. 1992), pp. 34 – 8

17. Douglas R. Hofstadter, 'Pitfalls of the uncertainty principle and paradoxes of quantum mechanics', *Scientific American* (July 1981), pp. 10 – 15

18. Roderick V. Jensen, 'Quantum chaos', *Nature*, 355 (23 Jan. 1992), pp. 311 – 18

19. Eric Kostelich, ' Symphony in chaos', *New Scientist* (8 Apr. 1995), pp. 36 – 9

20. Jim Lesurf, 'A spy's guide to chaos', *New Scientist* (1 Feb. 1992), pp. 29 – 33

21. Roger Lewin, 'A simple matter of complexity', *New Scientist* (5 Feb. 1994), pp. 37 – 40

22. Debora MacKenzie, 'The cod that disappeared', *New Scientist* (16 Sept. 1995), pp. 24 – 9

23. M. Muldoon, M. Nicol, and L. Reynolds, and I. Stewart, 'Chaos Theory in quality control of spring wire': Part I, *Wire Industry*, 62 (1995), pp. 309 – 11; Part II, *ibid.*, pp. 491 – 2; Part III, *ibid.*, pp. 492 – 5

24. Julio M. Ottino, 'The mixing of fluids', *Scientific American* (Jan. 1989), pp. 40 – 49

25. T. N. Palmer, 'A nonlinear dynamical perspective on climate change', *Weather*, 48 (Oct. 1993), pp. 314 – 26

26. T. N. Palmer, 'A local deterministic model of quantum spin measurement', *Proceedings of the Royal Society of London*, A: 451 (1995), pp. 585 – 608

27. Troy Shinbrot, Celso Grebogi, Edward Ott, and James A. Yorke, 'Using small perturbations to control chaos', *Nature*, 363 (3 June 1993), pp. 411 – 17

28. Douglas Smith, 'How to generate chaos at home', *Scientific American* (Jan. 1992), pp. 121 – 3

29. Ian Stewart, 'Chaos: does God play dice?' *Encyclopaedia Britannica Yearbook of Science and the Future 1990* (Chicago: Encyclopaedia Britannica), 1989, pp. 54 – 73

30. Ian Stewart, 'Dicing with death in the Solar System', *Analog*, 109: 9 (1989), pp. 57 – 73

31. Ian Stewart, 'Does chaos rule the cosmos?' *Discover*, 13: 11

上帝掷骰子吗？——混沌之新数学

（Nov. 1992）, pp. 56 - 63

32. Ian Stewart, 'Chaos' in L. Howe and A. Wain (eds.), *Predicting the Future* (Cambridge: Cambridge University Press, 1993), pp. 24 - 51

33. Ian Stewart, 'A new order' in *Complexity*, Supplement to *New Scientist*, 1859 (6 Feb. 1993), pp. 2 - 3

34. Ian Stewart, 'Recent developments: Mathematics', World Science Report 1993 (Paris: UNESCO Publishing, 1993) pp. 176 - 91

35. Ian Stewart, 'Chaos Theory as a forecasting tool?' *Brand Strategy*, 65 (27 May 1994), pp. 13 - 14

36. Ian Stewart, 'Two's integrable, three's chaos', *New Scientist*, 1947 (15 Oct. 1994), p. 16

37. Ian Stewart, 'Complexity', *Encyclopaedia Britannica Yearbook of Science and Technology 1995* (Chicago: Encyclopaedia Britannica, 1996)

38. Ingo Titze, 'What's in a voice?', *New Scientist* (23 Sept. 1995), pp. 38 - 42

录像带

1. *The Beauty and Complexity of the Mandelbrot Set*, Science Television, American Mathematical Society, PO BOX 6248, Providence, RI, USA ［John Hubbard 出品，针对数学专业大学生。］

2. *Chaos, Fractals and Dynamics: Computer Experiments in Mathematics*, Science Television, American Mathematical

Society, PO BOX 6248, Providence, RI, USA ［Robert Devaney 出品，针对数学专业大学生。］

3. *Chaotica 1*, James Crutchfield, Physics Dept., University of California, Berkeley, CA, 94720, USA ［计算机动画片，各种各样的论题。］

4. *The Colours of Infinity*, British Universities Film & Video Council, 55 Greek Street, London W1V 5LR ［Arthur C. Clarke 领衔解释芒德勃罗集的星光熠熠的演出班底。］

5. *Fractals, an Animated Discussion*, W. H. Freeman, 20 Beaumont Street, Oxford OX1 2NQ ［就他们的贡献，采访洛伦兹和芒德勃罗。对吸引盆的精彩讨论。］

6. *A Strange Attractor in a Chemical System*, Science Television, Aerial Press, PO BOX 1360, Santa Cruz, CA 95061, USA ［对一个特殊应用的简短探讨。］

7. *Virtual Ph. D. Course: Chaos and Complexity*, EuroPACE 2000, Celestijnenlaan 200A, B-3001 Heverlee, Belgium ［涵盖这一整个领域的一系列录像带，其中许多采访了那些领军人物。印刷的课程导引也可得到。］

索 引

上帝掷骰子吗？
——混沌之新数学

上帝掷骰子吗？——混沌之新数学

上帝掷骰子吗？
——混沌之新数学

上帝掷骰子吗？——混沌之新数学

第二版译后记

本书第一版由上海远东出版社 1995 年 10 月出版，1996 年 3 月第二次印刷。若干翻译缘起、致谢，见第一版译后记。围绕《上帝》一书，故事太多，无法一一尽述。值得一提的是，1996 年 5 月底，中国高等科学技术中心在北京召开"复杂性对简单性国际研讨会"，译者在会上遇见了本书的好几位主人公——费肯鲍姆、利布沙伯，当面交谈。不禁感叹：世界真奇妙，混沌不复杂。

北京大学哲学系吴国盛教授 1997 年 2 月 3 日在《北京日报》发表的简短书评如下：

> 题意取自爱因斯坦的名言"你信仰掷骰子的上帝，我却信仰完备的定律和秩序"，这本《混沌之数学》，被国内混沌学名家朱照宣先生赞为"比《混沌：开创新科学》更值得出版""数学透彻、哲理深刻""图文并茂、广征博引""文学性强、俏皮话多"。
>
> 被媒体炒得热气腾腾的混沌学究竟是怎么一回事？有望成为新科学革命之旗手的混沌学之所谓混沌，不是日常所说的混乱无序，也不是古文献中指称宇宙未辟、上下未形时的原始物质，新学"混沌"，乃是在严密、精确的数学领域里出现的一个新的数学客体，它虽然无序、随机，但却是由决定论的方程推演出来的。混沌是"完全由定律支配的无定律性态"。

这是如何可能的呢？我们早先已经了解到，以普里戈金的耗散结构理论为代表的自组织理论，揭示了秩序如何从混沌中产生，生命如何从冷寂的宇宙中孤傲地突现。今天，我们面临另一个奇迹，一个混沌从秩序中产生的奇迹：即使遵循严格决定论的牛顿方程，力学体系依旧可能陷入完全不可预测的"混沌"状态。本书将通俗地讲述这一奇迹的数学构造和哲学底蕴。

读过《混沌：开创新科学》的人，请再读《上帝掷骰子吗？——混沌之新数学》。

"十年前在北大图书馆偶然读到了本书的中文译本，从此决定了自己的研究方向。一本科普著作能起到的最大作用莫过于此。里面有数学，有简单生动的解释，更有很多意味深长的哲思。一个学数学或者物理专业的人如果能在大二大三的时候读到它，就像我一样，那是再好不过的了。"以上是孙鹏博士（中央财经大学中国经济与管理研究院助理教授）2013 年 11 月 11 日在豆瓣上的感言。

《上帝掷骰子吗？——混沌之新数学》的英文原著 *Does God Play Dice? : The Mathematics of Chaos*，精装本出版于 1989 年，当年即重印 2 次；平装本出版于 1990 年，之后分别于 1991 年、1992 年（2 次）、1993 年、1994 年、1995 年、1999 年重印。平装本补写了第 15 章。

第二版实际上是增订本，作者伊恩·斯图尔特在原书末尾增加了三章新内容，且副标题改为 *The New Mathematics of Chaos*，即"混沌之新数学"，列入"企鹅文库"，于 1997 年出版。经典的魅力，也许就在于能够不断修订、再版，赢得一代又一代读者的青睐。

译者承北京大学力学系朱照宣教授鼓励，于1991年着手翻译此书，1994年译事竣工。译稿拜上海科学技术出版社《科学》杂志潘友星先生推荐，起先由上海三联书店林耀琛先生同意出版，后来转交上海远东出版社吴延祺先生，列入"自然科学译丛"，经责任编辑丁是玲老师委托上海交通大学资深编审陈以鸿先生（参与翻译戴森的《宇宙波澜》，审校过《从混沌到有序》《混沌——创建新科学》等译著）对照原文仔细校订，《上帝掷骰子吗？》于1995年10月初版，其后多次重印。1999年入选"科学家推介的20世纪科普佳作"。2008年12月入选"改革开放30年30部优秀科普翻译图书"。

译者于1995年到《科学》杂志编辑部拜访潘友星先生时，获悉该社打算策划引进的"科学大师丛书"中，恰巧有伊恩·斯图尔特的新著《自然之数》，当即表示愿意翻译。为此，与该书责任编辑张跃进先生就译事多次通信。《自然之数》于1996年11月初版，2007年9月列入"世纪人文系列丛书"再版，2012年再次再版。有趣的是，中文书名《自然之数》（*Nature's Numbers: The Unreal Reality of Mathematical Imagination*）看上去只不过是英文原名的直译，其实还碰巧与中国的易学的象数文化暗合。比如，北宋邵雍的《观物外篇》"上篇上"曰："天数五地数五合而为十，数之全也。天以一而……故去五十而用四十九也，奇不用五，策不用十，有无之极也，以况自然之数也。"不过，此书的台湾译本却把书名改为《大自然的数学游戏》，作者：史都华（即伊恩·斯图尔特），译者：叶李华，出版社：天下远见，出版日期：1996年6月。

以下是精装本首版封底的作者简介：

　　伊恩·斯图尔特，英国沃克里大学数学教授，高产科普作家。他是《科学美国人》（*Scientific American*）杂志著名"数学游戏"专栏的主笔，并经常为《发现》（*Discover*）、《新科学家》（*New Scientist*）等科普杂志撰稿。他还在美国、加拿大和英国的电视台、电台宣讲数学知识。主要作品有：《上帝掷骰子吗？》（*Does God Play Dice?*），《数学问题》（*The Problems of Mathematics*），《你把我带进的另一个好数学》（*Another Fine Math You've Got Me Into*）等。

　　《自然之数》再版时，根据作者本人提供的介绍文字，我把作者简介重新表述如下：

　　伊恩·斯图尔特（Ian Stewart，1945～　　），英国沃里克大学数学教授，因其大量优秀的数学科普作品而享誉世界。获得1995年推进公众理解科学的皇家学会法拉第奖章，1999年数学联合政策委员会传播奖，2000年英国数学及其应用研究院金质奖章。2001年当选皇家学会会员，2002年获得美国科学促进会公众理解科学技术奖。著书60多种，包括：《由此到无穷大》《自然之数》《混沌之解体》《可畏的对称》《数学问题》《给年青数学人的信》，以及翻译成13种语言的《上帝掷骰子吗？》。是《新科学家》杂志的数学顾问、《不列颠百科全书》的顾问。曾经每月为《科学美国人》杂志"数学游戏"专栏撰稿长达10年。除了在广播电视上传播数学文化以外，还发表了180余篇数学论文。

自《上帝掷骰子吗？》中文版出版起，伊恩·斯图尔特著作的中译本陆续由多家出版社出版：《第二重奥秘：生命王国的新数学》（周仲良等译，上海科学技术出版社，2002年）；《什么是数学》（克朗、罗宾的数学名著，斯图尔特增写了一章。左平等译，复旦大学出版社，2005年；台湾的译本叫《数学是什么》，容士毅译，左岸文化，2010、2011年分别出版上下册）；《二维国内外》（暴永宁译，湖南科学技术出版社，2008年）；《如何切蛋糕》（汪晓勤等译，上海辞书出版社，2009年）；《数学万花筒》（张云译，人民邮电出版社，2010年）；《对称的历史》（此为原著的副标题，原著直译为《美何故即真》。王天龙译，上海人民出版社，2011年；封面误把作者标注为"美国人"）；《数学万花筒2》（张云译，人民邮电出版社，2012年）；《数学嘉年华》（谈祥柏等译，上海科技教育出版社，2012年）；《迷宫中的奶牛》（谈祥柏等译，上海科技教育出版社，2012年）；《数学的故事》（熊斌等译，上海辞书出版社，2013年）；《给年青数学人的信》（台湾译本的大陆版；商务印书馆，2013年）。其中，上海辞书出版社的2本书，在中文版出版的过程中，译文都经我校订过，作者简介实际上由我拟写。

读者如果对比不同译本的作者简介，一定会有有趣的发现。比如，《什么是数学》有如下的作者简介："伊恩·斯图尔特是沃里克大学的数学教授，并且是《自然界中的数和上帝玩色子游戏吗》一书的作者；他还在《科学美国人》杂志上主编《数学娱乐》专栏；他因使科学为大众理解的杰出贡献而在1995年获得了皇家协会的米凯勒法拉第奖章。"显然，两本书被混成一本书了。另，应为"皇家学会的迈克尔·法拉第奖章"。

这次对《上帝》第二版"延伸阅读"增补的内容进行翻译时，

才知《上帝掷骰子吗？》有三部曲，之一为《可畏的对称——上帝是几何学家吗？》，之三为《混沌之解体》。可惜，迄今尚未被翻译成中文出版。

斯图尔特教授本人对译者的支持，需要特别感谢。20年前，他用打字机写来4页纸的信，解答了译者提出的一系列疑问，其中有些吸纳为本书的译者注。《自然之数》中译本初版、再版时，2007年6月他应译者之邀专门为中译本写序，而且为作者简介提供了一长一短两个版本的内容，特意注明由译者随意选用。其中的内容，因篇幅所限，当时并未能够在中译本中得到完整体现（比如，《上帝掷骰子吗？》的英文版销量15万册；他获得的研究资助共有125万英镑以上）；况且，还有一些细节，若非作者本人提供，译者乃至读者都很难了解的。尽管本书勒口上的作者简介仍然相对浓缩，笔者觉得机不可失，在此把作者的情况尽量予以详尽披露：

伊恩·斯图尔特，1945年生，先后在剑桥、沃里克获得硕士、博士学位。获颁开放大学等5个荣誉博士学位。著作包括：《数学问题》，《游戏、集合与数学》（*Game, Set & Math*），《你把我带进的另一个好数学》，《实在之碎片》（*Figments of Reality*），《魔法迷宫》（*The Magical Maze*），《第二重奥秘》（*Life's Other Secret*）（生命的又一个奥秘），《雪花是什么形状？》（*What Shape is a Snowflake?*），《二维国内外》（*The Annotated Flatland*），《火星人长什么样？》（*What Does a Martian Look Like?*），以及《丑镇镇长的两难困境》（*The Mayor of Uglyville's Dilemma*）。他的著作所获奖项，还有：《自然之数》获得1996年度隆普兰克科学书籍奖。1997 年、1998 年，他分别在英国 BBC 电视台、日本 NHK 发表皇家研究院圣诞演讲。他与特里·普拉切特（Terry Pratchett）、杰克·科恩（Jack Cohen）合写的畅销书《碟形世界之科学》（*The Science of Discworld I* 、*II* 、*III*）于 2000 年获得世界科幻小说大会雨果奖的提名。他与 M. Golubitsky 合写的论著，获得 2001 年度 Balaguer 奖（该奖项的评奖条件之一是，至少 150 页的原创、未发表过的数学专著，参见 http: //ffsb. espais. iec. cat/en/the-ferran-sunyer-i-balaguer-prize/）。他写过 3 本数学漫画书《啊！突变》（*Oh！Catastrophe！*），《分形》（*Les Fractals*），《啊！美丽的群》（*Ah！Les Beaux Groupes*），并为之画插图，以法文出版；他还与杰克·科恩合写了 2 本科幻小说《轮》（*Wheelers*）与《天堂》（*Heaven*）。

到了 2015 年，斯图尔特已届七十，其著作总量却从 8 年前的 60 多种，增加到 80 多种。如今，《上帝掷骰子吗？》第二版即将出版中文版，2015 年 1 月作者再次发来经过本人更新的其小传的长短版本。他在数学专业和科普两方面的高产、高质量著作，总是滔滔不绝，令人吃惊。其新的小传中，除了以上提及的著作外，还特意包括两部畅销书《数学万花筒》（*Professor Stewart's Cabinet of Mathematical Curiosities*）（斯图尔特教授的数学珍宝室），《数学万花筒 2》（*Professor Stewart's Hoard of Mathematical Treasures*）（斯图尔特教授的数学珍宝库）；《生命的数学》（*Mathematics of Life*）；头号科普畅销书《改变世界的 17 个方程》（*17 Equations That Changed the World*）。

他在两方面的获奖消息，继续纷至沓来。2015 年 3 月 13 日，美国洛克菲勒大学官网（http: //newswire. rockefeller. edu/2015/

03/13/lewis-thomas-prize-to-honor-mathematicians-steven-strogatz-and-ian-stewart/）宣布：斯图尔特与斯蒂文·斯托盖兹（Steven Stogatz）共同获得2015年度刘易斯·托马斯奖。该奖项于1993年设立，以美国著名的作家、教育家、医生、科学家刘易斯·托马斯（1913~1993，著有《细胞生命的礼赞》《最年轻的科学》《水母与蜗牛》）的名字命名，以表彰"那些能够在科学世界与人文世界之间架设桥梁的罕见人士——他们的声音和观念告诉我们关于科学之美学、哲学维度，不仅仅提供新的信息，而是引发反思，乃至启示"。此次，乃是该奖项第一次颁给数学家。有趣的是，这两位获奖者，曾经合写过一篇文章《耦合振荡器与生物学同步》，发表于《科学美国人》1993年12月号上。文章末尾的参考文献，第二篇乃是《从摆钟到混沌——生命的节律》。

时隔20年，本书能够增订再版，特别要感谢以下人士：ISIS文库主编江晓原教授；上海交通大学出版社社长韩建民博士、总编辑张天蔚先生、副社长李广良先生、国际部的编辑李旦和陆烨。没有他们的慧眼和努力，本书恐怕仍然长期处于断版状态。

感谢好友梁焰、黄雄（《宇宙的脉络》译者）跨洋跟译者探讨本书的翻译疑难问题。感谢好友刘华杰教授对译者的支持、帮助。

此次修订的增订本，译者按照第二版的内容，予以翻译；第一版中由译者添加的脚注，是在当时不存在互联网的情况下，经译者多方查考资料、请教专家的结果，故仍然予以保留，仅仅个别脚注有所更新。

作者，堪称数学神人，其最新介绍置于本书勒口。译者，乃一编辑匠、出版人，自诩"十分认真地干傻事情"。校者、审订者，皆为通人，其简介亦见勒口。译文若有不尽通达之处，概由译者负责。

潘　涛

2015 年 7 月 31 日于北京

第二版译后记